光エレクトロニクス入門

Introduction to Optoelectronics

左貝潤一 著

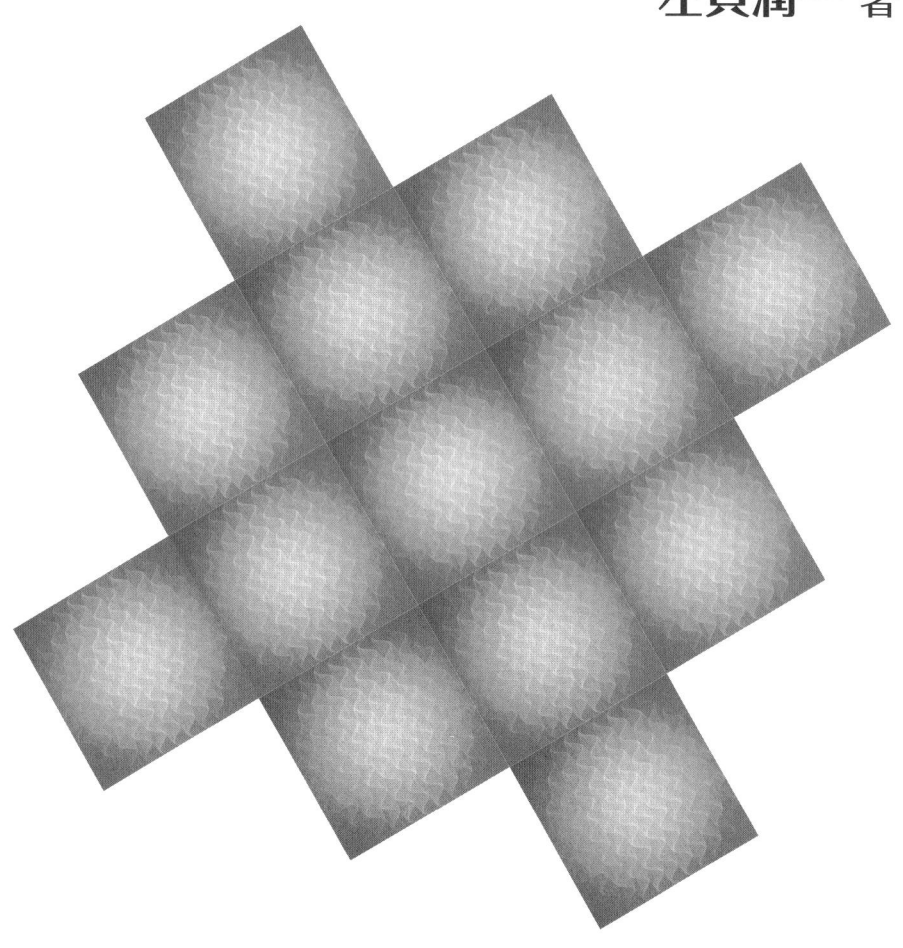

森北出版株式会社

●本書のサポート情報を当社Webサイトに掲載する場合があります．下記のURLにアクセスし，サポートの案内をご覧ください．

https://www.morikita.co.jp/support/

●本書の内容に関するご質問は，森北出版 出版部「(書名を明記)」係宛に書面にて，もしくは下記のe-mailアドレスまでお願いします．なお，電話でのご質問には応じかねますので，あらかじめご了承ください．

editor@morikita.co.jp

●本書により得られた情報の使用から生じるいかなる損害についても，当社および本書の著者は責任を負わないものとします．

■本書に記載している製品名，商標および登録商標は，各権利者に帰属します．

■本書を無断で複写複製（電子化を含む）することは，著作権法上での例外を除き，禁じられています．複写される場合は，そのつど事前に(一社)出版者著作権管理機構（電話03-5244-5088，FAX03-5244-5089，e-mail：info@jcopy.or.jp）の許諾を得てください．また本書を代行業者等の第三者に依頼してスキャンやデジタル化することは，たとえ個人や家庭内での利用であっても一切認められておりません．

まえがき

　光エレクトロニクスは，光学と電子工学の融合技術を指しており，その応用技術は科学技術分野だけでなく，現代の日常生活にも入り込んでいる．たとえば，音源として従来はレコードが用いられていたが，現在ではコンパクトディスク，DVDなどの光ディスクが当然となっており，これらは情報記録媒体としても用いられている．

　身近な応用例として，光ファイバ通信，レーザプリンタ，バーコードリーダなどがある．また，計測・制御，光情報機器，製造現場への導入，農業・漁業への応用など，現在も新たな分野での活用に向けた研究が続けられている．

　このように光エレクトロニクスが隆盛をみるようになった経緯は，1960年に発明された，可視域で発振するレーザの存在を抜きにして語ることができない．レーザは可干渉性をもつ光であるが，これ以外にも，単色性，高出力，指向性，パルス動作が可能など，従来の光がもたない固有の性質をもっている．これらの性質がさまざまな分野で，さまざまな形で活かされている．

　レーザが身近な所で使用できているのは，1970年に室温での連続発振が実現した半導体レーザの存在が大きい．半導体レーザは小型・軽量，高能率，低電流動作などの利点をもち，発振波長域が可視域だけでなく，普通赤外から紫外まで及んでいる．また，表示機器への応用の基礎として，3原色が揃っている点も重要である．レーザと並んで，類似技術である発光ダイオード（LED）も応用上重要である．

　光エレクトロニクスの進展では，レーザ以外に，半導体工学，低損失光ファイバ，ディジタル電子機器など，周辺技術の進歩も大きな役割を果たしている．

　光エレクトロニクスの重要性を反映して，洋・和書を問わず，多くの成書が刊行されており，想定する対象読者のレベルもさまざまある．本書はタイトルの通り，入門用である．本書は，光エレクトロニクスの基礎的な内容を，限られた分量の範囲内で記述することを目指したものであり，高度な内容は割愛している．

　光エレクトロニクスは多くの場合，各大学の電子工学科の中の一分野として位置づけられている．そのため，光エレクトロニクスが光学と電子工学との融合領域であるにもかかわらず，光学を履修しないまま，エレクトロニクスを学習することが多い．そこで本書では，このような実情を踏まえて，光エレクトロニクスの本格的な内容に入る前に，前半に光学に関する基礎事項をおいた．一方で，全体の分量を抑えるため，

結晶光学，非線形光学，ホログラフィに関連した光情報処理などを割愛した．

本書では，次のような点に配慮した．
（i）箇条書きを多用して，重要な点が形式上から読み取りやすいようにした．
（ii）厳密な理論展開は極力避け，結果の有用性を説明することに力点をおいた．
（iii）本文全体を有機的に関連づけて読みやすくするため，本文中の引用箇所を示した．
（iv）干渉や回折では，一般的な光学の内容よりはむしろ，光エレクトロニクスで応用される題材を選んだ．
（v）本文の理解を助けるため，例題を配置するとともに，章末に演習問題を設けた．また，解答でも次元の変換などがわかるように，計算式を敢えて詳しくした．
（vi）講義に使用する場合，内容を選択するため，章ごとに省いたり，あるいは章の後半だけを省いたりできるように配置した．
（vii）この分野の本はかなり以前に書かれたものが多く，最近の動きがあまり反映されていない．とくに，半導体レーザの進展・応用が著しい．そこで，半導体レーザで重要な GaN 系レーザ，ブルーレイディスク，半導体レーザ励起固体レーザ，ファイバレーザ，レーザ加工など，最新の成果までを含めるようにした．

本書をまとめるにあたって終始お世話になった，森北出版（株）の各位に謝意を申し上げる．

2014 年 1 月

著者記す

目　次

1章　光エレクトロニクスの概要　　1
- 1.1　光エレクトロニクスの黎明期 …………………………………… 1
- 1.2　光産業との関わり …………………………………………………… 2
- 1.3　光波と電波の特性上の類似点と相違点 ………………………… 3
- 1.4　光の概要 ……………………………………………………………… 5
- 1.5　レーザ光の特徴 ……………………………………………………… 5

2章　光の基本的性質　　7
- 2.1　屈折率とは …………………………………………………………… 7
- 2.2　光波の性質 …………………………………………………………… 8
- 2.3　光線とその性質 ……………………………………………………… 11
- 2.4　光路長とフェルマーの原理 ………………………………………… 11
- 2.5　スネルの法則 ………………………………………………………… 13
- 2.6　全反射 ………………………………………………………………… 15
- 2.7　開口数 ………………………………………………………………… 16
- 演習問題 …………………………………………………………………… 17

3章　光の波動的側面の基礎　　18
- 3.1　マクスウェル方程式・波動方程式と境界条件 ………………… 18
- 3.2　偏　光 ………………………………………………………………… 21
- 3.3　光波の屈折・反射 …………………………………………………… 22
- 3.4　光波のエネルギー …………………………………………………… 27
- 3.5　ガウスビーム ………………………………………………………… 28
- 演習問題 …………………………………………………………………… 32

4章　干渉とその応用　　33
- 4.1　干渉の基礎 …………………………………………………………… 33
- 4.2　2光波による干渉縞の形成 ………………………………………… 34
- 4.3　多光波干渉 …………………………………………………………… 36
- 4.4　光のコヒーレンス（可干渉性） …………………………………… 43
- 演習問題 …………………………………………………………………… 46

5章　回折とその応用　　48

- 5.1　回折の基礎と分類 …………………………………… 48
- 5.2　各種開口からのフラウンホーファー回折 …………… 50
- 5.3　ブラッグ回折：周期構造による回折 ………………… 53
- 5.4　ブラッグ回折理論が適用できる具体例 ……………… 55
- 5.5　屈折率の異なる2層からなる1次元周期構造での回折（反射型）　61
- 演習問題 …………………………………………………… 62

6章　レーザの発振原理と特徴　　64

- 6.1　光と物質の相互作用 …………………………………… 64
- 6.2　反転分布 ………………………………………………… 65
- 6.3　レーザの発振原理 ……………………………………… 67
- 6.4　レーザの発振しきい値と発振周波数 ………………… 71
- 6.5　レーザの光出力特性 …………………………………… 74
- 6.6　3・4準位レーザの特性 ………………………………… 76
- 6.7　光パルス発生 …………………………………………… 79
- 6.8　レーザの特徴 …………………………………………… 80
- 演習問題 …………………………………………………… 82

7章　気体・固体レーザ　　83

- 7.1　レーザの分類 …………………………………………… 83
- 7.2　気体レーザの概要 ……………………………………… 83
- 7.3　各種気体レーザ ………………………………………… 85
- 7.4　固体レーザの概要 ……………………………………… 88
- 7.5　各種固体レーザ ………………………………………… 90
- 7.6　波長可変レーザ ………………………………………… 93
- 演習問題 …………………………………………………… 94

8章　半導体レーザと光増幅器　　96

- 8.1　半導体レーザの概要 …………………………………… 96
- 8.2　半導体レーザの発振原理 ……………………………… 97
- 8.3　半導体レーザの構造と動作原理 ……………………… 99
- 8.4　半導体レーザの発振特性 ……………………………… 101
- 8.5　半導体レーザの組成と発振波長 ……………………… 104
- 8.6　半導体レーザの用途と各種構造 ……………………… 106
- 8.7　発光ダイオード（LED） ……………………………… 107
- 8.8　光増幅器 ………………………………………………… 108

演習問題 …………………………………………………………… 109

9章　受光素子　　　　　　　　　　　　　　　　　　　　　　111

　9.1　受光素子の概要 ……………………………………………… 111
　9.2　光電検出器 …………………………………………………… 111
　9.3　半導体受光素子 ……………………………………………… 113
　9.4　受光素子での雑音特性 ……………………………………… 117
　9.5　固体撮像素子 ………………………………………………… 119
　　　演習問題 …………………………………………………………… 121

10章　光導波路　　　　　　　　　　　　　　　　　　　　　　123

　10.1　光導波路の概要 ……………………………………………… 123
　10.2　光導波路での導波原理 ……………………………………… 124
　10.3　三層スラブ導波路での伝搬特性 …………………………… 126
　10.4　三層スラブ導波路に対する波動的扱い …………………… 130
　10.5　光導波路の諸特性 …………………………………………… 136
　　　演習問題 …………………………………………………………… 138

11章　光ファイバ　　　　　　　　　　　　　　　　　　　　　139

　11.1　光ファイバの概要 …………………………………………… 139
　11.2　ステップ形光ファイバの固有値方程式と電磁界 ………… 141
　11.3　ステップ形光ファイバの導波特性 ………………………… 142
　11.4　光ファイバの損失特性 ……………………………………… 144
　11.5　光ファイバの分散特性 ……………………………………… 146
　11.6　光ファイバ中の光非線形特性 ……………………………… 150
　　　演習問題 …………………………………………………………… 152

12章　光制御素子　　　　　　　　　　　　　　　　　　　　　153

　12.1　偏光素子 ……………………………………………………… 153
　12.2　光フィルタ …………………………………………………… 155
　12.3　光ビームの偏向と走査 ……………………………………… 160
　12.4　光の変調 ……………………………………………………… 162
　12.5　光非相反素子 ………………………………………………… 165
　　　演習問題 …………………………………………………………… 167

13章　光産業への応用　　　　　　　　　　　　　　　　　　　168

　13.1　応用の概要と分類 …………………………………………… 168

13.2 光ファイバ通信 ………………………………… 169
13.3 光記録 ……………………………………………… 176
13.4 レーザ加工 ………………………………………… 182
13.5 光計測 ……………………………………………… 185
13.6 その他の応用 ……………………………………… 191
演習問題 ………………………………………………… 194

付　録 …………………………………………………… **195**

演習問題略解 …………………………………………… **198**

参考書および参考文献 ………………………………… **208**

索　引 …………………………………………………… **210**

1 光エレクトロニクスの概要

本章では，光エレクトロニクス全般について概説する．また，光波と同じ電磁波の仲間である電波との類似点と相違点についても説明し，光エレクトロニクスにおける光波の特徴を明らかにする．

1.1 光エレクトロニクスの黎明期

光エレクトロニクス（optoelectronics）とは，光学と電子工学（エレクトロニクス）の融合技術を指す術語であり，分光学，物性工学，結晶工学，半導体工学などとの境界領域である．光エレクトロニクスという分野の開花は，レーザの誕生と切っては切れない関係がある．**レーザ**（laser）は，光と物質の相互作用を利用して，光を増幅・発振させる装置であり，light amplification by stimulated emission of radiation（放射の誘導放出による光の増幅）の頭文字をとって名づけられている．

ところで，電磁波は一般に，波長が短いほど発生させるのが困難である．レーザ誕生以前に，光波よりも波長の長いマイクロ波を増幅・発振させる技術である，メーザ（maser: microwave amplification by stimulated emission of radiation）が 1954 年に生まれており，1950 年代にはメーザに関する技術の蓄積やレーザの理論研究がなされた．このような基礎的業績により，1964 年，タウンズ（C.H. Townes），バソフ（N.G. Basov），プロホロフ（A.M. Prokhorov）がノーベル物理学賞を受賞した．

以上のような基礎研究を通じて，1960 年，メイマン（T.H. Maiman）によって，可視域のルビーレーザ（発振波長 694 nm）が発明された．その後の研究・開発の結果，レーザの発振波長範囲は，短波長側は真空紫外（波長 200 nm 程度）のエキシマレーザから，長波長側は遠赤外（波長数 100 μm）レーザまで及んでいる．レーザの誕生は，光技術の様相を一変させるきっかけとなった．

光学は，分散・干渉・回折・結像などを利用した，望遠鏡・顕微鏡，カメラ，干渉計などの光学機器や計測・分光技術により，16 世紀から発展してきた．ここで使用されてきた光は，干渉性をもたない光，すなわちインコヒーレント光であった．

これに対して，レーザは可干渉性をもつコヒーレント光であり，同じ電磁波の仲間である電波と同じように扱えるという特徴をもつ．また，レーザは可干渉性以外に，単色性，高出力，指向性，パルス動作が可能など，従来の光がもたない固有の性質をも

つため，従来の光学技術の改良版となるだけでなく，新たな応用分野をも開拓するようになった．

　光エレクトロニクスが科学・技術などの分野だけでなく，日常生活にも変革をもたらすようになったのは，半導体レーザの誕生およびその進展に負うところが多い．1960年代における，キャリア閉じ込めのための地道な研究の裏付に基づいて，ついに1970年，AlGaAsダブルヘテロ接合半導体レーザにより室温での連続発振が実現した．半導体レーザにおけるキャリアの閉じ込めに関する1960年代の先駆的研究により，2000年，アルフョーロフ（Z. Alferov）とクレーメル（H. Krömer）はノーベル物理学賞を受賞した．

1.2　光産業との関わり

　光エレクトロニクスの発展は，半導体レーザの進展と不可分である．1970年の室温連続発振の成功以降，半導体レーザは，各種半導体組成により，可視域を中心とする幅広い波長帯で発振するようになった．半導体レーザは小型・軽量，高能率，低電流動作，直接変調可能などの利点をもつため，光ファイバ通信，光ディスク，レーザプリンタなどに利用されている．さらに，半導体レーザの連続発振での高光出力化が進み，他のレーザ光源に対する励起光源としても使用されるようになり，光出力の安定化，装置の小型化などを通して，自動車や電機などの製造業への普及にも寄与している．

　1970年の半導体レーザの発表と同じ年に，石英を用いた$20\,\mathrm{dB/km}$という，当時としては破格の低損失光ファイバがコーニング社（米国）から報告された．これより前の1966年，石英を材料とすると，低損失でかつ化学的に安定な光伝送路が実現し得ると，カオ（C.K. Kao）が指摘しており，この業績に対して2009年のノーベル物理学賞が授与された．

　そして，半導体レーザと光ファイバをキーデバイスとする光ファイバ通信が，1973年に米国で，1978年に日本で商用化され，その後各国で光ファイバ通信が導入されるようになった．実用化後も，使用波長域のシフト・拡大，高性能光増幅器の導入，各種デバイスの開発，ディジタル通信方式の高性能化などにより，その内容は高度化され続けている．

　民生用として産業規模が大きいのは光記録である．半導体レーザは記録媒体である光ディスクの再生用あるいは追記・書き換え用の光ピックアップ光源として用いられている．光ディスクとして，最初コンパクトディスク（CD）が用いられていたが，単位面積当たりの記録容量を増加させるため，光源の短波長化が進み，その後DVDやブルーレイディスク（BD）が用いられるようになっている．

光エレクトロニクスでの応用例として，そのほか，システム関係ではレーザプリンタ，レーザ加工機，バーコードリーダ，光計測機器，光リソグラフィ，ファイバセンサ，レーザ医療機，レーザ顕微鏡などがある．デバイス関係では，液晶などの表示装置，受光素子・撮像素子などがある．個別の光産業への応用については13章で述べる．

1.3 光波と電波の特性上の類似点と相違点

光波と電波は同じ電磁波であり，波長や周波数によって分類されている（図 1.1）．これらの境目は理論的に峻別できるわけでなく，実験技術の相違や人間が目視できるかどうかなどによって分けられている．

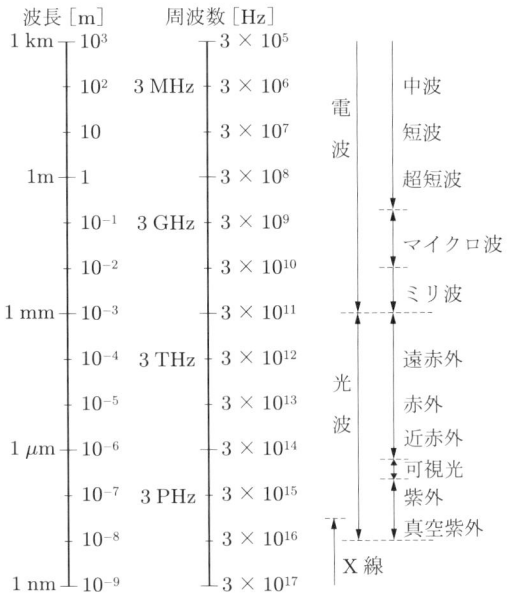

図 1.1 電磁波の波長・周波数と名称

電磁波は，1888年にヘルツによって初めて人工的に発生させられた．そのときの波長は数 10 cm であり，これはマイクロ波に相当する．1901 年，マルコーニにより無線電信が実用化された．その後，電波はマイクロ波・ミリ波などを用いて，無線だけでなく，同軸ケーブルなどの有線を介して，電気通信分野を中心として使用されてきた．

光波は，既述のように，電波より古くから利用されてきたが，レーザ光の誕生を契機として，その様相が一変し，今日の光エレクトロニクス隆盛の基礎を支えている．

光と電波は同じ電磁波の仲間であるが，類似点と相違点をもつ．光をさらにレーザ光と自然光に分けて，それらの比較を表 1.1 に示し，以下でより詳しい説明をする．

1. 光エレクトロニクスの概要

表 1.1 電波・自然光・レーザ光の類似点と相違点

項　目	電　波	自然光	レーザ光
波動分類	電磁波	電磁波	電磁波
波長	長い（図 1.1 参照）	短い（図 1.1 参照）	短い（図 1.1 参照）
周波数	低い（図 1.1 参照）	高い（図 1.1 参照）	高い（図 1.1 参照）
コヒーレンス	あり	なし	あり
可測量	電界	強度	強度

まず，類似点は以下のように示すことができる．
（ⅰ）光と電波は同じ電磁波であり，その伝搬則はマクスウェル方程式で記述できる．
（ⅱ）レーザ光と自然光は同じ光に分類でき，ほぼ同じ波長帯に属する．
（ⅲ）電波とレーザ光は可干渉性（コヒーレンス）をもつ．そのため，技術的に先行していた電波での技術が，原理的にはレーザ光に適用できる可能性がある．たとえば，ヘテロダイン・ホモダイン検波とよばれる方式や，アイソレータ，サーキュレータなどの部品には，この性質が用いられている．しかし，図 1.1 からわかるように，電波とレーザの波長は大幅に異なるので，電波領域で実現されていたものを光領域で実現するには，波長の違いに応じた形で適用する必要がある．

次に，相違点は以下のように示せる．
（ⅰ）光と電波は，周波数や波長が異なる．この違いは次のようなところに反映される．
- 相互作用が対象媒質の大きさ（d）と波長（λ）の比 d/λ に依存し，比 d/λ により技術が異なる．したがって，同じ物理現象を実現するためには，波長が短い光領域では，寸法が小さな部品を作製する必要がある．そのため，光領域ではナノ領域に属する微細加工技術が不可欠となる．
- 電波は波長が長いのでよく回折するが，光は波長が短いので日常生活では回折を実感しにくい．たとえば，建物の陰でもラジオを聴くことができるが，光の場合には日陰となる．光領域での回折を経験できる身近な例は CD であり，蛍光灯からの光が CD で（厳密には反射ではなく）回折して色づいて見える．

（ⅱ）電波は電界が直接測定できるが，光は強度の形でのみ測定が可能となり，可測量は強度である．この理由は，光の周波数が非常に高いので，現在の測定技術では，速い変化に追随できないためである．
（ⅲ）レーザ光は可干渉性をもつが，自然光はもたない（4.4 節参照）．これが，従来の光技術と光エレクトロニクスでの光技術での最も重要な違いである．
（ⅳ）メーザ（電波）の方がレーザ（光）よりも発振させやすい．これは，雑音が短波長になるほど大きくなることを示す，アインシュタインの A 係数で説明できる．

1.4 光の概要

光は波動性と粒子性を併せもつ**光量子**(light quantum)である.波動性に着目するとき,とくに**光波**(optical wave)とよぶ.波動性に起因する光学現象は干渉と回折であり,これらについては4・5章で説明する.波動性を特徴づける波動伝搬の様子は,ホイヘンスの原理(2.2.2項参照)で説明できる.粒子性に着目するときの光を**光子**(photon)とよび,光子1個はエネルギー $h\nu$(h:プランク定数,ν:周波数)をもつ.粒子性で説明できる現象は,光と物質の相互作用(6.1節参照)や光電効果(9.1節参照)であり,これらは光の発生や検出に利用されている.

眼に見える光を**可視光**(visible light)といい,個人差はあるが下限波長が 380 nm 前後,上限波長が 780 nm 前後である.可視光より長い波長 $780\,\text{nm} \leq \lambda_0 \leq$ 数 100 μm 程度の光を**赤外**(infrared: IR)光,可視光より短い波長 $380\,\text{nm} \geq \lambda_0 \geq$ 数 10 nm 程度の光を**紫外**(ultraviolet: UV)光という.

単一周波数で発振する,時空間的に正弦波振動する光を**単色光**(monochromatic light)とよぶが,これは現実には存在しない.これに準じる光を**準単色光**(quasi-monochromatic light)といい,レーザのように,周波数幅 $\delta\nu$ をもつが,これが中心周波数 ν_c に比べて極度に狭い光($\delta\nu/\nu_c \ll 1$)を指す.

1.5 レーザ光の特徴

光エレクトロニクスではレーザの役割が大きいので,レーザの特徴を述べておく.もう少し定量的な議論は6.8節で行い,特徴と応用との関係は13.1節で説明する.以下で,レーザの特徴を要点のみ列挙する.

① 単色性:レーザの周波数幅 $\delta\nu$ は極度に狭いが,次のような要因によりスペクトル広がりをもつ.原子のもつ利得幅やレーザ遷移の揺らぎなどにより,利得スペクトルが幅をもつ.また,気体分子の高速移動に伴い,ドップラー効果により利得スペクトルがさらに広がる.一方,共振器特性によっても,有限の反射回数に伴う周波数広がりが生じる.しかし,これらの要因による広がり幅は,中心周波数の値 ν_c に比べると極度に小さい.レーザでは比の値 $\delta\nu/\nu_c$ が $10^{-11} \sim 10^{-6}$ 程度であり,ほぼ単色光とみなして差し支えないが,厳密には準単色光とよばれる.

レーザに比べて自然光のスペクトル幅は極端に広いため,両者はスペクトル幅によっても区別できる.

② 高い光出力:レーザでは狭い周波数幅の間に光エネルギーが集中しているので,結果として高い光出力が得られる.古い漫画などで,レーザが殺人光線のように描

かれるのは，この性質のためである．

③ 可干渉性：レーザは入射光と歩調を合わせて発生するという，誘導放出に基づいている（6.1節参照）．そのため，発生光は入射光と位相が揃っているので，2光波以上に分かれた後も干渉しやすい．位相の揃った，波形が時空間的に保持された光を**コヒーレント光**（coherent light）といい，干渉する性質を**可干渉性**または**コヒーレンス**（coherence）とよぶ．コヒーレンス長・時間とは，2光波が干渉し得る光路長差や時間差の目安になる値であり（4.4節参照），これは**時間的コヒーレンス**（temporal coherence）である．

ちなみに，自然光のように，位相が不規則で可干渉性をもたない光を**インコヒーレント光**（incoherent light）という．

④ 指向性：レーザは光共振器により往復伝搬しているので，波面（伝搬方向に対する断面）内の位相も保たれており，伝搬によっても空間的にあまり広がらない．この性質を**指向性**（directivity）という．空間上の異なる2点からきた光の間での可干渉性を**空間的コヒーレンス**（spatial coherence）といい，指向性はこれに関係している．指向性により光が特定の場所に集中するから，これは**集光性**ともいえる．集光性により，それほど大きくない光出力でも，光パワ密度を上げることができる．

指向性により光の空間的広がりが小さいので，レーザは光ビームとして扱える場合がある．ただし，回折による広がりは光の本性に基づくものなので，避けることができない．また，レンズを用いて集光すると，小さなスポットに絞れるので集光性もよい．たとえば，ビーム径が1 cm，波長1 μmのレーザ光の場合，1 km先でもビーム径は10 cm程度にしか広がらない．自然光とレーザの違いは指向性にも現れ，自然光は伝搬によりすぐに広がってしまう．

⑤ 高エネルギー密度と高輝度：指向性が高くて集光性もよいので，高い光エネルギー密度が実現できる．また，単色性により狭い周波数範囲に光出力が集中しているので，輝度が高くなる．

⑥ パルス動作：レーザの発振原理を利用して，共振器内の損失を意図的に増加させておき，一気に損失を低下させると，レーザ発振するようになる．このような操作を周期的に行うと，パルス動作が可能となる．これにより，連続動作の場合よりも尖頭出力の大きな光を得ることができる．

2 光の基本的性質

本章では，光エレクトロニクスで使用される現象を光学的に理解するうえで重要な，光の基本的性質について説明する．具体的には，屈折率，光線，ホイヘンスの原理，スネルの法則などに触れる．本章の結果をもとにして，光学関係の基本的内容を 3〜5 章で扱う．

2.1 屈折率とは

光の屈折は，もともと日常体験に基づいて発見されたものである．風呂で足が実際より短く見えるのは，空気と水（湯）との間で光が屈折するためである．このような光学現象を記述するうえでの基本パラメータは屈折率であり，通常 n で表される．屈折率の定義にはいくつかの方法がある．屈折率はその名の通り，もとは観測や実験結果を説明するために導入されたが，現在では電磁気学の理論的体系の中に組み込まれた物理量となっている．ここでは，屈折率に対する 3 通りの表示法を説明する．

一つ目は，屈折現象に基づく定義である．光が媒質 1 から 2 に入射すると，境界面で折れ曲がって伝搬する（図 2.1）．光の入射角 θ_i と屈折角 θ_t を境界面の法線に対してとると，これらの角度の正弦値の比が，媒質 1 と 2 だけで決まる．この比を

$$n_{12} = \frac{\sin \theta_\mathrm{i}}{\sin \theta_\mathrm{t}} \tag{2.1}$$

とおいたとき，この n_{12} を**相対屈折率**という．

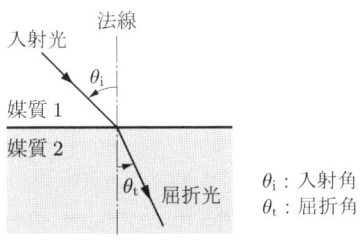

図 2.1 屈折率の定義

相対屈折率では，隣接する媒質が変わるたびに値が異なるため，不便である．そこで，真空中での光速が最速であることを考慮して，真空中での屈折率を $n = 1$ と定義する．入射側を真空中にとったときの屈折率 n を，**絶対屈折率**といい，通常これを**屈**

折率（refractive index）とよぶ．絶対屈折率は $n \geq 1$ である．空気中の絶対屈折率は $n = 1.00028$ であり，これは $n = 1$ に非常に近いので，厳密な議論をしないときは，空気に対する値を屈折率とよんでも差し支えない．水では $n = 1.33$ 程度，ガラスでは $n = 1.45 \sim 1.80$ である．

二つ目は，光速の比を利用するものである．媒質中での光の伝搬速度 v は，真空中の光速 c よりも遅い．両速度の比で屈折率 n を定義する．

$$n = \frac{c}{v} \tag{2.2}$$

真空中の光速は実測に基づいて定義された値で，$c = 2.99792458 \times 10^8 \, \mathrm{m/s}$ である．

三つ目は電磁気学に基づく定義で，その屈折率 n に対する表現を次章の式 (3.4) で示す．

屈折率は一般に波長，つまり周波数に依存して変化する．この性質を**分散**（dispersion）という．光領域では，通常，波長の短い方から長い方にかけて，屈折率が緩やかに小さくなる．これを正常分散とよぶ．一方，波長の増加とともに屈折率が増加することを異常分散という．

2.2 光波の性質

光の波動性に関しては，歴史的に紆余曲折があったが，ヤングの干渉実験で決定づけられた．光の波動的側面を明確にするとき，とくに光波とよぶ．本節では，光波の基本概念や伝搬則であるホイヘンスの原理を説明する．

2.2.1 光波の基本概念

光波が，自由空間において周波数 ν（f で表されることもある）で正弦波状に振動し，z 軸方向に伝搬している場合，光波の振る舞いは次式で表せる．

$$u = A \sin\left[2\pi\left(\nu t \mp \frac{z}{\lambda}\right)\right] = A \sin(\omega t \mp kz) \tag{2.3}$$

ここで，u は複素振幅，A は振幅，括弧内は位相，$\omega = 2\pi\nu$ は角周波数，k は（後述する）波数である．複号 $\mp$ のうち，マイナス（プラス）は進行（後退）波に対応する．一般の伝搬方向に対する光波では，複素振幅の複素数表示

$$u = A \exp[i(\omega t \mp \boldsymbol{k} \cdot \boldsymbol{r})] \tag{2.4}$$

が使われることも多い．ただし，$\boldsymbol{k}$ は波数ベクトル，$\boldsymbol{r}$ は位置ベクトルである．

図 2.2 に，式 (2.3) の複号でマイナスをとった場合の複素振幅の概略を示す．時間 t を固定すると，隣接した山では位相が 2π だけ変化しており，この距離に相当する長さを**波長**（wavelength）とよび，λ で表す．媒質中での波長 λ は，真空中の波長 λ_0 よりも屈折率ぶんだけ短く，次式が成り立つ．

$$\lambda = \frac{\lambda_0}{n} \tag{2.5}$$

本書では，真空中と媒質中の値を区別する必要があるときには，真空中の値に添字 0 をつけることにする．

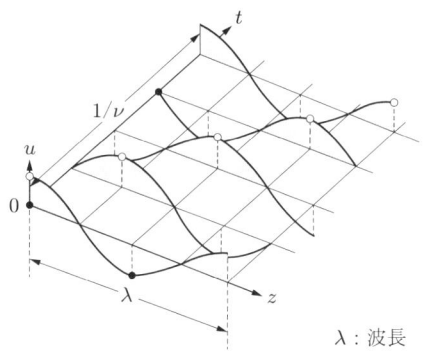

図 2.2 波動の伝搬の様子
図中の白丸は同一位相点の時空点における変化を示す．

真空中の光速 c と，媒質中での光速 v の関係は，次式で表せる．

$$c = \nu\lambda_0, \qquad v = \nu\lambda \tag{2.6}$$

周波数 ν は媒質中でも不変である．単位距離当たりに含まれる波の数を，**波数**（wavenumber）とよび，

$$k = \frac{2\pi}{\lambda} = \frac{\omega}{v} = nk_0, \qquad k_0 = \frac{\omega}{c} \tag{2.7}$$

で表す．ただし，k は媒質中の波数，k_0 は真空中の波数を表す．

例題 2.1 真空中で波長 589 nm（Na の D 線）の光波について，次の諸量を求めよ．
① 周波数，② 屈折率 $n = 1.5$ の媒質中での波長，③ 屈折率 $n = 1.5$ の媒質中での波数．

解 ① 式 (2.6) より，周波数は $\nu = c/\lambda_0 = 3.0 \times 10^8/(589 \times 10^{-9})$ Hz $= 5.09 \times 10^{14}$ Hz $= 509$ THz．
② 式 (2.5) より，媒質中での波長は $\lambda = \lambda_0/n = 589 \times 10^{-9}/1.5$ m $= 393 \times 10^{-9}$ m $=$

393 nm．

③ 式 (2.7) より，媒質中での波数は $k = 2\pi/\lambda = 2\pi/(393\times 10^{-9})\,\mathrm{m}^{-1} = 1.60\times 10^{7}\,\mathrm{m}^{-1} = 1.60\times 10^{5}\,\mathrm{cm}^{-1}$．

2.2.2 波面とホイヘンスの原理

図 2.2 より，波長 λ は位相変化 2π と等価であり，位相が 2π の整数倍だけ変化しても，位相状態は同じである．位相が揃った（位相が等しい）波動の面を，**波面**（wave front）または**等位相面**とよぶ（図 2.3）．

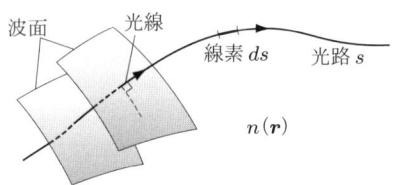

図 2.3 波面と光線の関係

波動性を象徴する波動の伝搬則として，**ホイヘンスの原理**（Huygens' principle）がある（図 2.4(a)）．この原理によれば，ある波面が存在するとき，この波面上の各点が新たな波源となって，波動が屈折率に依存した速さで伝搬して素波面をつくり，素波面の包絡面が次の 2 次波面を形成する．波動は，このようなことを繰り返して順次伝搬する．

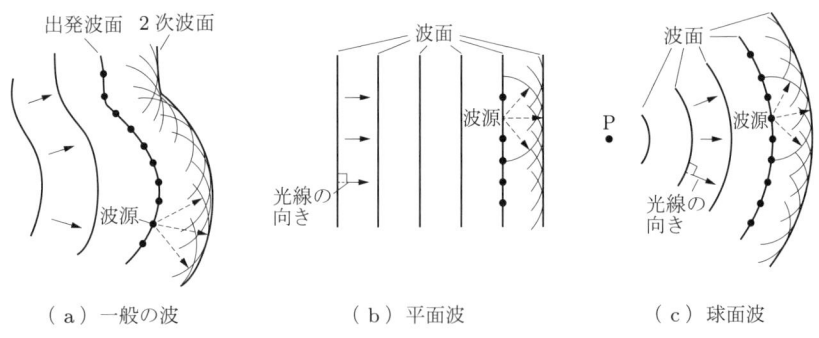

（a）一般の波　　　　（b）平面波　　　　（c）球面波

図 2.4 ホイヘンスの原理による波面伝搬の説明

隣接する波面間の光路長は等しい．波面と光線の向きは直交している．点 P は球面波の中心．

屈折率が一様な媒質で，初期の波面形状が平面のとき，ホイヘンスの原理を適用すると，2 次波面も初期波面に平行な平面となる．このような波を**平面波**といい（図 (b) 参照），平面波に対しては光の伝搬方向が一つに定まる．平面波は，式 (2.3) や式 (2.4) の表示で，振幅 A が伝搬方向に垂直な面内で定数となる．同様にして，波面形状が球

面の波を**球面波**といい（図 (c) 参照），この場合の伝搬方向は四方八方である．

ホイヘンスの原理を用いると，上記平面波・球面波の伝搬だけでなく，屈折・反射，干渉，回折などの波動固有の現象を，定性的に説明することができる．

2.3 光線とその性質

光を波動として扱う方法は厳密ではあるが，物理的直感に欠けるきらいがある．その一方，光をあたかも線のようにして扱うと，わかりやすくて便利である．

光線（ray）の概念は，波長が無限小の極限（$\lambda \to 0$）で成立するもので，光の波長が，電波に比べてはるかに短いという特徴を活かしている．光線の概念が実質的に導入できるのは，波長が対象とする空間の大きさよりも十分小さなときである．

光線は波面と対応づけて，次のように定義される．波面の微小領域に 1 本の光線を対応させ，光線と波面を垂直にとり（図 2.3・2.4 参照），光線の向きを光が伝搬する方向に一致させる．

光線の特徴として，次のものが挙げられる．
（ⅰ）波長という概念が欠落する．
（ⅱ）直進性：一様媒質中では光線は直進する．
（ⅲ）逆進性：光線の入・出射方向を逆にした場合，同じ経路を逆に進む（3.3.3 項参照，ただし，磁気光学効果など，一部で適用できない場合がある）．
（ⅳ）光線の伝搬は幾何学的に扱える（そのような扱いを幾何光学とよぶ）が，近代的な手法では行列で扱われる．

光線の概念が適用できない領域は，次の通りである．
（ⅰ）干渉や回折など波動固有の現象：波動性を特徴づける一つの要素が波長だが，光線では上述のように，これが欠落してしまっている．
（ⅱ）振幅や位相が空間的に激しく変動する場所：光が当たる部分と影の境目，レンズの焦点付近などがある．

2.4 光路長とフェルマーの原理

屈折率が空間的に変化する媒質中での光の伝搬を扱うのは，一般に大変である．そこで，これを容易とするための概念として光路長が用いられる．また，伝搬則を記述するものとして，フェルマーの原理がある．本節ではこれらについて説明する．

2.4.1 光路長と位相変化

屈折率が空間的に不均一な媒質中では，光は曲線状に伝搬するため，光の伝搬時間の計算が煩雑となる．そこで，このような媒質中の光の伝搬時間を，真空中の伝搬時間に換算すると，いちいち屈折率に言及しなくて済む．このような目的で導入された距離の概念を，本節で紹介する．

まず，光路 s に沿って幾何学的距離（線素）ds をとる（図 2.3 参照）．屈折率 n の空間での伝搬時間は，式 (2.2) からわかるように，真空中より屈折率を掛けたぶんだけ長くなるから，光の伝搬時間は，経路上の各位置での屈折率を掛けたぶんだけ長い距離を伝搬すると考えるとよい．屈折率 n の媒質中を伝わる光が，同じ時間で真空中を進む距離を**光路長**（optical path length）または**光学距離**とよび，

$$\varphi \equiv \int n(\boldsymbol{r}) ds \tag{2.8}$$

で定義する．ここで，$n(\boldsymbol{r})$ は空間ベクトル $\boldsymbol{r}$ に依存する屈折率である．屈折率 n が一様なとき，光路長は（屈折率×幾何学的距離）で求められる．

伝搬に伴う位相変化は，式 (2.3) から予測できるように，時間を固定した場合，媒質中の波数 k と伝搬距離 z との積で与えられる．また，伝搬に伴う位相変化は，真空中の波数 k_0 と光路長 φ の積としても求められる．

例題 2.2 真空中の波長 546 nm の光波が，厚さ 5.0 mm の BK7 ガラス（$n = 1.52$）を伝搬した場合，光路長と伝搬に伴う位相変化を求めよ．

解 式 (2.8) を用いて，光路長は $\varphi = 1.52 \cdot 5.0\,\mathrm{mm} = 7.6\,\mathrm{mm}$．位相変化は $\varphi k_0 = \varphi 2\pi/\lambda_0 = 7.6 \times 10^{-3}[2\pi/(546 \times 10^{-9})]\,\mathrm{rad} = 8.7 \times 10^{4}\,\mathrm{rad}$．

2.4.2 フェルマーの原理

屈折率 $n(\boldsymbol{r})$ が空間的に変化する媒質中で，空間の任意の 2 点間での光の伝搬則を規定するのが，**フェルマーの原理**（Fermat's principle）である．これは，「屈折率 n が連続的に変化する空間の 2 点間を光が伝搬するとき，光は伝搬時間が最小，つまり光路長が最小となる経路をとる」というもので，次式で表される．

$$\delta I = \delta \int n(\boldsymbol{r}) ds = 0 \tag{2.9}$$

ここで，δ は変分を表す．変分がゼロであるとは，実現経路の近傍値に対して，3 次以上の微小量を無視したとき，特性値，ここでは光路長が変化しないことを意味する．

フェルマーの原理により，たとえ屈折率が空間的に変化していても，波面上の任意

の点から出た光路の光路長は，波面上の出発位置によらず，次の波面まで等しいということができる（図 2.4 参照）．このことは，波面間では伝搬時間が等しいと言い換えることもできる．

2.5 スネルの法則

スネルの法則は，屈折率の異なる境界面で光が屈折や反射するとき，光の伝搬方向を決める基本法則である．これは，光線，ホイヘンスの原理，フェルマーの原理などを用いて決定できるが，ここではホイヘンスの原理を用いて説明する．

図 2.5 に示すように，屈折率の異なる境界面に，平面波が斜め入射するものとする．波面に垂直な方向が光線の向きに一致するから，光線の入射角は θ_i とできる．ただし，光線の角度は，境界面の法線に対する値をとるものと約束する．ホイヘンスの原理を用いると，光線は境界面で屈折後，屈折角 θ_t で伝搬し，反射光線は反射角 θ_r で伝搬することが予測できる．

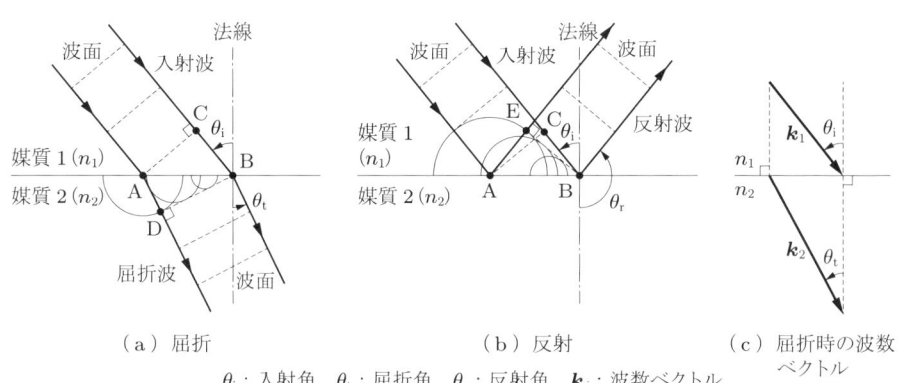

(a) 屈折　　　　　　　　(b) 反射　　　　　　(c) 屈折時の波数ベクトル

θ_i：入射角，θ_t：屈折角，θ_r：反射角，$\boldsymbol{k}_j$：波数ベクトル

図 2.5　光の屈折と反射

破線は波面を表す．図中の半円は，線分 AB 上の点を波源とする，屈折波と反射波に対する，ホイヘンスの原理に基づく素波面を表す．点 C（D）は点 A（B）から光線への垂線の足．また，点 E は点 B から反射光線への垂線の足．

図 (a) で，平面波での位相は，媒質 1（屈折率 n_1）内で波面 AC までと，媒質 2（屈折率 n_2）内で波面 BD 以降が共通であるから，位相変化は線分 CB と線分 AD のみを考慮すればよい．フェルマーの原理に基づくと，線分 CB と線分 AD での伝搬時間が等しい．媒質 1 (2) 中での光速 $v_1 = c/n_1 (v_2 = c/n_2)$ を用いると，

$$\frac{\mathrm{CB}}{c/n_1} = \frac{\mathrm{AD}}{c/n_2}, \quad \mathrm{CB} = \mathrm{AB}\sin\theta_i, \quad \mathrm{AD} = \mathrm{AB}\sin\theta_t \tag{2.10}$$

が成立する．これらの表現を整理すると，

$$n_1 \sin\theta_\mathrm{i} = n_2 \sin\theta_\mathrm{t} \tag{2.11}$$

が得られる．式 (2.11) を**屈折の法則**（law of refraction）という．

式 (2.11) は，媒質の屈折率とその媒質中での光線角度の正弦の積が等しいことを示している．これは，屈折率が大きければ，光線角度が小さくなることを意味する．したがって，空気中から他の媒質に入射する場合，屈折角 θ_t は必ず入射角 θ_i よりも小さくなる．

図 (b) で，媒質 1 内での反射波は，反射後も入射波と位相が等しいという条件から求められる．入射波と反射波の光速は等しい．入射時の線分 CB と反射後の線分 AE の伝搬時間が等しいことより，

$$\mathrm{CB} = \mathrm{AE}, \qquad \mathrm{CB} = \mathrm{AB} \sin\theta_\mathrm{i}, \qquad \mathrm{AE} = \mathrm{AB} \sin\theta_\mathrm{r} \tag{2.12}$$

が得られる．これより

$$\theta_\mathrm{r} = \pi - \theta_\mathrm{i} \tag{2.13}$$

が導ける．式 (2.13) を**反射の法則**（law of reflection）という．式 (2.13) は，入射光線と反射光線が媒質 1 側での法線に対して対称となることを示している．これは，入射光線と反射光線が，境界面に対して鏡面反射の関係にあるともいえる．式 (2.13) は，式 (2.11) で $n_2 = n_1$ とおいても導ける．

入射光線から境界面に垂線を下ろして，入射光線と垂線を含む面を入射面とよび，屈折・反射光線も入射面内にある．

屈折と反射の法則をまとめて**スネルの法則**（Snell's law）という．これは，光線あるいは光波の伝搬を記述するうえでの基本法則である．

式 (2.11) の両辺に，真空中の波数 k_0 を掛けると，

$$n_1 k_0 \sin\theta_\mathrm{i} = n_2 k_0 \sin\theta_\mathrm{t} \tag{2.14}$$

が得られる．式 (2.14) は，媒質中の波数ベクトル $\boldsymbol{k}_j (j=1,2)$ の接線成分が，境界面で連続であると解釈できる（図 2.5(c) 参照）．これは，誘電体に対する境界条件（3.1.4 項の①，②）が，観測できる形で現れたものと考えることができる．つまり，スネルの法則は，電磁気学における境界条件と等価なものである．

スネルの法則は次のような意味ももつ．たとえば，屈折率が既知の多数の平行平板からなる層に光が入射した場合，最終層からの屈折角 θ_t は，途中の層の値を考慮することなく，最初の層での入射角 θ_i と最初・終層の屈折率のみで決定できる．

2.6 全反射

光が屈折率の高い媒質から低い媒質に入射するとき，入射角 θ_i の増加に伴い屈折角 θ_t が増加し，$\theta_t = 90°$ となる入射角が存在する（図 2.6(a)）．このときの入射角を**臨界角**（critical angle）といい，θ_c で表すと，

$$\theta_c = \sin^{-1}\left(\frac{n_2}{n_1}\right) \tag{2.15}$$

で書ける．入射角が臨界角以上になり，入射光線が境界面に対し入射側に戻ってくる現象を**全反射**（total reflection）という．すなわち，全反射は，式 (2.11) で屈折率が $n_1 > n_2$ を満たし，かつ入射角 θ_i が $\theta_i > \theta_c$ を満たすときに生じる．

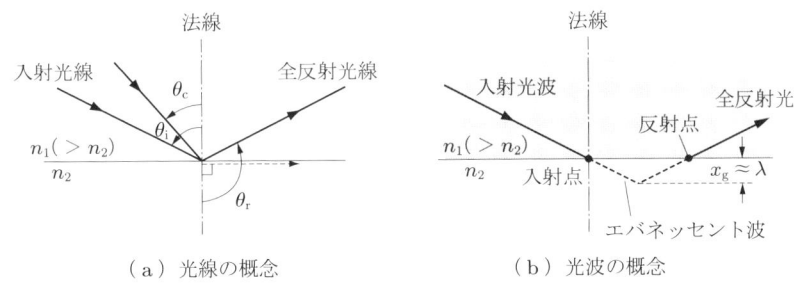

(a) 光線の概念 (b) 光波の概念

θ_i：入射角，θ_r：反射角，θ_c：臨界角，$\theta_r = \pi - \theta_i$

図 2.6 全反射時の光の振る舞い
(a) での破線は臨界角での屈折光線．

全反射を波動的立場で考えると，厳密には，全反射時にも入射電磁界の一部が低屈折率側にしみ出しており（図 (b) 参照），これは**エバネッセント**（evanescent）**波**または**エバネッセント成分**とよばれる．これは，光導波路や光ファイバのように，反射回数が多数の場合には無視できなくなる．

エバネッセント波の性質を以下に列挙する．
(i) この成分は低屈折率側へしみ込んで，境界面からの距離に対して指数関数的に減衰する．その際，光エネルギーは流れ込まない．
(ii) 低屈折率 (n_2) 媒質への電界のしみ込み量 x_g は，波長 λ と同程度の大きさである．
(iii) 境界面では反射位置もずれる．このずれを**グース–ヘンヒェンシフト**（Goos–Hänchen shift）とよぶ．
(iv) さらに，反射において位相がわずかにずれる．入・反射波の振幅を $A_j (j = i, r)$ とおき，位相ずれ ϕ_R を P（平行）成分について $A_{rP}/A_{iP} = \exp(i\phi_R)$ と書くと，

$$\tan\left(\frac{\phi_R}{2}\right) = -\frac{\sqrt{\sin^2\theta_i - (n_2/n_1)^2}}{(n_2/n_1)^2 \cos\theta_i} \tag{2.16}$$

を得る．S（垂直）成分の場合，式 (2.16) の分母で $(n_2/n_1)^2$ だけがなくなる．ここで，P（S）成分とは，光の振動方向が光の伝搬面と平行（垂直）なものをいい，S はドイツ語の senkrecht（"垂直の" の意味）の頭文字である．

例題 2.3 光が空気中からガラスへ角度 $45°$ で入射するとき，屈折角を求めよ．また，光がガラス内から空気中へ伝搬するときの臨界角を求めよ．ただし，ガラスの屈折率を $n = 1.5$ とする．

解 式 (2.11) を用いて，屈折角 θ_t は $1.0\sin 45° = 1.5\sin\theta_t$ より $\theta_t = 28.1°$．臨界角は，式 (2.15) を用いて $\theta_c = \sin^{-1}(1/1.5) = 41.8°$ で得られる．したがって，これより大きな角度，たとえば $45°$ で光を入射させると，ガラス内で全反射する．これは，頂角 $45°$ の直角プリズムを用いて，光線の向きを変えるのに利用されている．

2.7 開口数

図 2.7 に示すように，軸上の点 P にある物体が，レンズなどの光学系を介して点 Q に像を結ぶときを考える．物体（像）側光線が光軸となす片側最大角度を $\theta_1(\theta_2)$ とおく（この角度を開口角ともよぶ）．このとき，像面に達する光エネルギー σ は，像面軸上から見たときに光線束が張る立体角に比例して，$\sigma \propto (n_2\sin\theta_2)^2$ で表せる．$n_j\sin\theta_j$ は**開口数**（NA, numerical aperture）といわれ，次式で定義される．

$$NA_{ob} = n_1\sin\theta_1, \qquad NA_{im} = n_2\sin\theta_2 \tag{2.17}$$

NA_{ob} は物側開口数，NA_{im} は像側開口数とよばれる．開口数は NA と略記されることも多い．開口数は，光学系を介した像側への入射光量の目安となる．

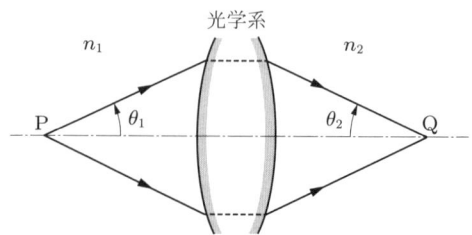

$NA_{ob} = n_1\sin\theta_1$：物側の開口数，$NA_{im} = n_2\sin\theta_2$：像側の開口数

図 2.7 開口数

開口数はもともと，顕微鏡対物レンズで用いられていたものであり，顕微鏡では物側の値を使用する．これは近年では，光導波路（10.3.4 項参照），光ファイバ（11.3.2 項参照），光ディスクにおける光ピックアップ（13.3.3 項参照）などでも利用されている．開口数は空間分解能とも密接な関係があり，開口数が大きいほど空間分解能が上がる．

演習問題

2.1 次の各場合について，光路長と伝搬に伴う位相変化を求めよ．
① 平行面からなる 3 層があり，それぞれの屈折率と厚さが n_j と $d_j (j = 1 \sim 3)$ である．これに真空中で波長 λ_0 の光波が 3 層構造に垂直入射した場合の 3 層全体での値．
② 屈折率が，$0 \leq x \leq a$ で $n = n_0[1 - (1/2)(gx)^2]$，$a \leq x \leq b$ で $n = n_2$ であるとき，$0 \leq x \leq b$ 間での値．ただし，n_0 と g は定数であり，真空中の波数を k_0 とする．

2.2 光波と光線の相互関係を述べよ．

2.3 空気中に置かれた，屈折率 $n = 1.52$，厚さ $d = 2.0\,\text{cm}$ のクラウンガラスを直上から見るとき，見かけ上の厚さを求めよ．

2.4 3 枚の平行平板からなる層があり，各層の屈折率が上側から順に 1.45，3.45，1.50 である．また，第 1 層の上側が空気層で，第 3 層の下側が水（$n = 1.33$）であるとする．このとき，光線が上側の空気層から入射角 15° で入射するとき，下側の水の層から出射される光線の屈折角を求めよ．

2.5 水中にもぐって真上の大気を見た場合，その視野は逆円錐形に制限される．この円錐形の頂角の大きさを求めよ．ただし，水の屈折率を $n = 1.33$ とする．

2.6 グース - ヘンヒェンシフトの内容と物理的意義を説明せよ．

2.7 顕微鏡対物レンズを用いて物体を観察する場合，次の二つの場合ではどちらが明るく観察できるか，比較せよ．
① 空気中で開口角 $\theta = 70°$ で観察．
② レンズと物体の間をモノブロモナフタレン（$n = 1.66$）で満たし，開口角 $\theta = 40°$ で観察．

3 光の波動的側面の基礎

 光は波動性と粒子性の両面の性質を備えており，それぞれの性質に応じた取り扱いが可能である．前章では主に光線の概念を用いた取り扱いについて見てきたが，本章では，光の波動性の立場（波動光学）から見える物理に着目した基本概念を説明し，以下の各章での波動性固有の現象を理解するための準備をする．

 まず，その理論的扱いの基礎であるマクスウェル方程式と波動方程式を説明する．その後，偏光，振幅反射率，強度反射率，光のエネルギーなどを扱い，最後にガウスビームを説明する．

3.1 マクスウェル方程式・波動方程式と境界条件

3.1.1 マクスウェル方程式

 光やマイクロ波などの電磁波の伝搬の様子は，電磁気学での基本式であるマクスウェル方程式を解いて求められる．国際単位系（SI）では，電界を E [V/m]，磁界を H [A/m]，電束密度を D [C/m^2]，磁束密度を B [T]，電流密度を J [A/m^2]，自由電荷密度を ρ [C/m^3] として，**マクスウェル方程式**は

$$\nabla \times \boldsymbol{E} = -\frac{\partial \boldsymbol{B}}{\partial t} \tag{3.1a}$$

$$\nabla \times \boldsymbol{H} = \frac{\partial \boldsymbol{D}}{\partial t} + \boldsymbol{J} \tag{3.1b}$$

$$\mathrm{div}\boldsymbol{D} = \rho \tag{3.1c}$$

$$\mathrm{div}\boldsymbol{B} = 0 \tag{3.1d}$$

で記述される．これらのマクスウェル方程式から，変動する電界と磁界を成分にもつ電磁波の存在が予言される．

 媒質中での電磁波を考える場合，マクスウェル方程式に加えて，構成方程式が必要になる．電界と磁界がそれほど大きくないとき，D と B は，次の**構成方程式**によって，E と H に関係づけられる．

$$\boldsymbol{D} = \varepsilon\varepsilon_0 \boldsymbol{E}, \quad \varepsilon = 1 + \chi_E \tag{3.2a}$$

$$\boldsymbol{B} = \mu\mu_0 \boldsymbol{H}, \quad \mu = 1 + \chi_M \tag{3.2b}$$

ここで，ε_0 は真空の誘電率，μ_0 は真空の透磁率，χ_E は電気感受率，χ_M は磁化率，ε

は媒質の比誘電率，μ は媒質の比透磁率を表す．ここでの「比」とは，媒質での値の真空中の値に対する相対比の意味であり，これらはともに無次元である．また，ここでの $\varepsilon\varepsilon_0$ や $\mu\mu_0$ を ε や μ と書き，これらが媒質の誘電率，透磁率と表示される場合もあるので注意する必要がある．

上記の諸量は，光学での基本パラメータと関係づけられている．真空中の光速 c は，電磁気学では次のように定義されている．

$$c = \frac{1}{\sqrt{\varepsilon_0\mu_0}} = 2.99792458 \times 10^8 \,\mathrm{m/s} \fallingdotseq 3.0 \times 10^8 \,\mathrm{m/s} \tag{3.3}$$

また，光波で重要な屈折率 n は，次式で表される．

$$n = \sqrt{\varepsilon\mu} \tag{3.4}$$

非磁性媒質の場合，比透磁率が $\mu = 1$ とおき，屈折率は $n = \sqrt{\varepsilon}$ で表せる．

3.1.2 波動方程式

電磁波の振る舞いは，波動方程式で記述できる．光の伝搬媒質として誘電体（絶縁体）を対象とすることが多く，このときには媒質中に電流や電荷が存在せず，非磁性として扱える（$\boldsymbol{J} = \rho = 0$, $\mu = 1$）．Ψ が電界 E または磁界 H を表すとすると，屈折率 n が一様な媒質中での**波動方程式**（wave equation）は，

$$\nabla^2\Psi - \frac{1}{v^2}\frac{\partial^2\Psi}{\partial t^2} = 0 \tag{3.5}$$

で表せる．ただし，$v = c/n$ は媒質中の光速，c は真空中の光速である．式 (3.5) は，一般に，変数分離法（偏微分方程式を解く手法の一つ）を適用して求めることができる．

3.1.3 自由空間での波動伝搬

無限に広がった空間を自由空間という．このような媒質のうち，1 次元で屈折率 n が一様な媒質中での電磁波を考える．その伝搬方向を z 軸にとると，式 (3.5) より，波動方程式は次式で得られる．

$$\frac{\partial^2\Psi}{\partial z^2} - \frac{1}{v^2}\frac{\partial^2\Psi}{\partial t^2} = 0 \tag{3.6}$$

式 (3.6) の一つの解は，式 (2.3) で示した正弦波である［演習問題 3.1 参照］．式 (2.3) の意義は，標準的な波動を表す正弦波が，波動方程式から導出されることである．

式 (3.6) を解いて得られる電磁波の性質は，次のようにまとめられる．

（ⅰ）一様な媒質中での電磁波は，伝搬方向に垂直な面内の成分だけをもつ横波である．
（ⅱ）電界成分 E と磁界成分 H が互いに直交し，これらは伝搬方向 z とも直交する．
（ⅲ）マクスウェル方程式を満たす電磁波において，電界 E と磁界 H は勝手な値をとることはなく，これらは一定の比を示す．その比は，電気回路とのアナロジーで，電界 E を電圧 V，磁界 H を電流 I に対応させて，

$$Y \equiv \frac{H}{E} = \frac{1}{Z} = n\sqrt{\frac{\varepsilon_0}{\mu_0}} = nc\varepsilon_0 = \frac{n\omega\varepsilon_0}{k_0} \tag{3.7}$$

で表される．Z を特性インピーダンス，Y を特性アドミタンスという．ただし，ω は角周波数，k_0 は真空中の波数を表す．とくに，真空中の特性インピーダンス Z_0 とアドミタンス Y_0 は，次式から求められる．

$$Z_0 = \sqrt{\frac{\mu_0}{\varepsilon_0}} = \frac{1}{Y_0} = 376.73\,\Omega \tag{3.8}$$

3.1.4 境界条件

波動方程式から求めた電磁界がそのまま適用できるのは，比誘電率や比透磁率などが一様な媒質内においてである．光導波路や光ファイバのように，屈折率がある面を境として異なるとき，不連続面における電磁界成分の接続方法を規定する条件は**境界条件**（boundary condition）といわれる．ここでは，結果のみ述べる．

一般の媒質に対する境界条件は，次のようにまとめられる（図 3.1）．

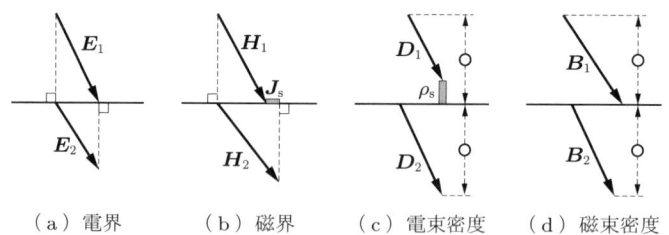

（a）電界　　（b）磁界　　（c）電束密度　　（d）磁束密度

J_s：表面電流密度，ρ_s：表面電荷密度
添字 1, 2 は媒質 1, 2 に対する値．

図 3.1　一般媒質に対する境界条件

（ⅰ）電界 E の境界面に対する接線成分が連続である．
（ⅱ）磁界 H の境界面に対する接線成分は，表面電流密度 J_s ぶんだけ変化する．
（ⅲ）電束密度 D の境界面に対する法線成分は，表面電荷密度 ρ_s ぶんだけ変化する．
（ⅳ）磁束密度 B の境界面に対する法線成分は連続となる．

とくに，光導波路や光ファイバでよく使用される誘電体は，非磁性（$\mu = 1$）で，媒

質中に電流や電荷がない（$J = \rho = 0$）．誘電体に限定した境界条件では，① 電界 E の接線成分，② 磁界 H の接線成分，③ 電束密度 D の法線成分，④ 電束密度 D の法線成分の四つが境界面で連続となる．

屈折率の異なる境界面をもつ導波構造などでは，波動方程式から得られる電界や磁界の形式解のうち，（i）～（iv）の境界条件を満たすものだけが物理的に意味をもつ．

3.2 偏 光

光波での電界が，特定方向に振動しているものを**偏光**（polarized light），振動方向が不規則なものを**非偏光**（unpolarized light）という．偏光により媒質が特有の効果を示したり，各種現象の特性が偏光に依存したりすることがあるので，偏光は光エレクトロニクスの分野でも重要である．非偏光な光の例として，太陽光や電灯の光がある．偏光は波動性に根ざした概念であり，光線の範囲では存在しない．

偏光は，図 3.2 に示すように，直線偏光，円偏光，楕円偏光に分類できる．偏光の呼び名や回転の向きは，光波領域では観測と密接に結びついているので，観測者から見た電界の先端の軌跡で分類される．これに対して，電波領域での回転の向きは，電波の伝搬方向に沿って見た方向で決められる．

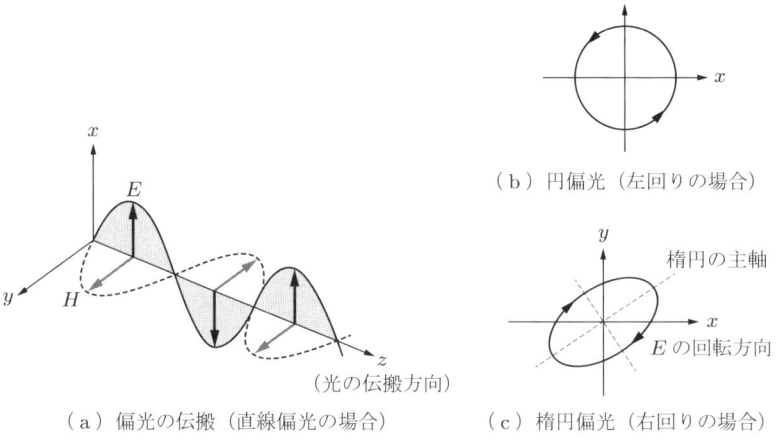

図 3.2 偏光の形状と伝搬の様子

次に，式を用いて各種偏光を説明する．光波（横波）が屈折率 n の等方性媒質（屈折率などの光学的性質が，光の伝搬方向によって変わらない媒質）中を z 方向に伝搬しているとき，その電界の横方向成分を次のようにおく．

$$E_x = A_{x0}\cos(\omega t - nk_0 z + \delta_{x0}),$$
$$E_y = A_{y0}\cos(\omega t - nk_0 z + \delta_{y0}), \qquad E_z = 0 \tag{3.9a}$$
$$\delta_0 = \delta_{y0} - \delta_{x0} \tag{3.9b}$$

ここで，$A_{j0}(j=x,y)$ は各方向成分の振幅，k_0 は真空中の波数，δ_{j0} は初期位相である．δ_0 は x,y 成分間の相対位相差であり，後の便のため定義しておく．

偏光の形状は，リサージュ図形のように，式 (3.9) から時間と位置に依存する項を消去して求めることができる．相対位相差が $\delta_0 = m\pi$（m：整数）を満たすとき，

$$\frac{E_y}{E_x} = (-1)^m \frac{A_{y0}}{A_{x0}} \tag{3.10}$$

が得られる．これは電界の軌跡が直線となるので，**直線偏光** (linear polarization) とよぶ．相対位相差が $\delta_0 = (2m'+1)\pi/2$（m'：整数）で，かつ両成分が等振幅 ($A_0 \equiv A_{x0} = A_{y0}$) のとき，

$$E_x^2 + E_y^2 = A_0^2 \tag{3.11}$$

が得られる．これは軌跡が円を描くので，**円偏光** (circular polarization) とよぶ．$\sin\delta_0 > 0\ (<0)$ のときを右（左）回りの円偏光という．

一般の場合，式 (3.9a, b) から次式が得られる．

$$\left(\frac{E_x}{A_{x0}}\right)^2 + \left(\frac{E_y}{A_{y0}}\right)^2 - 2\frac{E_x}{A_{x0}}\frac{E_y}{A_{y0}}\cos\delta_0 = \sin^2\delta_0 \tag{3.12}$$

式 (3.12) は一般に楕円を表し，この状態を**楕円偏光** (elliptical polarization) という．

以上より，偏光の形状は，直交する電界 2 成分の位相そのものではなく，相対位相差 δ_0 で決まる．よって，偏光が存在するには，相対位相差 δ_0 が時間的に安定して保持されることが必要となる．

3.3 光波の屈折・反射

屈折率が異なる媒質の間では，光波が屈折，反射する．波動的立場からの議論では，光波の振幅と強度の違いを明確に意識することが重要である．本節の前半では振幅，後半では光強度に着目する．

3.3.1　フレネルの公式

平面波が媒質に斜め入射するときを考える（図 3.3）．A_{jP} と $A_{jS}(j=i,t,r)$ はとも

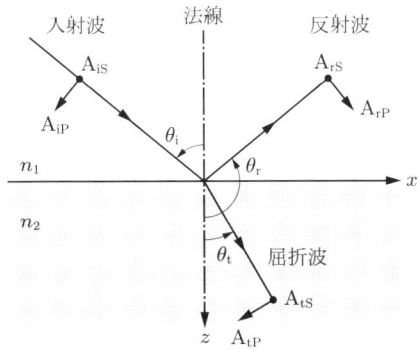

図 3.3 異なる媒質間での光波の反射と屈折(フレネルの公式)
添字 P(S) は紙面に平行(垂直)な成分を意味する.

に光の伝搬方向に垂直な面内での電界振幅を表す.添字 P と S はそれぞれ,入射面(図では紙面)に平行な P 成分と垂直な S 成分を意味する.添字 i, t, r は,それぞれ入射・屈折(透過)・反射光波を意味する.また θ は,光波進行方向の,境界面の法線に対する角度である.

振幅反射率(入射波と反射波の振幅の比)は,境界条件や屈折の法則を利用して,

$$r_{\mathrm{P}} \equiv \frac{A_{\mathrm{rP}}}{A_{\mathrm{iP}}} = \frac{\tan(\theta_{\mathrm{i}} - \theta_{\mathrm{t}})}{\tan(\theta_{\mathrm{i}} + \theta_{\mathrm{t}})} = \frac{n_2 \cos\theta_{\mathrm{i}} - n_1 \cos\theta_{\mathrm{t}}}{n_2 \cos\theta_{\mathrm{i}} + n_1 \cos\theta_{\mathrm{t}}} \tag{3.13a}$$

$$r_{\mathrm{S}} \equiv \frac{A_{\mathrm{rS}}}{A_{\mathrm{iS}}} = -\frac{\sin(\theta_{\mathrm{i}} - \theta_{\mathrm{t}})}{\sin(\theta_{\mathrm{i}} + \theta_{\mathrm{t}})} = \frac{n_1 \cos\theta_{\mathrm{i}} - n_2 \cos\theta_{\mathrm{t}}}{n_1 \cos\theta_{\mathrm{i}} + n_2 \cos\theta_{\mathrm{t}}} \tag{3.13b}$$

で,**振幅透過率**(入射波と屈折波の振幅の比)は

$$t_{\mathrm{P}} \equiv \frac{A_{\mathrm{tP}}}{A_{\mathrm{iP}}} = \frac{2\sin\theta_{\mathrm{t}}\cos\theta_{\mathrm{i}}}{\sin(\theta_{\mathrm{i}} + \theta_{\mathrm{t}})\cos(\theta_{\mathrm{i}} - \theta_{\mathrm{t}})} = \frac{2n_1 \cos\theta_{\mathrm{i}}}{n_2 \cos\theta_{\mathrm{i}} + n_1 \cos\theta_{\mathrm{t}}} \tag{3.14a}$$

$$t_{\mathrm{S}} \equiv \frac{A_{\mathrm{tS}}}{A_{\mathrm{iS}}} = \frac{2\sin\theta_{\mathrm{t}}\cos\theta_{\mathrm{i}}}{\sin(\theta_{\mathrm{i}} + \theta_{\mathrm{t}})} = \frac{2n_1 \cos\theta_{\mathrm{i}}}{n_1 \cos\theta_{\mathrm{i}} + n_2 \cos\theta_{\mathrm{t}}} \tag{3.14b}$$

で表せる.式 (3.13) と式 (3.14) を**フレネルの公式**という.これらの結果は,振幅反射率や振幅透過率が,入射角 θ_{i} や偏光に依存することを示している.

とくに,垂直入射 ($\theta_{\mathrm{i}} = 0$) 近傍の場合,フレネルの公式は次式で近似できる.

$$r_{\mathrm{P}} = -r_{\mathrm{S}} \fallingdotseq \frac{n_2 - n_1}{n_1 + n_2}, \qquad t_{\mathrm{P}} = t_{\mathrm{S}} \fallingdotseq \frac{2n_1}{n_1 + n_2} \tag{3.15}$$

これは,垂直入射時には,振幅反射率が P, S 成分で逆符号となるが,振幅透過率は P, S 成分で一致することを意味している.

3.3.2 ブルースタ角

式 (3.13a) で $\theta_i + \theta_t = \pi/2$ を満たすとき，振幅反射率が $r_P = 0$ となり，これは反射波では P 成分がなくなること，言い換えれば，入射面内で振動する P 成分のすべてが境界面を透過することを意味する（図 3.4）．このときの入射角 $\theta_i = \theta_B$ を**ブルースタ角**（Brewster angle）または**偏光角**とよび，

$$\theta_B = \tan^{-1}\left(\frac{n_2}{n_1}\right) \tag{3.16}$$

で表す．ブルースタ角は，n_1 と n_2 の大小関係によらずつねに存在する．

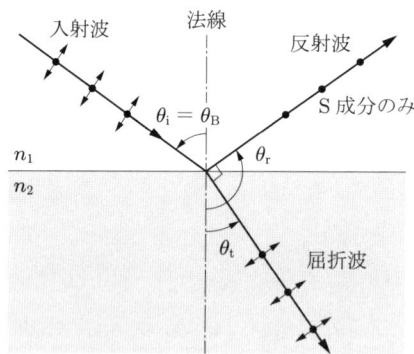

図 3.4 ブルースタ角 θ_B
両矢印と黒丸はそれぞれ，電界の紙面内（P 成分）と紙面に垂直な方向（S 成分）の振動成分を表す．$\theta_i = \theta_B$ では反射波に P 成分がない．$\theta_r - \theta_t = \pi/2$.

反射波で P 成分がゼロになる理由は，次のようにして説明できる．ブルースタ角では $\theta_r - \theta_t = \pi/2$ が成立しており［**演習問題** 3.4 **参照**］，これは屈折波と反射波の進行方向が直角をなすことを意味する．電磁波エネルギーは電界の振動方向には伝搬しないから，反射波は屈折波の伝搬方向と一致した電界振動成分をもつことができない．つまり，反射波は入射面内の電界成分である P 成分をもたない．

ブルースタ角は，気体レーザの窓で利用されている．それにより，気体レーザ管の内部で非偏光であっても，外部への発振光では直線偏光（P 成分）を選択的に取り出すことができる（7.2 節参照）．

例題 3.1 光波が空気（$n = 1.0$）中から，次の各媒質に入射する場合，ブルースタ角を求めよ．① BK7 ガラス（$n = 1.52$，可視域），② ゲルマニウム（$n = 4.09$，波長 1.5〜10 μm）

解 ① 式 (3.16) より，ブルースタ角は $\theta_B = \tan^{-1}(1.52/1.0) = 56.7° = 56° \, 40'$．
② $\theta_B = \tan^{-1}(4.09/1.0) = 76.3° = 76° \, 16'$．

3.3.3 ストークスの関係式

振幅反射率と振幅透過率では,境界面の両方向から伝搬する光波の間で特別な関係が成立することを以下で示す.

平面波が入射角 θ_i で媒質 1 側から入射し,媒質 2 側では屈折角 θ_t で屈折するとする(図 3.5).このときの振幅反射率と振幅透過率は,フレネルの公式で求められる.次に,光波が媒質 2 側から,上記屈折角と同じ角度 θ_t で入射する場合を考える.光は伝搬方向に関して逆進性をもつから,入射波と屈折波の役割を逆にしても,スネルの法則がそのまま成立し,今度は屈折角が θ_i となる.よって,後者での振幅反射率は,式 (3.13) を利用して,

$$r'_P = \frac{\tan(\theta_t - \theta_i)}{\tan(\theta_i + \theta_t)} = -r_P, \quad r'_S = -\frac{\sin(\theta_t - \theta_i)}{\sin(\theta_i + \theta_t)} = -r_S \tag{3.17}$$

で表せる.

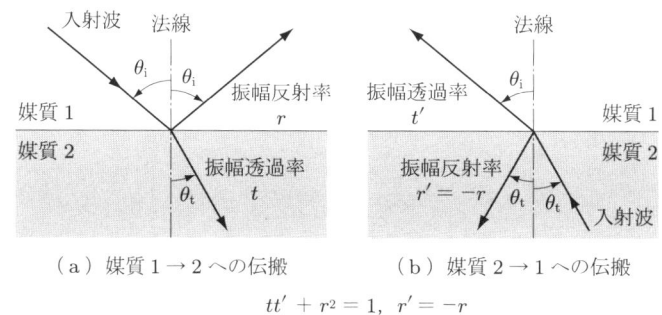

図 3.5 ストークスの関係式

式 (3.17) は,境界面において逆進性を満たす光波の間では,任意の入射角について両者の振幅反射率の符号が反転していること($-1 = \exp(\pm i\pi)$)を表している.すなわち,反射に伴う位相変化が,入射の向きによって π だけ異なる.

光波が媒質 2 から 1 に伝搬するとき,面内および垂直成分の振幅透過率を t'_P と t'_S で表す.t'_P と t'_S は,式 (3.14a, b) で添字 i と t を交換して得られる.このとき,振幅透過率と振幅反射率の間では,面内および垂直成分に関して次式が成立する.

$$t_j t'_j + r_j^2 = 1 \quad (j = P, S) \tag{3.18}$$

式 (3.17) と式 (3.18) を合わせて,**ストークスの関係式**という.

式 (3.17) は,周期構造における反射でも重要となる.屈折率が n_1 と n_2 の 2 種類の層からなる周期構造がある場合,光波が一方向に伝搬していても,屈折率が n_1 の

層から n_2 の層へ向かうときの反射と，n_2 の層から n_1 の層へ向かうときの反射では，反射に伴う位相変化が π だけ異なる（5.5 節参照）．

3.3.4 光強度に関する反射と透過

光領域では電界の周波数が非常に高い（たとえば，波長 500 nm は周波数 600 THz $= 6 \times 10^{14}$ Hz）．そのため，光電界は周期が短く，観測・測定時に光電界の時間平均をとるとゼロとなり，直接測定できない．測定できる量は，電界の 2 乗に対応した光強度である．したがって，観測や測定に関係するときは，光強度で考える必要がある．

光強度反射率は，式 (3.13) を用いて，

$$R_\mathrm{P} = |r_\mathrm{P}|^2 = \frac{\tan^2(\theta_\mathrm{i} - \theta_\mathrm{t})}{\tan^2(\theta_\mathrm{i} + \theta_\mathrm{t})} = \left(\frac{n_2 \cos\theta_\mathrm{i} - n_1 \cos\theta_\mathrm{t}}{n_2 \cos\theta_\mathrm{i} + n_1 \cos\theta_\mathrm{t}}\right)^2 \tag{3.19a}$$

$$R_\mathrm{S} = |r_\mathrm{S}|^2 = \frac{\sin^2(\theta_\mathrm{i} - \theta_\mathrm{t})}{\sin^2(\theta_\mathrm{i} + \theta_\mathrm{t})} = \left(\frac{n_1 \cos\theta_\mathrm{i} - n_2 \cos\theta_\mathrm{t}}{n_1 \cos\theta_\mathrm{i} + n_2 \cos\theta_\mathrm{t}}\right)^2 \tag{3.19b}$$

で書ける．**光強度透過率**は，式 (3.14) を用いて次のように書ける．

$$T_\mathrm{P} = |t_\mathrm{P}|^2 \frac{n_2 \cos\theta_\mathrm{t}}{n_1 \cos\theta_\mathrm{i}} = \frac{\sin(2\theta_\mathrm{i})\sin(2\theta_\mathrm{t})}{\sin^2(\theta_\mathrm{i} + \theta_\mathrm{t})\cos^2(\theta_\mathrm{i} - \theta_\mathrm{t})} \tag{3.20a}$$

$$T_\mathrm{S} = |t_\mathrm{S}|^2 \frac{n_2 \cos\theta_\mathrm{t}}{n_1 \cos\theta_\mathrm{i}} = \frac{\sin(2\theta_\mathrm{i})\sin(2\theta_\mathrm{t})}{\sin^2(\theta_\mathrm{i} + \theta_\mathrm{t})} \tag{3.20b}$$

式 (3.20) で n_2/n_1 は屈折率差の効果，$\cos\theta_\mathrm{t}/\cos\theta_\mathrm{i}$ は斜め入射による効果を表す．これらの式より

$$R_\mathrm{j} + T_\mathrm{j} = 1 \quad (\mathrm{j} = \mathrm{P}, \mathrm{S}) \tag{3.21}$$

を得る．式 (3.21) は，反射波と屈折波のエネルギーの和が，入射波のエネルギーに等しくなるという，エネルギー保存則を表している．

光強度反射率の数値例として，光波が空気中からガラスへ入射するときの結果を図 3.6 に示す．S 成分は入射角 θ_i とともに反射率 R_S が単調に増加している．一方，P 成分の強度反射率 R_P は，θ_i の増加ともに減少していったんゼロとなった後，再び増加している．$R_\mathrm{P} = 0$ となる入射角は，ブルースタ角 θ_B に一致している．

とくに垂直入射（$\theta_\mathrm{i} = 0$）のとき，式 (3.19)，(3.20) より，光強度反射率と光強度透過率は

$$R_\mathrm{j} = \left(\frac{n_1 - n_2}{n_1 + n_2}\right)^2 \quad (\mathrm{j} = \mathrm{P}, \mathrm{S}) \tag{3.22}$$

3.4 光波のエネルギー

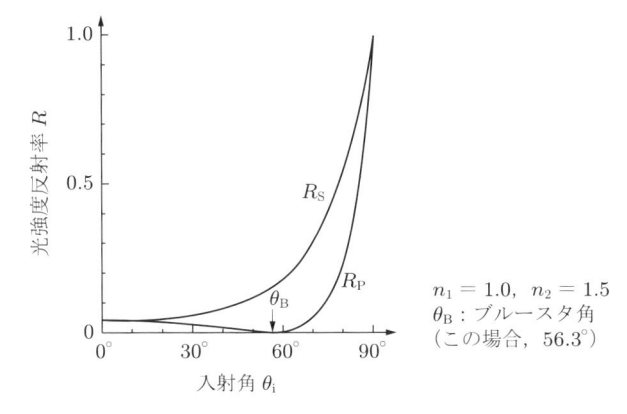

縦軸: 光強度反射率 R （0〜1.0）
横軸: 入射角 θ_i （$0°$〜$90°$）
曲線: R_S, R_P
θ_B マーク
$n_1 = 1.0$, $n_2 = 1.5$
θ_B：ブルースタ角
（この場合，$56.3°$）

図 3.6 光強度反射率の偏光依存性（光が空気からガラスへ入射するとき）

$$T_j = \frac{4n_1 n_2}{(n_1 + n_2)^2} \qquad (\text{j} = \text{P}, \text{S}) \tag{3.23}$$

で書ける．式 (3.22) は，屈折率差が大きな媒質間ほど，光強度反射率が高いことを表している．

例題 3.2 光波が空気（$n = 1.0$）中から次の各媒質に垂直入射する場合，光強度反射率を求めよ．① ガラス（$n = 1.5$），② ケイ素（Si, $n = 3.45$），③ ゲルマニウム（Ge, $n = 4.09$）．

解 式 (3.22) より，光強度反射率は，① $R_j = [(1.0 - 1.5)/(1.0 + 1.5)]^2 = 0.04$ （j = P, S），② $R_j = 0.303$，③ $R_j = 0.369$ となる．これらの結果は，空気中ではガラス 1 面当たり 4%，Si では約 30%，Ge では約 37% の反射損があることを意味する．したがって，光学素子で高い透過率を必要とするときには，表面に反射防止膜を塗布することが不可欠となる（4.3.2 項参照）．

3.4 光波のエネルギー

電磁界は外部に対して仕事を行うことができるので，エネルギーをもっている．電磁波の単位時間当たりの伝搬エネルギーは

$$P_g = \int \bar{\boldsymbol{S}} \cdot \boldsymbol{n} \, dS \tag{3.24}$$

$$\bar{\boldsymbol{S}} = \frac{1}{2} \boldsymbol{E} \times \boldsymbol{H}^* \tag{3.25}$$

で記述できる．ただし，$\boldsymbol{n}$ は対象とする断面での外向き単位法線ベクトル，S は電磁波が流入出する断面を表す．単位時間当たりの光エネルギー P を，**光パワ**（optical power）または光電力といい，その実用単位は [W] である．

光パワ P を [mW] 単位で表して，

$$10 \log P \, [\text{mW}] \tag{3.26}$$

を [dBm] 単位で表示することがある．このとき，1 mW は 0 dBm，1 W は 30 dBm，1 µW は -30 dBm である．

式 (3.25) で定義された $\bar{S}\,[\text{W/m}^2]$ は，**ポインティングベクトル** (Poynting vector) といわれ，電磁波によって運ばれる，単位時間・単位面積当たりの瞬時エネルギーの密度と伝搬方向を示している．ポインティングベクトルは，光線近似では

$$\bar{S} = v\langle w \rangle s \tag{3.27}$$

で表せる．ここで，v は媒質中での光速，$\langle w \rangle$ は全電磁界の平均エネルギー密度，s は光線の単位ベクトルである．式 (3.27) は，ポインティングベクトルが，電磁界エネルギーが光線の向きに一致して，媒質中の光速で伝搬するという物理的意味をもつことを示している．

単位時間・単位面積当たりの時間平均された光エネルギーを**光強度** (optical intensity) といい，$I\,[\text{W/m}^2]$ で表す．単色平面波の場合，電界ベクトルを $\boldsymbol{E}$ として，光強度が

$$I = \langle |\bar{S}| \rangle = \frac{1}{2}EH = \frac{1}{2}nc\varepsilon_0|\boldsymbol{E}|^2 \tag{3.28}$$

と得られる．ただし，n は屈折率，c は真空中の光速であり，式 (3.7) を用いた．とくに厳密な議論をしないとき，単に $n|\boldsymbol{E}|^2$ を光強度とよぶことがある．断面内での光強度が均一な場合，受光面積を A_eff とすると，光パワは $P = IA_\text{eff}$ で表せる．

例題 3.3 次に示す光パワで，① と ② を dBm 単位に換算した後，高い光パワから順に並べよ．① 6.5 µW，② 35.2 µW，③ -23.5 dBm，④ -17.4 dBm．

解 式 (3.26) を用いて，① の 6.5 µW は $10\log(6.5\times 10^{-3}) = -21.9$ dBm，② の 35.2 µW は $10\log(3.52\times 10^{-2}) = -14.5$ dBm．よって，高い光パワから順に ②，④，①，③ となる．

3.5 ガウスビーム

レーザからの発振光で，最低次の横モードの形状はガウス関数で表される．また，光導波路や光ファイバの最低次モードの電磁界分布も，ガウス関数で精度よく近似でき

る．ガウス関数を使うことの利点は，少ないビームパラメータで特性を記述できることや，積分などの数学的操作が比較的容易にできることである．そのため，本節ではガウス関数で表される**ガウスビーム**の伝搬則を説明する．

3.5.1 ガウスビームの記述と伝搬

本題に入る前に，ガウス関数について説明しておく．ある関数 $f(x)$ が x のみに依存するとき，w を定数として，

$$f(x) = A \exp\left[-\left(\frac{x}{w}\right)^2\right] \tag{3.29}$$

は**ガウス関数**とよばれる．ただし，A は振幅である．式 (3.29) は，$x=0$ で最大値 A，$x=w$ で A/e をとり，$|x|$ の増加とともに，急激に減少する関数である．定数 w はスポットサイズとよばれ，ガウス関数の断面内での広がり具合を表している．

ところで，媒質が一様な場合，マクスウェル方程式を解くことにより，ガウスビームを導くことができる．いま，デカルト座標 (x, y, z) で，z 軸方向に伝搬する電磁界が平面波からわずかにずれている場合，その電界を次式で表すことにする．

$$E(x, y, z) = \psi(x, y, z) \exp[i(\omega t - kz)] \tag{3.30}$$

ここで，ψ は平面波との差分を表す，z 方向に対する緩やかな変動関数であり，ω は角周波数，k は媒質中の波数である．式 (3.30) を波動方程式 (3.6) に代入した後，$\partial^2\psi/\partial z^2$ を無視すると，ψ に対する微分方程式が次式で得られる．

$$\frac{\partial^2 \psi}{\partial x^2} + \frac{\partial^2 \psi}{\partial y^2} - 2ik\frac{\partial \psi}{\partial z} = 0 \tag{3.31}$$

式 (3.31) は変数分離法を用いて解くことができる．

緩やかな変動関数 ψ に対する解は次のように書ける．

$$\psi(x, y, z) = A \exp\left[-\frac{x^2}{F_x(z)} - \frac{y^2}{F_y(z)}\right] \tag{3.32}$$

指数関数内の $F_j(z)$ は F パラメータとよばれ，一般に複素数である．式 (3.32) は，断面内の x, y 方向で形状が異なる場合にも適用できる．$F_x(z) \neq F_y(z)$ は，半導体レーザでのビーム断面が楕円形となっている場合に対応する．通常，気体レーザや光ファイバでの断面分布は軸対称となっているので，この場合には $F_x(z) = F_y(z)$ とおける．

式 (3.32) で，$1/F_j(z)$ は実・虚部に分けて，次のように整理できる．

$$\frac{1}{F_j(z)} = \frac{1}{w_j^2(z)} + i\frac{k}{2R_j(z)} \quad (j = x, y) \tag{3.33}$$

ただし，

$$w_j(z) = w_{oj}\sqrt{1 + \left[\frac{2(z - z_0)}{kw_{0j}^2}\right]^2} \tag{3.34}$$

$$R_j(z) = (z - z_0)\left\{1 + \left[\frac{kw_{0j}^2}{2(z - z_0)}\right]^2\right\} \tag{3.35}$$

とおく．上式で，$k = 2\pi/\lambda$ は波数である．

式 (3.33) 第 1 項目は，光電界がガウス関数で表され，光電界が中心軸近傍に局在することを示している．式 (3.34) における $w_j(z)$ は，j 方向の電界（光強度）が中心軸上 $(x = y = 0)$ の値の $1/e$ $(1/e^2)$ になる半径で，**スポットサイズ**（spot size）とよばれ，位置 z における光ビームの断面内での広がり具合を表す．式 (3.33) 第 2 項目は，波面が湾曲していることを示しており，式 (3.35) での $R_j(z)$ を，**波面の曲率半径**（radius of curvature）という．

ガウスビームの伝搬の様子は，図 3.7 に示すように，スポットサイズ $w_j(z)$ と波面の曲率半径 $R_j(z)$ で記述できる．$z = z_0$ はビーム幅が最も細くなる位置で，**ビームウェスト**（beam waist）とよばれる．$w_{0j} \equiv w_j(z_0)$ はビームウェストでのスポットサイズを表す．$R_j(z_0) = \infty$ となるから，ビームウェストでの波面の形状が平面となることがわかる．

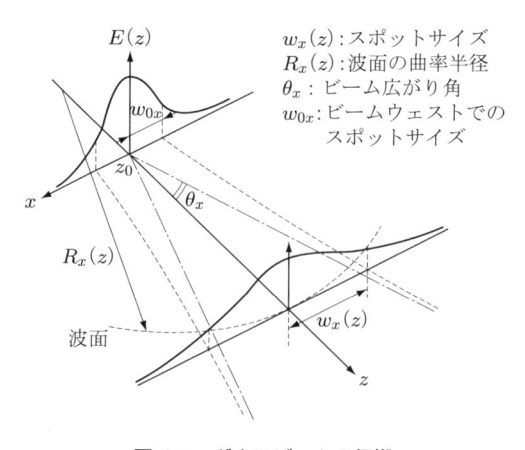

図 3.7 ガウスビームの伝搬

ビームウェスト（$z = z_0$）から十分離れたとき，式 (3.35) からわかるように，曲率半径 $R_j(z)$ がビームウェストまでの距離（$z - z_0$）に等しくなり，波面の中心とビームウェストの位置が一致する．このとき，式 (3.34) より，スポットサイズが（$z - z_0$）に比例して大きくなる．遠視野像での**ビーム広がり角**を，$(1/e)$ 半幅 θ_j で定義すると（図 3.7 参照），

$$\theta_j = \lim_{z \to \infty} \frac{w_j(z)}{(z - z_0)} = \frac{2}{kw_{0j}} = \frac{\lambda}{\pi w_{0j}} \quad (j = x, y) \tag{3.36}$$

と書ける．式 (3.36) は，ビーム広がり角 θ_j がビームウェストでのスポットサイズ w_{0j} に逆比例し，波長 λ に比例することを表しており，後述する式 (5.4) と同じく，回折を反映している．式 (3.36) はまた，積 $w_{0j}\theta_j$ が波長 λ のみに依存することを示している．

以上より，ガウスビームの特徴は次のようにまとめられる．
（ⅰ）伝搬によりスポットサイズ $w_j(z)$ や波面の曲率半径 $R_j(z)$ が変化しても，ガウス関数形は保存される．
（ⅱ）ビームウェスト位置でスポットサイズが最小となり，波面は平面となる．
（ⅲ）ビームウェストから十分離れた位置（ファーフィールド）での波面は，あたかも点光源がビームウェストにあるかのように振る舞う．
（ⅳ）遠視野像でのビーム広がり角は式 (3.36) で求められる．
（ⅴ）スポットサイズの内側には，全体の光エネルギーの 86.5% が含まれている．
（ⅵ）一般の位置 z とビームウェストにおけるビームパラメータ（スポットサイズと波面の曲率半径）は相互に変換できる．

3.5.2　ガウスビーム径の変換

ガウスビームがレンズ（焦点距離 f）に入射し，ビームウェストがレンズの前側焦点面にある場合，レンズの後側焦点面でのスポットサイズは

$$w_{02} = \frac{2f}{kw_{01}} = \frac{\lambda f}{\pi w_{01}} = f\theta_1 \tag{3.37}$$

で表せる．ただし，θ_1 は入射ビームに関する，式 (3.36) で定義した半幅の広がり角である．式 (3.37) は，スポットサイズの大きさが，レンズの焦点距離 f の調整により，変えられることを示している．

例題 3.4　He-Ne レーザ（$\lambda = 633\,\text{nm}$）でのビーム広がり角を，次のビームウェストでのスポットサイズ w_0 に対して求めよ．① $w_0 = 0.5\,\text{mm}$，② $w_0 = 1.0\,\mu\text{m}$．

解 式 (3.36) を用いて，① $\theta = 0.633/(\pi \cdot 500)\,\mathrm{rad} = 4.03 \times 10^{-4}\,\mathrm{rad} = 0.023° = 1.4'$ は微小量とみなせる．② $\theta = 0.633/(\pi \cdot 1.0)\,\mathrm{rad} = 0.201\,\mathrm{rad} = 11.5°$ となり，この場合にはもはやビームとよべない．

演習問題

3.1 式 (2.3) で表される波動が，波動方程式 (3.6) を満たすことを確認せよ．

3.2 z 方向に伝搬する電磁波の電界成分が $E_x = 2\cos(\omega t - nk_0 z + \pi)$, $E_y = 2\cos(\omega t - nk_0 z + \delta_{y0})$ で表されるとき，次の位相について偏光の形状を求めよ．
① $\delta_{y0} = 2\pi$, ② $\delta_{y0} = 3\pi/2$.

3.3 境界面の両側の屈折率が ① $n_1 = 1.0$, $n_2 = 1.5$ と ② $n_1 = 1.5$, $n_2 = 1.0$ のとき，それぞれに対するブルースタ角を求めよ．

3.4 ブルースタ角について，次の問いに答えよ．
① ブルースタ角では $\theta_\mathrm{r} - \theta_\mathrm{t} = \pi/2$ が成立していることを示せ．
② ブルースタ角では反射波の P 成分が存在しないことを，定性的に説明せよ．

3.5 光波が空気中からガラス ($n = 1.5$) に角度 $30°$ で入射するとき，ストークスの関係式 (式 (3.18)) が成立することを確認せよ．

3.6 光波が空気中からゲルマニウム (Ge, $n = 4.09$) に角度 $30°$ で入射するとき，光強度反射率と光強度透過率を求め，エネルギー保存則が成立していることを確認せよ．

3.7 屈折率 $n = 3.5$ の一様媒質中での光強度が $1.0\,\mathrm{mW/mm^2}$ であるとき，平面電磁波と仮定して，電界 E と磁界 H の大きさを求めよ．

4 干渉とその応用

　干渉は波動性固有の現象であり，光エレクトロニクスの各分野でも利用されている．本章では，まず干渉の基礎を説明する．そのうえで，応用例として，斜め入射光による干渉，ファブリ‒ペロー干渉計と反射防止膜を取り上げ，位相計算による，より厳密な理論で干渉を説明する．最後には，干渉と密接な関係にあるコヒーレンスを扱い，コヒーレンスと干渉縞の関係を説明する．

4.1 干渉の基礎

　電波が高層建築などで反射されると，かつてのアナログ放送では，テレビの画面が二重に映る電波障害を引き起こすことがあった．これには，電波塔からの直接波と建物からの反射波の二つの電波が関係している．また，シャボン玉に太陽光が当たると色づいて見える．これは，白色光源（多くの波長の光を含むもの）である太陽光が，石鹸薄膜の両面で反射されて複数の光波に分けられ，眼で観測するとき，強められた特定の波長の光が視認されるためである．

　このように，同一波源から出た波動が，分岐されて異なる経路を伝搬した後，また合波されたとき，強度がもとより強められたり，弱められたりする現象を**干渉**（interference）という．干渉は，電波や光が波動性をもっていることの直接的証拠であり，光・電波・音波など波動全般で観測される．波動が干渉できる性質を，**コヒーレンス**または**可干渉性**といい，干渉の結果，得られる濃淡の縞を**干渉縞**（interference fringes）という．

　高校までの段階では，光波を無限に続く正弦波とみなす，実際にはあり得ない理想化された光のもとで，干渉を扱った．そして，干渉縞の強弱を，2光路の距離差が波長の整数倍か半整数倍かで評価した．これは，後述する伝搬の効果のうちの特別な場合のみを考慮していることになる．

　光領域での干渉を考慮するうえで重要な点を，次に示す．
（ⅰ）干渉するためには，対象となる光波が分岐前には，同一光源から出ていることが不可欠である．これは，異なる光源間では光波の間に相関がないからである．
（ⅱ）光の周波数が非常に高いため（可視光で $100\,\mathrm{THz} = 10^{14}\,\mathrm{Hz}$ のオーダ），観測手段が時間変化に追随できない．そのため，観測できるのは光強度分布のみであり，複素振幅を観測することができない．つまり，<u>光領域での可測量は光強度と</u>

なる．

(iii) 干渉をより一般的に考えるには，波動の振幅とともに，位相変化を考慮する必要がある．この位相変化には，① 伝搬に伴う位相変化と，② 反射に伴う位相変化，の二つがある．

(iv) 干渉は，波長程度の光路長差で変化するのが特徴である．この性質は，高精度な計測手段として，距離・平面度測定，分光装置などに利用されている（13.5 節参照）．

4.2 2光波による干渉縞の形成

本節では，光源のコヒーレンスが無限に保たれる理想的な場合を説明し，有限のコヒーレンスも含む一般の場合は 4.4 節で扱う．

4.2.1 2光波干渉の一般式

光源から 2 光路に分かれた光波が，観測位置（ベクトル r で表す）で合波されるとする．このとき，両光路での光電界が観測位置でとる複素振幅を

$$E_j(\boldsymbol{r}) = A_j(x) \exp\left[i(\omega t - kz_j)\right] \quad (j=1,2) \tag{4.1}$$

で表す．ただし，$A_j(x)$ は振幅，ω は角周波数，k は媒質中の波数，z_j は各光路に沿って測った光源からの伝搬距離，x は光路に垂直な断面内での座標を表す．式 (4.1) の [ ] 内で，虚数単位 i を除いた部分が位相を表す．

観測位置 r での光電界の合成振幅は

$$E(\boldsymbol{r}) = E_1(\boldsymbol{r}) + E_2(\boldsymbol{r}) \tag{4.2}$$

で記述される．光波領域では，可測量となるのは光強度であるが，この場合の 2 光波での干渉光強度分布は，式 (4.1) を利用して，

$$\begin{aligned} I(\boldsymbol{r}) &= |E_1(\boldsymbol{r}) + E_2(\boldsymbol{r})|^2 \\ &= |A_1(x)|^2 + |A_2(x)|^2 + 2\mathrm{Re}\left\{A_1(x)A_2^*(x)\right\}\cos\left[k(z_1-z_2)\right] \\ &= I_1 + I_2 + 2\sqrt{I_1 I_2}\cos\left[k(z_1-z_2)\right] \end{aligned} \tag{4.3}$$

で表せる．Re は { } 内の実部をとることを意味する．

式 (4.3) で，I_1 と I_2 は，光路 1，2 のみを伝搬した光波が，それぞれ単独で存在したことによる光強度である．第 3 項目が干渉項である．2 光波干渉では，光源からの 2 光波の位相の絶対値ではなく，2 光波の相対位相差 $k(z_1-z_2)$ が干渉縞に関与する．

干渉縞の周期 Λ は，$k\Lambda = 2\pi$ より $\Lambda = 2\pi/k$ で得られる．式 (4.3) を用いることにより，一般的な位相差の場合の干渉縞強度分布が求められる．

空気 ($n = 1.0$) 中で光が等振幅の 2 光波に分割された場合の干渉を考える．これは，式 (4.3) で $A_1(x) = A_2(x)$ とおいた場合に相当する．干渉縞強度は，$k_0(z_1 - z_2) = 2\pi m$ (m：整数，$k_0 = 2\pi/\lambda_0$：真空中の波数) つまり $z_1 - z_2 = m\lambda_0$ のとき最大値 $4|A_1(x)|^2$ をとり，$k_0(z_1 - z_2) = 2\pi m + \pi$ つまり $z_1 - z_2 = (m + 1/2)\lambda_0$ のとき最小値 0 をとる．これらの結果は，4.1 節で述べたように，伝搬効果だけのときは，距離差が波長の整数（半整数）倍のときに，干渉縞強度が最大（最小）になるという，よく知られた結果と一致している．

4.2.2 斜め 2 方向から照射された光波による干渉

空気中に，屈折率 n の媒質が水平面に置かれており，この媒質の上方から，垂直方向と空気中で角度 θ_0 をなす反対方向から，振幅の等しい 2 平面波（角周波数 ω，空気中での波長 λ_0) が照射されているとする（図 4.1）．水平（垂直）方向に $x(y)$ 軸をとる．媒質内での吸収を無視して，媒質中に形成される干渉縞の周期 Λ を求めよう．

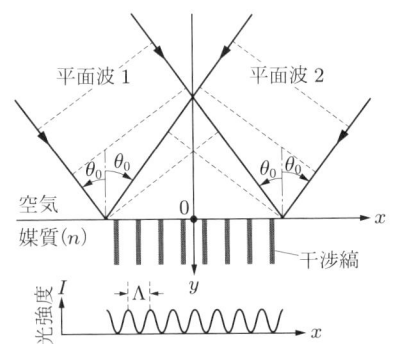

図 4.1　斜め入射光による干渉縞
煩雑さを避けるため，空気と媒質間での屈折を無視して描いている．

平面波が媒質中で垂直方向となす角度を θ とすると，スネルの法則 (2.11) により，$1.0 \sin\theta_0 = n \sin\theta$．複素振幅の表現として式 (2.4) を用いると，振幅 A は周期に関係しないから $A = 1$ とおいても差し支えない．このとき，2 平面波の媒質中での複素振幅は，

$$E_1 = \exp\{i[\omega t - (k_{x1}x + k_y y)]\},$$
$$E_2 = \exp\{i[\omega t - (k_{x2}x + k_y y)]\},$$
(4.4a)

$$k_{x1} = -k_{x2} = (2\pi n/\lambda_0)\sin\theta, \qquad k_y = (2\pi n/\lambda_0)\cos\theta \qquad (4.4\text{b})$$

で表せる．ただし，$k_{xj}(j=1,2)$ と k_y は媒質中での x,y 方向の波数成分である．式 (4.3) を参考にして，干渉項は次式で書ける．

$$E_1{}^* E_2 + E_1 E_2{}^* = \exp(2ik_{x1}x) + \exp(-2ik_{x1}x) = 2\cos(2k_{x1}x) \quad (4.5)$$

式 (4.5) は，x 方向の断面内では，位置だけに依存した光強度分布，つまり時間変動がない**定在波**（standing wave）が形成されることを示す．この定在波の周期 Λ は，$2k_{x1}\Lambda = 4\pi n\Lambda(\sin\theta)/\lambda_0 = 2\pi$ より，

$$\Lambda = \frac{\lambda_0}{2n\sin\theta} = \frac{\lambda_0}{2\sin\theta_0} \qquad (4.6)$$

で得られる．このようにして干渉縞をつくる方法を，**2光束干渉法**という．

4.3 多光波干渉

一般には，2 光波だけでなく，光源からの光が三つ以上の光波に分岐された後に観測される，多光波干渉が多く見られる．これは光エレクトロニクスへの応用においても重要である．干渉に関与する光波が三つ以上になっても，前節で扱った 2 光波の場合と同様に，記録・観測する直前までは各光波を複素振幅で扱い，記録・観測するときに全光波の複素振幅の和の絶対値の 2 乗をとればよい．

本節では，透過光による多光波干渉の例としてファブリ - ペロー干渉計，反射光による多光波干渉の例として反射防止膜を扱う．

4.3.1 ファブリ - ペロー干渉計

反射率の高い，平行度のよい 2 枚の平面鏡を，ある間隔で平行に並べた干渉装置を**ファブリ - ペロー干渉計**（Fabry–Pérot interferometer）という．これは，特定の波長幅の光だけを透過させる特性をもち，レーザ共振器や光フィルタ，分光器などに利用されている．本項では，この干渉計の基本特性と固有の概念を紹介する．

（a） ファブリ - ペロー干渉計の基本特性

光強度反射率 $R_j(j=1,2)$ の 2 枚の平面鏡の間が，屈折率 n，媒質長 L の媒質で満たされているとする（図 4.2）．一対の高反射率の平行平板を**エタロン**（ethalon）とよぶ．平面波が，平面鏡外部の空気中からエタロンへ入射角 θ_i で入射し，内部で屈折角 θ_t をなすとする．入射光電界の振幅を E_i，全透過光電界の和を E_t とする．

4.3 多光波干渉

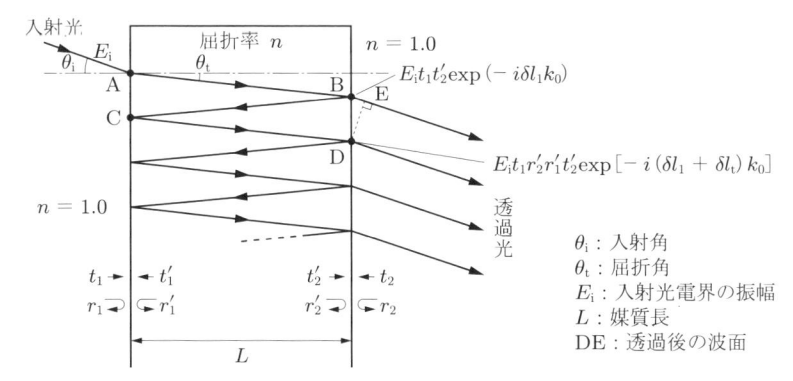

図 4.2 ファブリ – ペロー干渉計における多重反射による透過
図で入射光側に存在する反射光は省いている.

光が空気層から平面鏡へ入射するときの各面での振幅透過率を t_j, 振幅反射率を r_j, 平面鏡内から空気層へ向かうときの振幅透過率を t'_j, 振幅反射率を r'_j で表す. このとき, 式 (3.17) を用いて, 内部振幅反射率は $r'_j = -r_j$, つまり位相が r_j に比べて π だけずれているとして表せ, 光強度反射率が $R_j = |r_j|^2$ で表せる. 表面が高反射の場合には, 多数回の内部反射の影響が無視できず, 多重反射, つまり多光波干渉を考慮する必要がある.

図 4.2 で透過光を考える場合, 点 B での反射直前までは, すべての光波の電界が共通なので, ここを位相計算の起点とする. 隣接透過光で波面 DE 以降の位相も共通である. したがって, 隣接透過光での位相変化は, 2 回の内部反射と, 伝搬に伴う光路長差 $\delta l_t = 2[AB] - [BE]$ による位相を考慮すればよい. ただし, [・] は光路長を表すものとする. 内部反射での位相変化が反射 1 回につき π だから, 隣接透過光での位相変化が 2π となり, これは実質的に同位相となる.

以上の検討より, 多重反射後の全透過光の電界は,

初項: $E_i t_1 t'_2 \exp(-i\delta l_1 k_0)$

公比: $r'_1 r'_2 \exp(-i\delta l_t k_0) = \sqrt{R_1 R_2} \exp(-i\delta l_t k_0)$

$$\delta l_t = \frac{2nL}{\cos\theta_t} - 2L\tan\theta_t \sin\theta_i = 2nL\cos\theta_t, \quad \delta l_1 = \frac{nL}{\cos\theta_t} \quad (4.7)$$

の無限等比級数で表せる. ただし, k_0 は真空中の波数である.

これらに基づいて, 多重反射後の全透過光の入射光に対する強度透過率を計算すると,

$$\frac{|E_t|^2}{|E_i|^2} = \frac{1}{1 + \dfrac{R_1 + R_2 - 2\sqrt{R_1 R_2}\cos(2nLk_0\cos\theta_t)}{(1-R_1)(1-R_2)}} \quad (4.8)$$

で表される．ここで，$R_j (j = 1, 2)$ は各平面鏡の光強度反射率であり，計算ではストークスの関係式を利用した．

全透過光強度 $|E_t|^2$ を最大にするには，隣接する透過光がすべて同位相，すなわち位相差が 2π の整数倍となるようにすればよい．位相変化は，反射と伝搬に伴うものに分けられるが，すでに述べたように，内部反射に伴う隣接透過光での位相変化は実質的に無視できた．隣接透過光で往復伝搬に伴う位相変化は，$\delta l_t k_0 = 2nLk_0 \cos\theta_t$ である．

平面鏡の光強度反射率を固定したとき，全透過光強度が最大となる条件は，

$$\delta l_t k_0 = 2nLk_0 \cos\theta_t = 2Lk_0\sqrt{n^2 - \sin^2\theta_i} = 2\pi m \quad (m : 整数) \quad (4.9)$$

で表せる．式 (4.9) は，式 (4.8) で $\cos(\delta l_t k_0) = 1$ としても導け，そのとき，

$$\frac{|E_t|^2}{|E_i|^2} = \frac{1}{1 + \dfrac{(\sqrt{R_1} - \sqrt{R_2})^2}{(1 - R_1)(1 - R_2)}} \quad (4.10)$$

が得られる．これより，$R_1 = R_2$ のとき $|E_t|^2/|E_i|^2 = 1$ となる．すなわち，入射光をすべて透過させるには，二つの平面鏡の反射率を等しくする必要がある．

透過光強度最大の条件 (4.9) は**共振条件**（resonant condition）とよばれる．透過光強度を最大にする波長 λ_m を，式 (4.9) から求めると，

$$\lambda_m = \frac{2nL\cos\theta_t}{m} = \frac{2L\sqrt{n^2 - \sin^2\theta_i}}{m} \quad (m : 整数) \quad (4.11)$$

となる．したがって，透過波長 λ_m を定めると，光線の屈折角 θ_t に応じて，間隙の屈折率 n と媒質長 L を変えればよい．

$R_1 = R_2 (\equiv R)$ のときの，多重反射後の全透過光の強度透過率の $2nLk_0\cos\theta_t$ 依存性を図 4.3 に示す．これから次の特徴がわかる．

（ⅰ）平面鏡の光強度反射率 R を大きくすると，透過ピークが鋭くなる．これは，式 (4.8) の中で得られる因子 $R/(1-R)^2$ を大にする条件から導ける．
（ⅱ）透過域が $2nLk_0\cos\theta_t$ に対して周期的に現れる．
（ⅲ）間隙媒質の屈折率 n や媒質長 L を変化させることにより，特定波長 λ_m の光を選択的に透過させることができる．このことは波長選択性を意味し，スペクトル分解に使用できる．

上記性質 (ⅲ) は，レーザ共振器（6.3.2 項参照）や干渉フィルタ（12.2.2 項参照），分光器などに利用されている．間隙媒質が気体の場合，濃度を変化させることにより，

4.3 多光波干渉

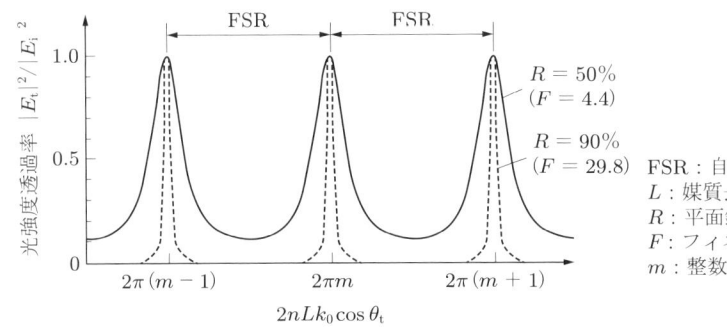

図 4.3 ファブリ - ペロー干渉計の透過特性

屈折率 n を細かく変化させることができる．

(b) ファブリ - ペロー干渉計に固有の概念

ファブリ - ペロー干渉計からの透過光が，複数の共振ピークをもつとき，$nLk_0\cos\theta_t$ が π の整数倍だけ異なる光は互いに区別できない．これは前項の性質（ii）に関係しており，式 (4.8) で $2nLk_0\cos\theta_t$ が，周期関数 cos に含まれることから生じている．一方，共振周波数間隔内にあるいかなる周波数の光も，他の次数と混同することなく判別できるので，この間隔を**自由スペクトル領域**（FSR: free spectral range）とよぶ．

FSR は，隣接した共振ピーク間の周波数差に相当するから，式 (4.9) を利用して，

$$\Delta\nu_c = \nu_{m+1} - \nu_m = \frac{c}{2nL\cos\theta_t} = \frac{c}{2L\sqrt{n^2 - \sin^2\theta_i}} \tag{4.12}$$

で表せる．ここで，ν_m は m 番目の共振ピーク周波数，c は真空中の光速である．式 (4.12) より，FSR はエタロンの屈折率 n，媒質長 L，入射角 θ_i で決まることがわかる．また，これは干渉計では FSR 以上を区別できないことを意味している．FSR は製品のカタログに記載されている．

前項の性質（i）に対応して，透過帯域の鋭さを評価するために用いられる**フィネス**（finesse）F は，自由スペクトル領域 $\Delta\nu_c$ の透過帯域半値全幅 $\delta\nu_c$ に対する比で定義され，

$$F \equiv \frac{\Delta\nu_c}{\delta\nu_c} \fallingdotseq \frac{\pi\sqrt{R}}{1-R}, \qquad \delta\nu_c \fallingdotseq \frac{c}{2\pi nL\cos\theta_t}\frac{1-R}{\sqrt{R}} \tag{4.13}$$

と書ける［演習問題 4.2 参照］．

式 (4.13) より，フィネスに関して次のことがいえる．
（ i ）フィネス F が大きいほど，透過帯域が鋭い．

(ⅱ) フィネス F は平面鏡の光強度反射率 R のみに依存し，R が大きくなるほど F が大となる．

式 (4.13) は理論上のフィネスであり，干渉計の総合的なフィネスを上げるためには，エタロン面を高精度に仕上げる必要があり，大きなフィネス値を達成するのは容易ではない．

例題 4.1 ファブリ - ペロー干渉計で，平面鏡の光強度反射率 R が次の各値をとるとき，フィネス F を求めよ．
① $R = 0.50$, ② $R = 0.80$, ③ $R = 0.90$, ④ $R = 0.98$, ⑤ $R = 0.99$.

解 式 (4.13) を用いて，それぞれに対して ① $F = \pi\sqrt{0.5}/(1-0.5) = 4.4$, ② $F = 14.0$, ③ $F = 29.8$, ④ $F = 156$, ⑤ $F = 313$ を得る．

4.3.2 反射防止膜

光が空気中から媒質（屈折率 n）に垂直入射するとき，式 (3.22) により，表面での光強度反射率は，屈折率 n が大きくなるほど大となる．たとえば，ガラス（$n = 1.5$）では，光強度反射率は 1 面当たり約 4% となる．半導体では屈折率がさらに高く，ケイ素（Si）では $n = 3.45$ であり，光強度反射率は約 30% となる．

ガラスをレンズ，Si を受光素子として用いる場合，媒質内部により多くの光エネルギーを入射させるため，表面反射をできる限り低く抑えることが要求される．そのため，媒質表面に別の屈折率をもつ光学薄膜を蒸着などにより塗布して反射を防止する．この薄膜を**反射防止膜**（anti-reflection coating），通称 AR コートという．

（a） 反射光強度の計算

反射防止膜は，3 層構造で扱える．薄膜を平行平板（厚さ d，屈折率 n）とし，その上が空気層（$n = 1.0$），下が基板（屈折率 n_s）とする（図 4.4）．薄膜への平面波の入射角を θ_i，屈折角を θ_t，入射光電界の振幅を E_i，全反射光電界の和を E_r とする．屈折率が $1 < n < n_s$ を満たすから，スネルの法則より $\theta_i > \theta_t$ となる．光が空気層（基板）から平行平板へ入射するときの振幅透過率を $t_1(t_3)$，振幅反射率を $r_1(r_3)$ とする．平行平板から他方へ向かうときの値には $'$ を付して区別する．

多重反射による反射光電界を求めるに際して，点 A での反射直前までは共通なので，位相計算の起点を点 A での反射直前とする．1 回目の反射は表面反射であり，反射直後の電界は $E_i r_1$ で表せる．2 回目の反射光の電界を求めるに際して，点 C から点 A での反射光線に垂線を下ろし，その足を点 F とすると，波面 CF 以降の位相は共通である．

4.3 多光波干渉

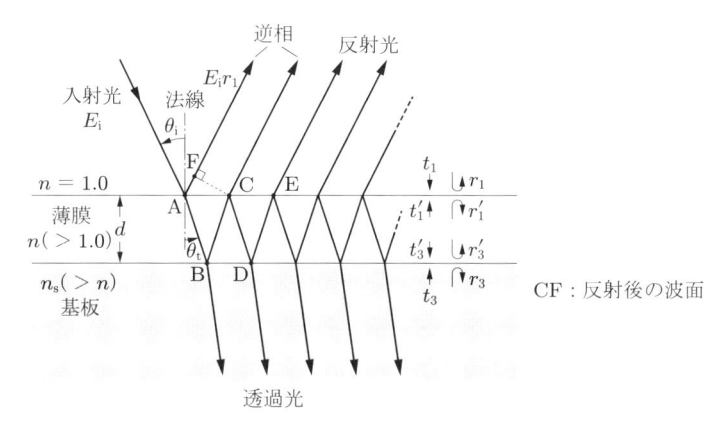

図 4.4 光学薄膜による反射防止
垂直入射時には，薄膜の厚さを $\lambda_0/4n$ にすれば，光学薄膜からの隣接する反射光の位相がすべて逆になり，合成反射光成分がゼロとなる．

2回目の反射光での位相は，1回目に比べて，点Bでの反射と，隣接反射光の伝搬に伴う光路長差 $\delta l_r = 2[AB] - [AF]$ による位相が付加される．よって，2回目以降の反射光の電界は，

初項： $E_i t_1 t_1' r_3' \exp(-i\delta l_r k_0) = -E_i t_1 t_1' r_3 \exp(-i\delta l_r k_0)$

公比： $r_1' r_3' \exp(-i\delta l_r k_0) = r_1 r_3 \exp(-i\delta l_r k_0)$

$$\delta l_r = \frac{2nd}{\cos\theta_t} - 2d\tan\theta_t \sin\theta_i = 2nd\cos\theta_t \tag{4.14}$$

の無限等比級数で表せる．

光学薄膜が塗布されたとき，多重反射による全反射光の入射光に対する強度反射率は，

$$\frac{|E_r|^2}{|E_i|^2} = \frac{R_1 + R_3 - 2\sqrt{R_1 R_3}\cos(2ndk_0\cos\theta_t)}{1 + R_1 R_3 - 2\sqrt{R_1 R_3}\cos(2ndk_0\cos\theta_t)} \tag{4.15}$$

で得られる．ここで，強度反射率 $R_j \equiv |r_j|^2$ とストークスの関係式を用いた．式 (4.15) で，反射光強度 $|E_r|^2$ が最小となるように，反射率や位相項 $\delta l_r k_0 = 2ndk_0\cos\theta_t$ の値を設定すれば，良好な反射防止膜が得られるはずである．

反射防止膜を作製するために，全反射光強度をゼロ（$|E_r|^2 = 0$）とするには，隣接反射光が干渉して互いに相殺し合えばよい．これを実現する方策として，次のものがある．

（i）まず，各反射光の振幅が等しいことが必要である．これは**振幅条件**とよばれている．

(ⅱ) 次に，薄膜から出る隣接する反射光が互いに逆相となるようにする．これは**位相条件**とよばれる．

(b) 振幅条件

振幅条件の実現のためには，入射光側から見た，薄膜の両界面での振幅反射率を等しくすればよい ($r_1 = r_3' = -r_3$)．このとき，式 (4.15) で $R_1 = R_3$ が成立し，かつ分母・分子の第 3 項目の符号が反転する．振幅条件は，空気層側から薄膜へ向かう反射と，薄膜から基板へ向かう反射に伴う位相変化が等しく，薄膜から空気層側へ向かう反射での位相変化が，前 2 者に比べて π だけずれていることを意味する．

振幅条件を求めるに際して，垂直入射 ($\theta_i = \theta_t = 0$) に近い場合，振幅反射率は式 (3.13a) より，

$$r_1 \fallingdotseq \frac{n-1}{1+n}, \qquad r_3 \fallingdotseq \frac{n-n_s}{n_s+n} \tag{4.16}$$

で近似できる．$1 < n < n_s$ なので，r_1 と r_3 は異符号である．振幅条件を満たす光学薄膜の屈折率 n は，式 (4.16) で $r_1 = -r_3$ を解いて

$$n = \sqrt{n_s} \tag{4.17}$$

で得られる．ここで，n_s は基板の屈折率である．

(c) 位相条件

薄膜から出る隣接する反射光を互いに逆相とするには，隣接反射光の薄膜内 1 往復につき，伝搬による位相変化を $\delta l_r k_0 = (2m+1)\pi$（$m$：整数）にすればよい．これは式 (4.14) を利用して，次式で表される．

$$2nd\cos\theta_t = \left(m + \frac{1}{2}\right)\lambda_0 \tag{4.18}$$

式 (4.18) が成立するとき，$\cos(\delta l_r k_0) = -1$ を式 (4.15) に代入すると，$|E_r|^2 = 0$ が得られる．

とくに垂直入射の場合，$m = 0$ とおくと，薄膜の厚さを

$$d = \frac{\lambda_0}{4n} \tag{4.19}$$

に設定すれば，表面反射がなくなる．

反射防止膜での光学薄膜の条件は，次のようにまとめられる．

（ⅰ）光学薄膜の屈折率 n を，基板の屈折率 n_s の平方根に等しくなるように設定する．
（ⅱ）薄膜の厚さ d を，垂直入射の場合には，薄膜中での波長 λ_0/n の $1/4$ に設定する．

反射防止膜として単層薄膜を利用した場合，特定の波長では表面反射が低く抑えられるが，その波長からずれると，反射が大きくなる．このような問題点を解消するため，屈折率の異なる光学薄膜を多層に塗布する，多層薄膜が使用される．

例題 4.2 基板が次の各媒質である場合，反射防止膜に必要な光学薄膜の屈折率を求めよ．① ガラス（$n_s = 1.5$），② ケイ素（Si, $n_s = 3.45$）．

解 式 (4.17) より，薄膜の屈折率が ① では $n = \sqrt{1.5} = 1.22$，② では $n = 1.86$ となる．① の場合，このような低屈折率材料の入手が困難なので，MgF_2（$n = 1.38$）で代用されている．② の場合，窒化シリコン（SiN, $n \approx 2$）が反射防止膜として用いられる．いずれの場合も，完全な反射防止ができず，一部の光波が反射してしまう．

4.4 光のコヒーレンス（可干渉性）

自然界に存在する光，蛍光灯からの光，レーザ光はともに光である．これらの違いは，コヒーレンスを考慮することにより明確になる．

4.4.1 複素干渉度と干渉縞の可視度

干渉縞の観測系として，**マイケルソン干渉計**（Michelson interferometer）を図 4.5 に示す．光源から出た有限時間だけ振幅をもつ**波連**（wave train）が，ビームスプリッタで 2 光路に分離されて反射鏡で反射後，再び合波され，干渉縞検出部に導かれる．2 光路の相対的な長さを変化させるため，一方のアームでの反射鏡は可動となっている．

コヒーレンスの起源は光源の揺らぎにあり，光源からの光波が 2 光路に分かれた後

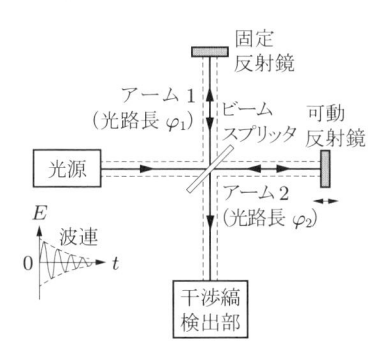

図 4.5 マイケルソン干渉計による干渉縞観測

では，両光波における位相揺らぎの相関に反映される．そこで，この揺らぎを時間 t に依存する位相項 $\phi_j(t)$ で表し，光電界の複素振幅を表す式 (4.1) の位相項に付加する．つまり，2 光路での光電界を

$$E_j = A_j(x)\exp\{i[\omega t - kz_j + \phi_j(t)]\} \quad (j=1,2) \tag{4.20}$$

で表す．ここで，k は媒質中の波数である．

式 (4.20) で表される光電界を，マイケルソン干渉計での 2 光波干渉に用いた場合，干渉光強度分布は，式 (4.3) の代わりに，

$$\begin{aligned}I(\boldsymbol{r}) &= |A_1(x)|^2 + |A_2(x)|^2 + 2\mathrm{Re}\{A_1(x)A_2^*(x)\}|\gamma_{12}(\tau)|\cos\phi(\tau)\\&= I_1 + I_2 + 2\sqrt{I_1 I_2}|\gamma_{12}(\tau)|\cos\phi(\tau)\end{aligned} \tag{4.21}$$

で表せる．ここで，$\gamma_{12}(\tau)$ は**複素干渉度**とよばれ，干渉の度合いを表すパラメータであり，$\tau = -(\varphi_1 - \varphi_2)/v$ は 2 アームでの遅延時間差，v は伝搬媒質中の光速を表す．式 (4.21) を式 (4.3) と比較すると，$\cos\phi(\tau) = \cos[k(z_1 - z_2)]$ と対応し，とくに $|\gamma_{12}(\tau)| = 1$ （後述する $l_\mathrm{coh} = \tau_\mathrm{coh} = \infty$）のとき両式は一致する．よって，式 (4.3) は理想的な正弦波による干渉縞であることがわかる．

干渉縞（図 4.6(a)）の鮮明さを表すため，**可視度** (visibility) V を次式で定義する．

$$V = \frac{I_\mathrm{max} - I_\mathrm{min}}{I_\mathrm{max} + I_\mathrm{min}} \tag{4.22}$$

V は**鮮明度**や明瞭度ともいわれる．上式で，I_max，I_min はそれぞれ干渉縞光強度 I の最大・最小値である．可視度は $0 \leqq V \leqq 1$ をとり，$I_\mathrm{min} = 0$ かつ $I_\mathrm{max} \neq 0$ のとき $V = 1$，$I_\mathrm{max} = I_\mathrm{min}$ のとき $V = 0$ となる．現実の光源では，干渉縞の V は一定値ではなく，干渉縞が時間差 τ の増加とともに不鮮明となり，$V = 0$ となってしまう．

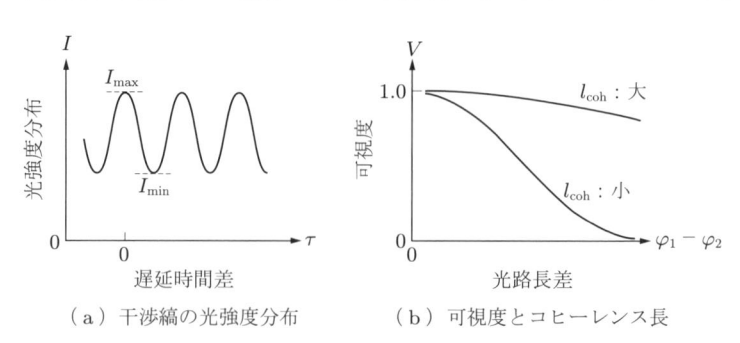

（a）干渉縞の光強度分布　　（b）可視度とコヒーレンス長

l_coh：コヒーレンス長，$\varphi_1 - \varphi_2$：光路長差

図 4.6　干渉縞と可視度（コヒーレンスが有限の場合）

式 (4.22) に式 (4.21) を適用すると，可視度は次式で書ける．

$$V = \frac{2\sqrt{I_1 I_2}}{I_1 + I_2}|\gamma_{12}(\tau)| \leqq |\gamma_{12}(\tau)| \tag{4.23}$$

式 (4.23) での等号は，2 光路からの個別光強度が等しい（$I_1 = I_2$）場合に成立する．等強度の場合，干渉縞のコントラストから求めた可視度が，複素干渉度そのものとなっている．よって，可視度を測定して，コヒーレンスが評価できる．

4.4.2 コヒーレンスと可視度の関係

次に，複素干渉度 $\gamma_{12}(\tau)$ の具体的表現を検討する．レーザが発振しているとき，自然放出光は入射光と無関係に光子を放出し，これが光電界に揺らぎを生じさせる（6.1 節参照）．光領域での可測量は光強度なので，式 (4.20) における位相揺らぎ $\phi_j(t)$ が時間的に不規則であるとして，複素振幅の和の長時間平均 $\langle \cdot \rangle$ を求める．

複素干渉度は，位相揺らぎの相関を計算して，長い演算の後

$$\begin{aligned}\gamma_{12}(\tau) &= \langle \exp\{i[\phi_1(t) - \phi_2(t)]\}\rangle \\ &= \exp\left(-\frac{|\varphi_1 - \varphi_2|}{l_{\text{coh}}}\right) = \exp\left(-\frac{|\tau|}{\tau_{\text{coh}}}\right)\end{aligned} \tag{4.24}$$

$$l_{\text{coh}} = v\tau_{\text{coh}} \tag{4.25}$$

で得られる．ただし，$\varphi_1 - \varphi_2$ は 2 アーム間の光路長差，τ は 2 アーム間での遅延時間差，v は伝搬媒質中の光速である．これより，異なる光源の間には位相相関がないから，干渉するためには，同一光源から出ている光波を使用することが必須となることがわかる．式 (4.24) で l_{coh} は光源の**コヒーレンス長**（coherence length）または**可干渉距離**，τ_{coh} は**コヒーレンス時間**（coherence time）または**可干渉時間**とよばれる．コヒーレンス長とコヒーレンス時間の間には，式 (4.25) が成立している．

式 (4.24) を式 (4.23) に適用すると，可視度 V の概略が図 4.6(b) のように表せる．コヒーレンス長 l_{coh} が長いとき，2 アームでの光路長差（$\varphi_1 - \varphi_2$）や時間差があっても，可視度は大きな値をもつ．しかし，l_{coh} が短いとき，わずかな光路長差や時間差でも，可視度が小さくなる．このように，コヒーレンス長やコヒーレンス時間は，干渉し得る光路長差や時間差の目安になる値であり，**時間的コヒーレンス**とよばれる．

l_{coh} や τ_{coh} の大きさと複素干渉度，可視度の関係を次に説明する．

（i）$l_{\text{coh}} = \tau_{\text{coh}} = \infty$ の場合には，複素干渉度が $\gamma_{12}(\tau) = \exp(-|\tau|/\tau_{\text{coh}}) = 1$，等強度の場合の可視度が $V = 1$ となる．これは無限に続く正弦波に相当し，このような光を完全なコヒーレント光という．実用においてこれに近い光源は，レーザ

である．とくに気体レーザでは，媒質の密度が低いために，媒質内の原子やイオン間での相互作用が少なく，発振スペクトル幅が狭くなる（7.2 節参照）．波長が安定化された狭帯域気体レーザでは，コヒーレンス長は数 m〜数 10 km にも及ぶ．

（ⅱ）有限値のコヒーレンス長で，$0 < \gamma_{12}(\tau) < 1$，$0 < V < 1$ となる場合を，部分的コヒーレント光とよぶ．実際よく使用される光源として，ナトリウム（Na）ランプや水銀（Hg）ランプがある．これらのコヒーレンス長は mm から cm のオーダである．

（ⅲ）コヒーレンス長がゼロ（$l_\mathrm{coh} = \tau_\mathrm{coh} = 0$）の場合，$\gamma_{12}(\tau) = V = 0$ となり，これを完全なインコヒーレント光という．白熱灯や蛍光灯，自然光ではコヒーレンス長が μm オーダ以下であり，$l_\mathrm{coh} \approx 0$ とみなせる．インコヒーレント光を用いた場合，式 (4.21) での第 3 項目が消失し，全体の光強度は光路 1, 2 を個別に通過したときの光強度の和（$I_1 + I_2$）となる．

4.4.3　光源のスペクトル幅とコヒーレンスの関係

コヒーレンスが有限になるのは，実際に放出される電磁波の持続時間が有限であるためである．光源が準単色光で，周波数領域で自然幅 $\delta\nu$ をもっているとすると，コヒーレンス長 l_coh やコヒーレンス時間 τ_coh は，次式で見積もることができる．

$$\tau_\mathrm{coh} \geq \frac{1}{4\pi\delta\nu}, \qquad l_\mathrm{coh} = v\tau_\mathrm{coh} \geq \frac{v}{4\pi\delta\nu} \quad (v：伝搬媒質中の光速) \quad (4.26)$$

式 (4.26) は，光源のスペクトル幅が狭いほど，コヒーレンスがよくなることを示している．式 (4.26) で等号が成立するのは，ガウス形スペクトルの場合に限られる．

例題 4.3 マイケルソン干渉計で，一方のアームが空気中にあり，その長さが 50 cm，他方のアームが長さ 5.0 m の光ファイバ（屈折率 $n = 1.45$）からなっているとする．光源のコヒーレンス長が $l_\mathrm{coh} = 10$ m のとき，複素干渉度を求めよ．

解 伝搬長はアーム長の 2 倍であることに注意する．式 (4.24) で $\varphi_1 = 2 \cdot 0.5 = 1.0$ m，$\varphi_2 = 2 \cdot 1.45 \cdot 5.0 = 14.5$ m であり，複素干渉度が $\gamma_{12}(\tau) = \exp(-|1.0 - 14.5|/10) = 0.259$ で得られる．

■ 演習問題

4.1 空気中にある光ファイバ（$n = 1.45$）の側方から，ファイバ軸の法線に対して，空気中側で角度 $\theta_0 = \pm 30°$ をなす 2 方向から He-Cd レーザ（$\lambda_0 = 441.6$ nm）を照射する場

合，光ファイバ内にできる干渉縞の周期 Λ を求めよ．

4.2 ファブリ - ペロー干渉計において，透過帯域半値全幅を $\delta\nu_c$ で表すとき，フィネス F が式 (4.13) で書けることを示せ．

4.3 媒質表面に屈折率の異なる薄膜を塗布し，薄膜の厚さや屈折率を制御して，特定の狭い波長域の光だけを透過させる光学素子を干渉フィルタという．白色光を薄膜に垂直入射させた場合，波長 550 nm の透過光を取り出すために必要な，薄膜の最小膜厚 d を求めよ．ただし，薄膜の屈折率を $n = 3.5$ とする．

4.4 ゲルマニウム (Ge, $n_s = 4.09$) に対する反射防止膜の屈折率 n と膜厚 d を求めよ．ただし，使用波長を $\lambda_0 = 1.3\,\mu\text{m}$ とする．

4.5 GaAs 半導体レーザ ($\lambda = 0.85\,\mu\text{m}$, $n = 3.5$) を光源として，マイケルソン干渉計を用いて干渉縞を空気中で観測するとき，次の各値を求めよ．
① 光源のスペクトル幅が $\delta\nu = 10\,\text{MHz}$ であるときのコヒーレンス長．
② 二つのアーム長が 55.0 cm, 50.0 cm であり，ビームスプリッタで光強度が等分配されるときの可視度．

4.6 光源がガウススペクトルとして，コヒーレンス長に関する次の問いに答えよ．
① 周波数幅が 2 GHz の Na ランプ ($\lambda = 589$ nm) のコヒーレンス長を求めよ．
② 光源のスペクトル幅が $\delta\lambda$ であるとき，コヒーレンス長を波長のみを用いて表せ．
③ スペクトル幅が 0.1 nm の水銀ランプ ($\lambda = 546$ nm) のコヒーレンス長を求めよ．

4.7 蛍光灯からの光，Na ランプからの光，レーザ光の違いを，コヒーレンスの立場から，可視度や複素干渉度と関連づけて説明せよ．

5 回折とその応用

　回折は干渉と並んで波動性固有の現象であり，光エレクトロニクスの各分野でも利用されている．本章では，回折の基礎を説明した後，開口に伴う透過型と，周期構造による反射型の回折を概説する．その後，周期構造による光波回折で重要なブラッグ回折を説明し，これの応用例を示す．最後には，屈折率の異なる2層からなる周期構造での回折に触れる．応用の観点からは，回折限界や波長選択性の概念が重要である．

5.1 回折の基礎と分類

　日常生活でも，建物の陰でラジオが聞こえることや，CDやDVD表面からの回折光が色づいて見えることが体験できる．また，電波は送信点と受信点の直線路上に山などの障害物があっても届く（このような通信を見通し外通信とよぶ）．これらは，幾何学的には影となる部分まで，波動が回りこんで伝搬する現象であり，**回折**（diffraction）とよばれる．回折は，光・電波・音波など波動固有の現象である．

　AMラジオの波長は300 m（1000 kHzで）程度である．また，CD（DVD）でのトラック間隔は1.6 μm（0.74 μm），可視光の波長は概ね380〜780 nmである．これらの数値から予測できるように，回折が観測されるのは，対象物が波長と同程度の構造をもつ場合である．つまり，回折では，対象物の大きさと波長の比が重要な意味をもつ．そのため，光領域で回折が観測されるためには，ナノオーダの微細構造が必要となる．このような微細加工技術の進展により，光エレクトロニクスの各分野でも，回折現象が利用されるようになった．

　光波は，波動性のため無限小に絞ることができず，広がりを必然的に伴う．これは回折限界とよばれ，回折現象を利用する限りは避けられないので，応用上重要である．

　光エレクトロニクスで対象とされる回折には，①光波が**開口**（aperture：光波の一部だけが透過するように空けられた孔）を透過した後に観測されるもの，②光波が周期構造に入射する場合に観測されるもの，がある．回折は形式的に，透過型と反射型に分けられる（表5.1）．透過型・反射型回折はともに波長選択性をもち，この性質がさまざまな形で利用されている．

　透過型の多くは，光波が開口に入射する場合である．周期構造へ入射する場合でも，周期部分が薄いときには，ある分布をもつ開口として扱うことができる．開口による

表 5.1 回折現象の分類

分類	回折媒質の構造	回折の特徴	式番号
透過型	単スリット（幅：D）	$\tan\theta_{\rm dif} = \lambda/D$, 回折角 $\theta_{\rm dif}$	(5.4)
	方形開口（幅：D_x, D_y）	$\tan\theta_x = \lambda/D_x$, $\tan\theta_y = \lambda/D_y$	
	円形開口（直径：D）	$\tan\theta_{\rm dif} = 1.22\lambda/D$	(5.6)
	正弦波格子（強度での格子周波数：α，周期：Λ）	$\tan\theta_{\rm dif} = \lambda\alpha/2 = \lambda/\Lambda$	(5.19)
反射型	周期構造（周期：Λ，一般の場合）	$\bm{k}_{\rm dif} = \bm{k}_{\rm in} \pm m\bm{K}$ （m：整数），$|\bm{K}| = 2\pi/\Lambda$	(5.9)
	平面回折格子（周期：Λ）	$\Lambda(\sin\theta_1 + \sin\theta_2) = m\lambda$	(5.11)
	周期構造（2種類の媒質，垂直入射）	反共振反射条件	(5.20)
	超音波波面による回折(12.2.3項(c))	$\sin\theta_{\rm B} = m\lambda/2\Lambda$，ブラッグ角 $\theta_{\rm B}$	(12.8)

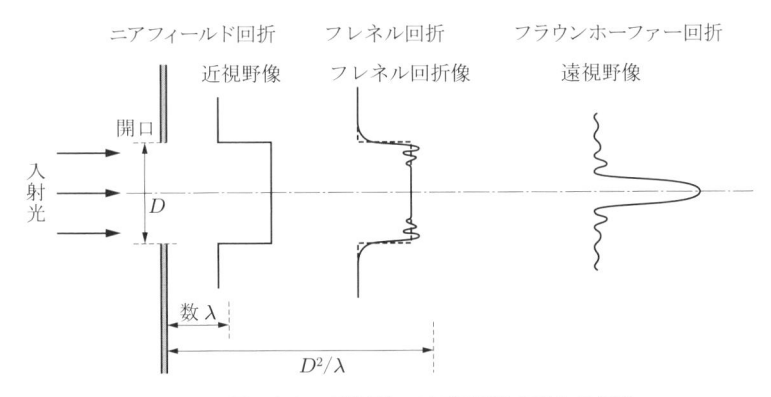

図 5.1 開口をもつ透過型での回折光強度分布の概略

透過型回折は，開口の形状や数でも分類され，開口が一つあるもの，複数あるもの，透過率が空間的に周期的に分布しているものなどがある．この型は，開口の大きさ D，開口から観測面までの距離 L，波長 λ により，さらに次のように分類される（図 5.1）．
（ⅰ）ニアフィールド回折（$L <$ 数 λ），
（ⅱ）フレネル回折（数 $\lambda < L < D^2/\lambda$），
（ⅲ）フラウンホーファー回折（$D^2/\lambda < L$）

ニアフィールド回折は開口直後で観測されるもので，このときの像は**近視野像**（near-field pattern）といわれ，近似的に開口での透過形状に等しい．**フラウンホーファー回折**は，開口から十分離れた位置で観測されるもので，このときの像を**遠視野像**（far-field pattern）といい，像分布は開口での物体分布をフーリエ変換して得られる．一般の領域で起こるものを，**フレネル回折**とよび，その回折像はキルヒホッフの回折積分を用

いて求められる．

　反射型は，周期構造からの回折でよく現れるもので，光波が対象物内の複数の位置から反射（散乱）された後に観測面で観測される．反射型では，結晶での回折理論として発達した，ブラッグ回折がとくに重要である．周期構造には，構造が固定された回折格子だけでなく，超音波による格子など周期構造がパラメータにより変化するものがあり，その種類は多岐にわたる．

5.2 各種開口からのフラウンホーファー回折

　本節では，開口からの透過光による回折現象が示す固有の性質を調べ，各種応用との関連について説明する．

5.2.1　単スリットからのフラウンホーファー回折

　回折の基礎として，スリット状開口（幅 D）に，波長 λ の平面波が垂直入射したときのフラウンホーファー回折像を考える（図 5.2）．開口面の座標を (ξ, η) にとり，スリット状開口を

$$u_0(\xi, \eta) = \begin{cases} 1 & : |\xi| \leqq D/2 \\ 0 & : \text{その他} \end{cases} \tag{5.1}$$

で表す．

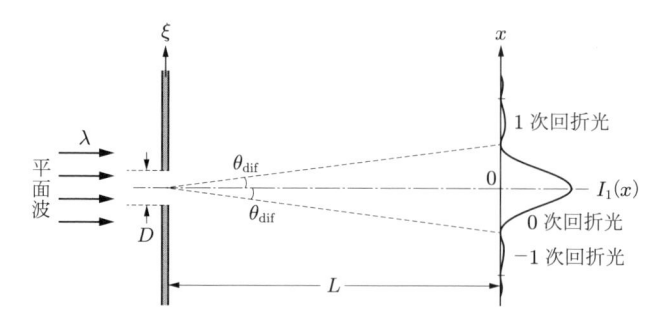

D：スリット幅，θ_{dif}：回折角，L：開口と観測面の距離

図 5.2　スリット状開口に平面波が垂直入射したときのフラウンホーファー回折

　開口の後方，距離 L にある像面 (x, y) での複素振幅は，開口での透過率をフーリエ変換して求められる．像面上の位置 x での複素振幅 u_1 と回折光強度分布 I_1 は

$$u_1(x) = \int_{-D/2}^{D/2} \exp\left(\frac{ikx\xi}{L}\right) d\xi = D \operatorname{sinc}(DX) \tag{5.2a}$$

5.2 各種開口からのフラウンホーファー回折

$$I_1(x) = |u_1(x)|^2 = D^2 \operatorname{sinc}^2(DX) \tag{5.2b}$$

$$\operatorname{sinc}\zeta \equiv \frac{\sin \pi \zeta}{\pi \zeta}, \qquad X \equiv \frac{x}{\lambda L} \tag{5.2c}$$

で得られる．ここで，$k = 2\pi/\lambda$ は波数である．また，$\operatorname{sinc}\zeta$ は sinc 関数とよばれ，$\zeta = 0$ で最大値 1 をとり，最初のゼロ点は $|\zeta| = 1$ であり，$|\zeta|$ の増加とともに振動しながら急激に減衰する（図 5.3）．sinc 関数は，回折現象でしばしば出てくる関数である．

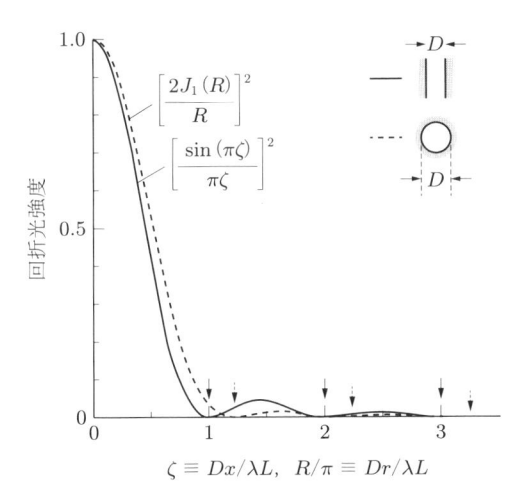

図 5.3 各種開口からのフラウンホーファー回折光強度分布
矢印は各開口での回折光強度のゼロ点．

像面での回折光強度分布 I_1 は，$x = 0$ で最大値 D^2 をとり，ほぼ $\pi D x_M / \lambda L \fallingdotseq (m-1)\pi + \pi/2$，つまり

$$x_M \fallingdotseq \left(m - \frac{1}{2}\right)\frac{\lambda L}{D} \quad (m：整数) \tag{5.3}$$

で極大値が得られる．また，I_1 がゼロとなるのは，$x_d \fallingdotseq m'\lambda L/D$（$m'$：0 以外の整数）のときであり，この位置に暗線ができる．

回折光強度分布の特徴は，次のようにまとめられる．
（ⅰ）回折光の大部分は光軸（$x = 0$）近傍に集中する．この中心部のピークを **0 次回折光**（diffracted wave）または **0 次回折波**とよび，これは開口から光軸に沿って直進してきた成分に相当する．
（ⅱ）中心の周辺にある明るい（光強度極大）部分を順に，**±m 次回折光**または **±m 次回折波**とよぶ．第 1 番目の副極大である，±1 次回折光強度は中央値の約 4% である．次数 m が形式的に無限にとれるのは，開口を表す関数が高周波成分までを

含んでいるためである．このことは，後述する正弦波格子による回折（5.4.2 項参照）が 0 次と ±1 次しかとらないのと対照的である．

回折広がりを定量的に表すため，開口中心から第 1 暗線までを結んだ線と光軸がなす角度を，**回折角**（diffraction angle）とよび，θ_{dif} で表すと，これは

$$\tan\theta_{\mathrm{dif}} = \frac{\lambda}{D} \tag{5.4}$$

を満たす．式 (5.4) で θ_{dif} が微小なとき $\tan\theta_{\mathrm{dif}} \fallingdotseq \theta_{\mathrm{dif}} = \lambda/D$ が使える．

式 (5.4) は，回折現象固有の性質を示しており，次の性質をもつ．

（ⅰ）光波の回折角が，開口幅 D に逆比例し，波長 λ に比例する．よって，<u>開口が小さくなるほど，回折広がりは大きくなる</u>．

（ⅱ）式 (5.4) は，光波を利用する場合に必然的に伴う最低限の広がりを示しており，これは**回折限界**（diffraction limit）とよばれる．応用上，光波の広がりを小さくする，つまり指向性を高めるためには，波長を短くする必要がある．

（ⅲ）<u>回折広がりが λ/D に比例することは，透過型の回折現象に共通</u>であり，開口の形状によって係数だけが異なる（3.5.1 項，5.2.2 項参照）．

表 5.1 の方形開口は，x, y 方向の開口幅を D_x, D_y，回折角を θ_x, θ_y として，単スリットと同様にして扱える．

例題 5.1 次の単スリットの開口幅 D と波長 λ の各組み合わせについて，回折角 θ_{dif} を求め，小さな順に並べよ．① $D = 10\,\mathrm{m},\ \lambda = 300\,\mathrm{m}$，② $D = 1\,\mathrm{\mu m},\ \lambda = 500\,\mathrm{nm}$，③ $D = 50\,\mathrm{\mu m},\ \lambda = 1.06\,\mathrm{\mu m}$．

解 式 (5.4) を用いて，① $\theta_{\mathrm{dif}} = \tan^{-1}(300/10) = 88.1°$，② $\theta_{\mathrm{dif}} = 26.6°$，③ $\theta_{\mathrm{dif}} = 1.21°$．回折角が小さい方から順に，③，②，①となる．AM ラジオの波長に対応する①の場合には，指向性が全くないといえる．

5.2.2　円形開口からのフラウンホーファー回折

（a）　回折光強度分布と回折限界

直径 D の円形開口に波長 λ の平面波が垂直入射するとき，開口の後方距離 L にある像面での，フラウンホーファー回折による光強度分布は，次式で得られる．

$$I(r) = \left(\frac{\pi D^2}{4}\right)^2 \left[\frac{2J_1(R)}{R}\right]^2 \tag{5.5a}$$

$$R \equiv \frac{\pi D r}{\lambda L} \tag{5.5b}$$

ただし，(r, θ, z) は像面における円筒座標系であり，z 軸は光軸に一致させる．J_ν は ν 次ベッセル関数であり，これは円筒座標系での波動関数で現れる．$2J_1(R)/R$ は，$R = 0$ で最大値 1 をとり，R の増加とともに減衰振動する関数で，sinc 関数と似た振る舞いをする．よって，回折光強度分布は，中心から周辺に向かって振動しながら減少するが，大部分の光エネルギーは光軸近傍に集中する（図 5.3 参照）．

像面で回折光強度が最初にゼロとなる半径を ε_A とおくと，回折角 θ_{dif} は

$$\tan \theta_{\text{dif}} = \frac{\varepsilon_A}{L} \equiv \frac{r}{L} = 1.22 \frac{\lambda}{D} \tag{5.6}$$

を満たす．像の中心から第 1 暗線までの距離は $\varepsilon_A \fallingdotseq 1.22 \lambda L/D$ で得られる．像面で ε_A を半径とした円盤を**エアリーの円盤**（Airy disc）といい，これは 0 次回折光に相当し，全光量の 84% を占める．ε_A は円形開口での光波による回折限界に相当する．

式 (5.6) は，式 (5.4) と同様に，回折現象固有の広がりを表している．式 (5.4) との係数の違いは，開口形状の違いを反映したものであり，ここでの回折光強度分布がベッセル関数で表されていることによる．

(b) 凸レンズ使用時の回折限界

収差のない凸レンズに光波を入射させた場合，前・後側焦点面での複素振幅が，フラウンホーファー回折と同じく，フーリエ変換で関係づけられることが知られている．このことを利用すると，凸レンズ（焦点距離 f，開口直径 D）に，波長 λ の平行光を入射させた場合，後側焦点面に結像される像のスポット半径 r_s は，

$$r_s = 1.22 \frac{\lambda f}{D} \tag{5.7}$$

で記述される．式 (5.7) は，式 (5.6) における L を f に置換したものに等しく，これも回折限界を示している．

式 (5.7) は，スリット状開口での回折の特徴に加えて，小さなスポット半径を得るには，焦点距離 f の短いレンズが必要なことを示している．式 (5.7) は，小さなスポット半径を必要とする，CD の光ピックアップ，レーザプリンタ，レーザ走査顕微鏡への応用で重要となる．式 (5.7) は，インコヒーレント光に対する結果であり，レーザを使用することが多い上記のような応用では，係数が式 (5.7) と若干異なる．

5.3 ブラッグ回折：周期構造による回折

結晶のような周期構造に波動が入射した際に，複数の格子点から散乱された波動が

特定の方向に強く出射される現象は，ブラッグ回折としてよく知られている．光エレクトロニクスの分野でも，周期構造がたびたび取り扱われるので，光波の周期構造への入射に伴うブラッグ回折の振る舞いを熟知することが重要となる．

光波が周期構造（周期 Λ）に斜め入射したときの様子を，図 5.4(a) に示す．周期構造に一致した方向に**回折格子ベクトル**（grating vector）$\boldsymbol{K}$ をとり，その大きさを

$$|\boldsymbol{K}| = \frac{2\pi}{\Lambda} \tag{5.8}$$

で定める．周期に向きがないので，回折格子ベクトルの向きは一義的には決まらない．このような周期構造に光波が入射すると，回折により，特定の方向に強い光波が出てくる．このような，周期構造による光波の回折は，結晶による X 線回折と同じ現象であることから，**ブラッグ回折**（Bragg diffraction）とよばれている．

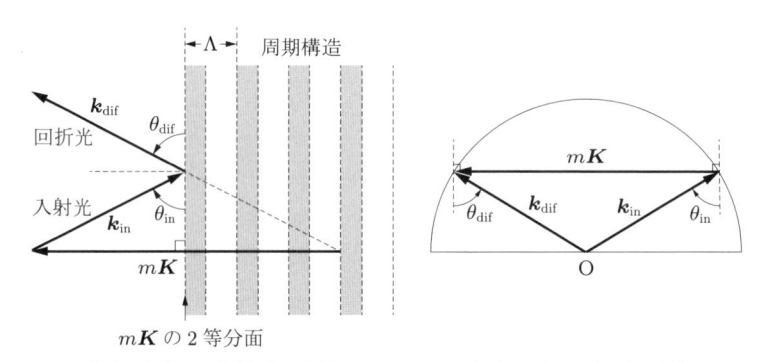

（a）光波と周期構造の関係　　　　　（b）ブラッグ回折の様子

Λ：周期，$\boldsymbol{k}_{\mathrm{in}}$：入射光の波数ベクトル，$\boldsymbol{k}_{\mathrm{dif}}$：回折光の波数ベクトル，
$\boldsymbol{K}$：格子ベクトル，m：整数

図 5.4　ブラッグの回折条件

入射光の媒質中での波長を λ とし，入射光と回折光の伝搬方向をベクトルで規定して，それぞれの波数ベクトルを $\boldsymbol{k}_{\mathrm{in}}$ と $\boldsymbol{k}_{\mathrm{dif}}$ で表す（$|\boldsymbol{k}_{\mathrm{in}}| = |\boldsymbol{k}_{\mathrm{dif}}| = 2\pi/\lambda$）．周期構造が十分の厚さをもっている場合，回折光の伝搬方向は，

$$\boldsymbol{k}_{\mathrm{dif}} = \boldsymbol{k}_{\mathrm{in}} \pm m\boldsymbol{K} \quad (m：整数) \tag{5.9}$$

で得られる．式 (5.9) は，**ブラッグの回折条件**（Bragg's diffraction condition）といわれ，光波の同相条件から求められる（導出は付録 B 参照）．式 (5.9) で m は**回折次数**とよばれている．同式での複号は，回折格子ベクトル $\boldsymbol{K}$ の向きが 2 通りとれることに対応する．

式 (5.9) の内容を図 (b) に示す．図の円は，入射光の波数ベクトル $\boldsymbol{k}_{\mathrm{in}}$ の始点を中

心 O とし，半径 $|k_{\text{in}}|$ の円を描いたものである．$|k_{\text{in}}| = |k_{\text{dif}}|$ であるから，回折光の波数ベクトル k_{dif} の始点も，同じ円の中心 O におくことができる．このとき，k_{in} の終点と k_{dif} の終点を mK で結べば，これらのベクトルは式 (5.9) を満たしている．

図 (b) で，入射光と回折光が格子面の法線に対して対称なときの入射角を**ブラッグ角**（Bragg angle）という．これを θ_B で表すと，式 (5.9) より，

$$|k_{\text{dif}}| \sin\theta_B = -|k_{\text{in}}| \sin\theta_B + m\frac{2\pi}{\Lambda}, \qquad |k_{\text{in}}| = |k_{\text{dif}}| = \frac{2\pi}{\lambda}$$

が得られる．これより，ブラッグ角は次式から求められる．

$$\theta_B = \sin^{-1}\left(\frac{m\lambda}{2\Lambda}\right) \quad (m：回折次数) \tag{5.10}$$

式 (5.9) や式 (5.10) は，周期の厚さが十分ある場合の結果である．周期数が少なくなれば，ブラッグの回折条件から多少ずれた場合でも，回折光を生じるようになる．

式 (5.9) の意義は，次のようにまとめられる．
（ⅰ）周期構造での主たる回折光の向きが，ベクトル演算で求められる．
（ⅱ）回折方向は，周期 Λ に依存して離散的にしか現れない．
（ⅲ）入射光と回折格子ベクトルが同一方向（$K \mathbin{/\mkern-5mu/} k_{\text{in}}$）でも適用できる．
（ⅳ）周期構造が関係する多くの回折現象に適用できる．
（ⅴ）主回折光からずれた回折成分については，分布や幅など細かな情報が得られない．

式 (5.9) や式 (5.10) の応用例は，超音波による光の偏向（音響光学効果，12.2.3 項参照），分布帰還形（DFB）半導体レーザなどである．また，次節で示すように，通常は別の手法で理論的に扱われている回折現象も，主回折光についてはブラッグの回折理論が適用できる．

5.4 ブラッグ回折理論が適用できる具体例

本節では，ブラッグ回折が適用できる具体例を二つ示す．平面回折格子による回折と，正弦波格子による回折に対する標準的な手法を説明した後，ブラッグ回折による解釈との関連を述べる．

5.4.1 平面回折格子による回折（反射型）

回折格子（grating）とは，平面や曲面の表面に凹凸の周期構造をつけたもので，回折現象を利用してスペクトル分解できる光学素子である．とくに，表面が平面をなすものを**平面回折格子**という．

図 5.5 に示すように，波長 λ の平面波が，平面回折格子（周期 Λ）に斜め入射した場合を考える．光線の角度を格子面の法線に対してとり，入射角を θ_1，入射面内での回折角を θ_2 とする．回折角は，法線に対して入射角と同じ（反対）側にあるときを正（負）で表す．図で格子形状は方形波状となっているが，以下の議論は，周期構造ならば，のこぎり波状など他の形状にも適用できる．分光関係では，周期 Λ の代わりに，格子定数（単位距離当たりの格子の本数）が用いられる．

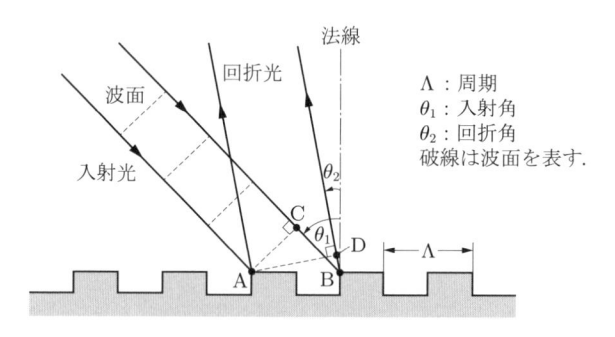

図 5.5　平面回折格子による回折

格子面で 1 周期ぶんを点 A，B にとり，点 A から入射光と回折光に対して垂線を下ろし，その足をそれぞれ点 C，D とする．入射光で波面 AC まで，および回折光で波面 AD 以降の位相は共通であり，また，点 A は入射・回折光で共通である．よって，位相変化は線分 BC と BD の和の部分で生じる．$BC = \Lambda \sin\theta_1$，$BD = \Lambda \sin\theta_2$ であり，同相条件は位相変化の和が 2π の整数倍，つまり，

$$\Lambda(\sin\theta_1 + \sin\theta_2)\frac{2\pi}{\lambda} = 2\pi m \quad (m：整数) \tag{5.11a}$$

となればよい．これを整理して

$$\Lambda(\sin\theta_1 + \sin\theta_2) = m\lambda \quad (m：整数) \tag{5.11b}$$

を得る．ここで，m は回折次数であり，回折光が法線に対して入射角と反対側でかつ $|\theta_1| < |\theta_2|$ のとき負となり，その他のときは正となる．

式 (5.11b) は，**回折格子の式**とよばれる．これは，入射角 θ_1 と周期 Λ を固定した場合，波長 λ の光がどの方向に回折されるかを示している．すなわち，平面回折格子は波長選択性をもつので，スペクトル分解に利用できる．

式 (5.11) でとくに $m = 0$ のとき，$\theta_2 = -\theta_1$ となり，波長によらず，回折光が法線に対して入射光と反対側に同じ角度で出てくる．これは，あたかも格子面が凹凸のない鏡としてはたらいているので，鏡面反射という．

平面回折格子による波長選択性は，分光器や波長分割多重通信での分波に利用されている．また，CD や DVD 表面からの回折光で見える色のように，構造に起因する発色を構造色とよび，これは式 (5.11) で説明できる．構造色は自然界にもあり，玉虫，モルフォ蝶，クジャクの羽根，オパールなどでの色づきがこれに当たる．構造色のしくみは塗料や繊維にも利用されている．

次に，平面回折格子による回折をブラッグ回折と対応させる．図 5.5 で回折格子ベクトル $\boldsymbol{K}$ は水平方向を向いており，角度の符号の取り方を合わせると，ブラッグの回折条件 (5.9) から

$$|\boldsymbol{k}_2|\sin\theta_2 = -|\boldsymbol{k}_1|\sin\theta_1 + m|\boldsymbol{K}| \quad (m：整数) \tag{5.12}$$

が導ける．これに $|\boldsymbol{k}_1| = |\boldsymbol{k}_2| = 2\pi/\lambda$, $|\boldsymbol{K}| = 2\pi/\Lambda$ を代入すると，

$$\frac{2\pi}{\lambda}(\sin\theta_1 + \sin\theta_2) = m\frac{2\pi}{\Lambda} \tag{5.13}$$

が得られる．式 (5.13) は，式 (5.11) を書き直した表現と一致する．

例題 5.2 CD でのトラック（ピット列，13.3.1 項参照）は半径方向の周期構造（周期 $\Lambda = 1.6\,\mu\mathrm{m}$）とみなせるので，蛍光灯からの反射（厳密には回折）光が色づいて見える．入射角を $\theta_1 = 10°$ とするとき，回折角 $\theta_2 = -60°$ の方向ではどの波長の光が眼に見えるか．また，同じ条件を DVD（トラック間隔 $0.74\,\mu\mathrm{m}$）に適用すれば，どうなるか．

解 CD の場合，式 (5.11) より $\lambda = 1.6(\sin 10° - \sin 60°)/m = -1.1078/m\,[\mu\mathrm{m}]$. $380\,\mathrm{nm} \leqq \lambda \leqq 780\,\mathrm{nm}$ を満たす整数 m を見つける．$m = -2$ のとき $\lambda = 554\,\mathrm{nm}$ であり，黄色が見える．DVD の場合，$\lambda = -0.5123/m\,[\mu\mathrm{m}]$ となり，$m = -1$ のとき $\lambda = 512\,\mathrm{nm}$ であり，緑色が見える．

5.4.2 正弦波格子による回折（開口が周期構造をなすとき：透過型）

（a） 回折光の複素振幅の導出とその意味

透過率が三角関数で表される，正弦波格子（強度での格子周波数 $\alpha = 2\alpha'$, α'：振幅分布に対する周波数，振幅に関する周期 $\Lambda = 1/\alpha'$）からなる開口に，平面波（波長 λ）が垂直入射するときのフラウンホーファー回折を考える（図 5.6）．

開口面を (ξ, η) とし，透過率変化が ξ 軸方向に N 周期ぶんあり，η 軸方向は無限に長いとする．このとき，正弦波格子の振幅透過率 $u_0(\xi, \eta)$ は次式で表せる．

$$\begin{aligned} u_0(\xi, \eta) &= 1 + m_{\mathrm{o}}\cos(2\pi\alpha'\xi) \\ &= 1 + \frac{m_{\mathrm{o}}}{2}[\exp(i2\pi\alpha'\xi) + \exp(-i2\pi\alpha'\xi)] \quad \left(|\xi| \leqq \frac{N}{2\alpha'}\right) \end{aligned} \tag{5.14}$$

5. 回折とその応用

正弦波回折格子（周波数 α）
$\tan\theta_{\text{dif}} = \dfrac{\lambda\alpha}{2}$

平面波 → 回折光 θ_{dif}

光強度分布：1次回折光（α）、0次回折光（w）、-1次回折光（$-\alpha$）

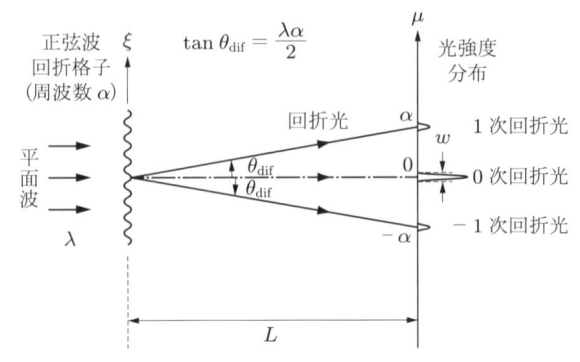

$\alpha = 2\alpha'$, $\Lambda = 1/\alpha'$, α'：振幅分布に対する空間周波数
λ：波長, θ_{dif}：回折角, μ：空間周波数, w：回折光の全幅

図 5.6 正弦波格子によるフラウンホーファー回折

ただし, m_o $(0 \leq m_\text{o} \leq 1)$ は変調度であり, 実用上は微小 $(m_\text{o} \ll 1)$ なことが多い.

このとき, 開口の後方距離 L にある像面 (x,y) での回折光の複素振幅は, フーリエ変換を利用して, 次式で得られる.

$$\begin{aligned}
u(\mu,\nu) &= \int_{-\infty}^{\infty}\int_{-N/2\alpha'}^{N/2\alpha'} \exp\left[i2\pi(\mu\xi + \nu\eta)\right] d\xi d\eta \\
&+ \frac{m_\text{o}}{2}\int_{-\infty}^{\infty}\int_{-N/2\alpha'}^{N/2\alpha'} \exp\left\{i2\pi[(\mu+\alpha')\xi + \nu\eta]\right\} d\xi d\eta \\
&+ \frac{m_\text{o}}{2}\int_{-\infty}^{\infty}\int_{-N/2\alpha'}^{N/2\alpha'} \exp\left\{i2\pi[(\mu-\alpha')\xi + \nu\eta]\right\} d\xi d\eta \\
&= N\Lambda\left\{\text{sinc}\left(\frac{N\mu}{\alpha'}\right) + \frac{m_\text{o}}{2}\text{sinc}\left[\frac{N}{\alpha'}(\mu+\alpha')\right] + \frac{m_\text{o}}{2}\text{sinc}\left[\frac{N}{\alpha'}(\mu-\alpha')\right]\right\}\delta(\nu)
\end{aligned} \tag{5.15a}$$

$$\mu \equiv \frac{x}{\lambda L}, \qquad \nu \equiv \frac{y}{\lambda L} \tag{5.15b}$$

ここで, sinc ζ は式 (5.2c) で定義した sinc 関数, $\delta(\nu)$ はデルタ関数である. また, μ と ν は**空間周波数**（spatial frequency）とよばれ, 単位長さ当たりに含まれる明暗の対の数を表す.

式 (5.15a) で, 第 1 項は像面で $(\mu,\nu) = (0,0)$ を中心として, x 方向に少しの幅（式 (5.16) 参照）をもつ成分であり, 光波が格子の影響を受けずに直進するものを表し, **0 次回折光**という. 第 2, 3 項は $(\mu,\nu) = (\pm\alpha', 0)$ を中心として, 少しの幅をもつ成分であり, 開口面にある格子の周波数成分 α' により, 光波が光軸に対して傾いた

方向に伝搬するもので，**±1 次回折光**を表す．±1 次回折光の存在は，ホイヘンスの原理で説明できる．

0 次回折光と ±1 次回折光のそれぞれについて，像面での x 方向の全幅 w は，第 1 ゼロ点間の距離で定義すると，次式で得られる．

$$w = \frac{2\alpha'\lambda L}{N} = \frac{\alpha\lambda L}{N} = \frac{2\lambda L}{N\Lambda} \tag{5.16}$$

±1 次回折光の中心方向と光軸がなす角度を**回折角**とよび，θ_{dif} で表す．回折角は

$$\tan\theta_{\mathrm{dif}} = \frac{x_1}{L} = \pm\lambda\alpha' = \pm\frac{\lambda\alpha}{2} = \pm\frac{\lambda}{\Lambda} \tag{5.17}$$

を満たす．

とくに，周期数 N が無限にあるとき，sinc 関数はデルタ関数に帰着し，式 (5.15a) は

$$u(\mu,\nu) = \left[\delta(\mu) + \frac{m_{\mathrm{o}}}{2}\delta(\mu+\alpha') + \frac{m_{\mathrm{o}}}{2}\delta(\mu-\alpha')\right]\delta(\nu) \tag{5.18}$$

で表せる．式 (5.18) は，像面では $(\mu,\nu) = (0,0)$ と，格子周波数に対応する $(\mu,\nu) = (\pm\alpha',0)$ にのみ，輝点が現れることを示している．

式 (5.15a)，(5.18) から，次のことがいえる．

（ⅰ）像面では $(\mu,\nu) = (0,0)$ と，格子周波数に対応する $(\mu,\nu) = (\pm\alpha',0)$ を中心として，わずかな幅をもった明るい点が現れる．つまり，正弦波格子を用いて，3 ビームに分解できる．

（ⅱ）物体の情報（周波数 α'）が含まれているのは ±1 次回折光成分だけであり，0 次回折光には含まれていない．

（ⅲ）変調度 m_{o} が微小なとき，±1 次回折光強度は 0 次回折光強度に比べて極めて弱い．物体情報を取り出すには，光強度の強い 0 次回折光に妨げられないように，回折角 θ_{dif} を適度に大きく設定する必要がある．

（ⅳ）周期数 N が増加するほど回折光の指向性が増し，$N = \infty$ の極限では，回折像は無限小の輝点となる．これは，式 (5.16) からも予測できる．

（ⅴ）式 (5.15a) における $N\Lambda$ は，周期数 N に比例して像面での光量が増加することを表している．

ここで留意すべき点は，実際に観測される光強度分布 $I = |u(\mu,\nu)|^2$ では，上記値の 2 倍の周波数の位置に明るい点が観測されることである．

式 (5.17) から，次のことがわかる．

（ⅰ）回折角 θ_{dif} の正接は，波長 λ に比例し，格子周期 Λ に逆比例している．これを単スリットでの結果（式 (5.4)）と比較すると，1 周期ぶん Λ が開口幅 D に対応

している．

（ⅱ）高周波成分ほど，光軸から離れた位置に結像する．

このような回折による3ビームへの分解は，光ディスクでのトラッキングや焦点検出に利用されている（13.3.2項参照）．

正弦波格子によるフラウンホーファー回折は，電気系における変調によく対応した現象である．光学系における入射光と回折格子の周波数を，それぞれ電気系における搬送波と変調周波数に対応づけると，0次回折光は変調後の搬送波，±1次回折光は上下の側波帯に対応する．

（b） 正弦波格子による回折のブラッグ回折による解釈

ブラッグ回折は，幅広い現象の説明に応用可能である．その例として，ここでは正弦波格子による回折角が，ブラッグ回折でも解釈できることを以下で示す．

透過率が変化する（周期の）方向と入射光の伝搬方向が直交しているから，ブラッグの回折条件 (5.9) において，

$$|\boldsymbol{k}_{\mathrm{in}}| = \frac{2\pi}{\lambda}, \qquad |\boldsymbol{K}| = \frac{2\pi}{\Lambda} = 2\pi\alpha' = \pi\alpha, \qquad \boldsymbol{k}_{\mathrm{in}} \perp \boldsymbol{K}$$

と書ける．±1次回折光（$m=1$）の回折角を θ_{dif} とすると，上式より

$$\tan\theta_{\mathrm{dif}} = \pm\frac{|\boldsymbol{K}|}{|\boldsymbol{k}_{\mathrm{in}}|} = \pm\frac{\lambda}{\Lambda} = \pm\lambda\alpha' = \pm\frac{\lambda\alpha}{2} \tag{5.19}$$

が導ける．ブラッグの回折条件から求めた式 (5.19) は，フーリエ変換から求めた式 (5.17) に厳密に一致している．

例題 5.3 正弦波格子によるフラウンホーファー回折で，振幅に関する周期を 150 μm，周期数を 20，波長を 550 nm，開口と像面の距離を 100 mm とする．このとき，次の各値を求めよ．① 回折角 θ_{dif}，② 像面における0次回折光と1次回折光の中心距離，③ 像面における0次回折光の全幅．

解 ① 式 (5.17) または式 (5.19) を用いて，$\tan\theta_{\mathrm{dif}} = 550/(150\times 10^3) = 3.67\times 10^{-3}$ より回折角は $\theta_{\mathrm{dif}} = 3.67\,\mathrm{mrad} = 0.210°$．② 式 (5.17) を用いて $x_1 = 100\tan\theta_{\mathrm{dif}} = 0.367\,\mathrm{mm}$．③ 式 (5.16) を用いて全幅 $w = (2\cdot 550\cdot 100\times 10^3)/(20\cdot 150\times 10^3)\,\mathrm{\mu m} = 36.7\,\mathrm{\mu m}$．この場合，0次回折光と1次回折光の中心間距離は，0次回折光の半幅の20倍であり，両回折光が分離できている．

5.5 屈折率の異なる2層からなる1次元周期構造での回折（反射型）

屈折率 n_j と層厚 d_j が異なる2層（j = a, b）からなる**周期構造**に，光波が垂直入射する場合を扱う（図 5.7）．光波が入射する最外層の屈折率を n_0 とする（$n_0 < n_b < n_a$）．

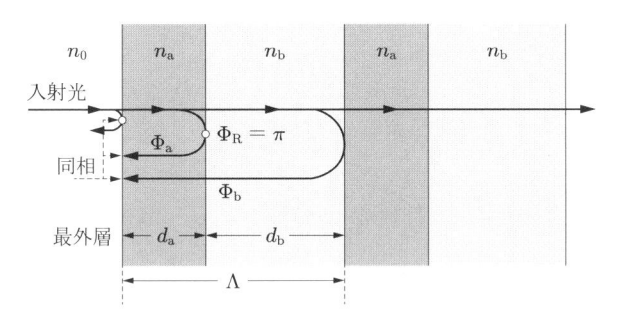

Λ：周期，Φ_a，Φ_b：a，b層の右端で反射した光波の伝搬に伴う位相変化，Φ_R：反射に伴う位相変化

図 5.7 屈折率の異なる2層からなる周期構造による回折（$n_a > n_b > n_0$）

屈折率が異なる2層の間では反射が生じ，振幅反射率は隣接2層の屈折率に依存する（式 (3.13) 参照）．垂直入射の場合，境界面において逆進性を満たす光波の間では，反射に伴う位相変化が，入射の向きによって π だけ異なっている（式 (3.17) 参照）．

位相変化の基準位置を最外層の右端（入射端）とする．a層右端で反射した光波の位相変化は，反射に伴う位相変化 $\Phi_R = \pi$ と往復伝搬による $\Phi_a = 2n_a d_a k_0$ の和で表せる．これが入射端で同相となるには，$\Phi_R + \Phi_a = \pi + 2n_a d_a k_0 = 2\pi m_1$（$k_0$：真空中の波数，$m_1$：整数），つまり

$$2n_a d_a = (m_1 - 1/2)\lambda_0 \tag{5.20a}$$

を満たせばよい．ただし，λ_0 は真空中の波長を表す．一方，b層の右端で反射した光波の位相変化は，反射に伴う位相変化がゼロとなり，往復伝搬による $\Phi_b = 2(n_a d_a + n_b d_b)k_0$ だけとなる．これの入射端での同相条件は，$\Phi_b = 2(n_a d_a + n_b d_b)k_0 = 2\pi m'$（$m'$：整数）で，

$$2(n_a d_a + n_b d_b) = m'\lambda_0 \tag{5.20b}$$

と書ける．式 (5.20a) を式 (5.20b) に代入すると，次式が得られる．

$$2n_b d_b = (m_2 + 1/2)\lambda_0 \quad (m_2：整数) \tag{5.20c}$$

2種類の層からなる周期構造に対する式 (5.20a, c) は，次のことを意味している．

（ⅰ）a・b層で反射した光波が入射端で同相となるには，各層内での往復伝搬による光路長が波長 λ_0 の半整数倍となればよい．

（ⅱ）2層の屈折率 n_j と層厚 d_j を適切に設計することにより，反射光波に波長選択性が生まれる．すなわち，スペクトル分解に使用できる．

（ⅲ）屈折率 n_j は1のオーダである．よって，同相条件を満たす層厚 d_j は，波長と同一オーダ以下の値が要求される．そのため，これを実現するには，ナノの微細加工技術が必要となる．

（ⅳ）同相条件には，最外層の屈折率 n_0 が関係しない．

（ⅴ）ファブリ‐ペロー干渉計での透過光強度最大条件である共振条件（式 (4.9)）では，往復伝搬での光路長が波長の整数倍であった．共振条件下では，反射光強度は最小のはずである．これに対して，ここでの反射光強度最大条件は，往復伝搬での光路長が波長の半整数倍であり，共振条件と正反対である．したがって，式 (5.20a, c) は**反共振反射条件**ともよばれる．

上記周期構造による反射の応用例は，ファイバブラッググレーティング（反射フィルタとして利用，12.2.3項参照），分布ブラッグ反射形半導体レーザ（発振スペクトルの狭窄化に利用），フォトニック結晶ファイバ（半導体におけるバンドギャップに対応したフォトニックバンドギャップを，誘電体での導波原理とした新構造光ファイバ）などである．

例題 5.4 2種類の層からなる周期構造を用いて，波長 λ_0 の光波を反射させるのに必要な，各層の最小の光路長はいくらか．また，$\lambda_0 = 1.55\,\mu\mathrm{m}$，$n_a = 3.5$ のとき，反共振反射条件を満たす最小層厚 d_a を求めよ．

解 式 (5.20a) で $m_1 = 1$，式 (5.20c) で $m_2 = 0$ とおくと，最小の光路長 $n_j d_j = \lambda_0/4$（j = a, b）が得られる．これは両層の光路長が，ともに4分の1波長となるべきことを示している．この結果に条件値を代入して，a層の最小層厚 $d_a = 1.55/(4\cdot 3.5)\,\mu\mathrm{m} = 0.11\,\mu\mathrm{m}$ を得る．

演習問題

5.1 波長 500 nm の光を幅 1.0 mm のスリット状開口に垂直入射させて，開口の後方，距離 L で回折像を観測する．これがフラウンホーファー回折として，フーリエ変換で扱えるための L に対する目安の距離を求めよ．

5.2 ブラッグの回折条件はどのようなときに適用できるか．その有用性を説明せよ．

演習問題 | 63

5.3 周期媒質（周期 $\Lambda = 11\,\mu\mathrm{m}$，屈折率 $n = 2.26$）に，光波（真空中の波長 $\lambda_0 = 633\,\mathrm{nm}$）が格子面の法線と角度 θ をなして斜め入射する場合，ブラッグ角を求めよ．

5.4 CD（トラック間隔 $1.6\,\mu\mathrm{m}$）で，CD 面の垂直方向に対して入射光と逆の $60°$ の方向から，波長 $480\,\mathrm{nm}$ の青色光を見たい．このとき，光の入射角を回折次数とともに求めよ．

5.5 波長 λ の平面波が，周期 Λ の回折格子面の法線と角度 θ_in をなす方向から入射し，その回折光が，その法線に対して入射波と同じ側から角度 θ_m をなして透過するとする．この場合，回折光が $\Lambda(\sin\theta_\mathrm{in} + \sin\theta_m) = m\lambda$（$m$：整数）を満たすことを示せ．

5.6 正弦波格子を用いたフラウンホーファー回折で，0 次回折光と ± 1 次回折光を十分に分離するためには，どのような条件が必要か，調べよ．

5.7 単スリット・円形開口からの回折，正弦波格子による回折，ガウス分布光の回折における遠視野像について，共通の特徴および相違点をまとめよ．

6 レーザの発振原理と特徴

　レーザは，光と物質の相互作用を利用して，光の増幅や発振を行う装置である．1960 年にルビーレーザの発振が実現して以来，多くの物質でレーザ発振している．レーザは他の光にない特異な性質をもつため，光エレクトロニクスでの中核装置となっており，各種用途に応じたレーザが開発・実用化されている．

　本章ではレーザの発振原理を中心として，光と物質の相互作用，誘導放出，反転分布などを説明し，レーザ固有の性質であるコヒーレンス（可干渉性）の起源などを明らかにする．また，効率的なレーザ発振を行うための 3・4 準位レーザの考え方も説明する．具体的なレーザ装置については 7・8 章で説明する．

6.1　光と物質の相互作用

　レーザ発振に利用する光と物質の相互作用で重要なことは，以下の点である．
（ⅰ）原子や分子の最外殻の電子のみが，光と相互作用を起こしやすい．
（ⅱ）物質内では電子軌道が量子化され，原子のエネルギー準位が離散化されている．
（ⅲ）光もエネルギー $h\nu$（h：プランク定数，ν：周波数）をもつ光子として扱う．

　原子や分子は固有のエネルギー準位（各準位のエネルギーを E_j とする）をもち，各準位間の電子遷移に伴い，光子を吸収・放出する．この過程は，ボーアの振動数条件

$$E_2 - E_1 = h\nu = \hbar\omega \tag{6.1}$$

で表される．ここで，$\hbar = h/2\pi$ であり，$\omega = 2\pi\nu$ は光の角周波数である．電子 1 個の遷移に対して，$E_2 > E_1$（$E_2 < E_1$）のとき，光子が 1 個放出（吸収）される．

　図 6.1(a) に示すように，**吸収**（absorption）は，下準位を占める原子が，光エネルギーをもらって上準位へ遷移して生じる過程である．**自然放出**（spontaneous emission）とは，各準位を占める原子が，外界とは関係なく，自然界では安定な下準位へ，一定の確率で緩和する際に光子を放出する過程である（図 (b) 参照）．ここで，**緩和**（relaxation）とは，励起された原子が，熱平衡状態に戻ることをいう．

　自然放出の特徴は，次のようにまとめられる．
（ⅰ）自然放出は全く不規則な過程であるから，光エネルギーは増幅されない．
（ⅱ）自然放出は，入射光とは関係なく不規則に，また任意の方向に生じるので，雑音要因となり，発振周波数の揺らぎをもたらす（6.8.1 項参照）．自然放出でもた

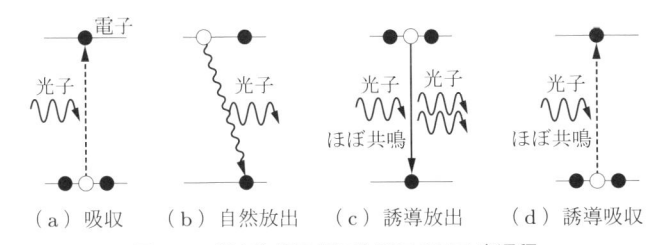

(a) 吸収	(b) 自然放出	(c) 誘導放出	(d) 誘導吸収

図 6.1 光と物質の相互作用における素過程
黒（白）丸は電子が存在する（抜けた）状態を表す．

らされるスペクトル広がりを自然幅という．
(iii) 自然放出は，レーザ発振では，最初の火付け役となる．

レーザにとって重要な過程は，図 (c) の**誘導放出** (stimulated emission) である．これは，外界光をきっかけとして，上準位に存在する電子が誘導される形で，下準位へ遷移する際に新たな光子を放出する過程である．外界と新規発生光が連動しているので，これらの間で位相が揃う，すなわちコヒーレンス特性が生まれる．誘導吸収は，誘導放出の逆過程である（図 (d) 参照）．

誘導放出の特徴は，次のようにまとめられる．

(i) 誘導放出は，遷移が起こる2準位間のエネルギー差にほぼ等しいエネルギーの光が入射した場合に生じる．このような現象を共鳴とよぶ．入射は電磁界であることが本質的であり，一般のエネルギーではない．
(ii) 誘導放出と誘導吸収の**遷移確率**が等しい．直観と一見矛盾するこの考え方が，レーザ発振ではとりわけ重要である．
(iii) 上記の遷移確率は入射光のエネルギー密度に比例する．
(iv) 励起準位にある原子が，入射光子と位相を揃えて下準位に遷移し，新しい光子を入射光と同一方向に放出する．これが，コヒーレンスの起源となっている．

レーザ (laser) は，上記のように，誘導放出を利用した光の増幅装置であり，"light amplification by stimulated emission of radiation" の頭文字をとって名づけられている．

6.2 反転分布

上で述べた誘導放出の特徴 (ii) が意味するところは，物質内での遷移原子数は，各準位を占める原子数と遷移確率の積に比例するということである．

上（下）準位を占める原子数を $N_U(N_L)$ とおく．上・下準位での原子数分布には，図 6.2 に示すような2通りがあり得る．例として，遷移確率が 1/4 であると仮定する．

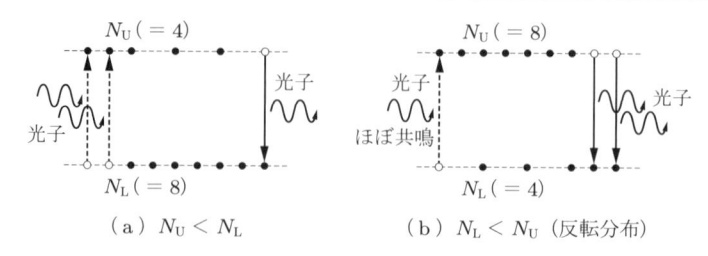

図 6.2 反転分布の意義（図は遷移確率が 1/4 の場合の例）
実線は誘導放出，破線は誘導吸収．矢印のある黒（白）丸は，
遷移後（前）の電子状態．

図 (a) のように，下準位を占める原子数 N_L の方が上準位の数 N_U よりも多い場合（$N_\mathrm{U} < N_\mathrm{L}$），物質内の準位に共鳴する光が入射すると，特徴 (ii) により，下（上）準位から上（下）準位への遷移原子数が 2（1）となり，全体では光子が 1 個吸収される．

一方，図 (b) のように，上準位を占める原子数の方が多い場合（$N_\mathrm{L} < N_\mathrm{U}$）に共鳴光が入射すると，全体では光子が 1 個余分に放出されることになる．この場合，入射光子数より出射光子数の方が多くなり，光が増幅されることになる．このように，上準位を占める原子数が下準位より多い状態を**反転分布**（population inversion）という．つまり，光の増幅が生じるためには，反転分布が必須である．

ところで，原子・分子のエネルギー準位において，上準位のエネルギーを E_U，下準位のエネルギーを E_L とおく．各エネルギー準位を占有する原子・分子数分布は，熱平衡状態ではボルツマン分布

$$N_\mathrm{U} = N_\mathrm{L} \exp\left(-\frac{E_\mathrm{U} - E_\mathrm{L}}{k_\mathrm{B} T}\right) \tag{6.2}$$

に従う．ここで，k_B はボルツマン定数，T は絶対温度である．式 (6.2) は，熱平衡状態では，エネルギーの低い状態にある原子が，より多く存在する（$N_\mathrm{U} < N_\mathrm{L}$）ことを表している．

したがって，反転分布が生じるように熱平衡状態を打ち破るには，原子を下準位から上準位へもち上げる操作が必要となる．このことを**ポンピング**（pumping）または**励起**という．励起には，放電励起，光励起，電子励起，電流励起などがあり，レーザ物質により使い分けられている．励起の具体的説明は，7・8 章の該当部分で説明する．

また，反転分布を安定に得るには，励起された原子を上準位に長く保持すること，つまり上準位の寿命の長い物質を用いる必要がある．

6.3 レーザの発振原理

レーザは光を増幅・発振させる装置である．レーザ発振には，電気領域での発振器と同じように，増幅と正帰還が不可欠である．本節では，レーザの基本構成を述べた後，発振原理を増幅過程と共振過程に分けて説明する．

6.3.1 レーザの基本構成

レーザを発振させるには，図 6.3 に示すように，増幅後の出力の一部を入力側に帰還（フィードバック）する．正で帰還する場合，振幅増幅率を A，帰還量を β で表すと，入力 E_{in} と出力 E_{out} の関係は，$E_{\text{out}} = A(E_{\text{in}} + \beta E_{\text{out}})$ を整理して，

$$\frac{E_{\text{out}}}{E_{\text{in}}} = \frac{A}{1 - \beta A} \tag{6.3}$$

で得られる．自励発振させるためには，無入力に対して有限の出力が生じないといけない．よって，式 (6.3) の分母 $= 0$ から，発振条件は

$$\beta A = 1 \tag{6.4}$$

で得られる．つまり，振幅増幅率 A と帰還量 β の積が 1 に一致すればよい．

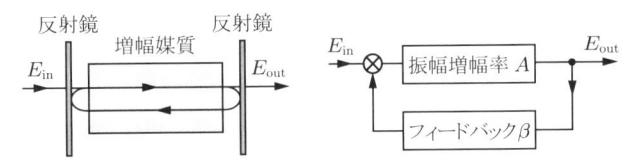

図 6.3 レーザとフィードバック系の関係

光の増幅は，6.2 節で述べた反転分布で実現できる．正帰還のためには，次項で説明するように，光共振器が用いられる．

6.3.2 光共振器

誘導放出された光が，途切れることなく，新たな誘導放出を生み出すためには，正帰還をかけることが必須である．そのためには，2 枚以上の反射率の高い反射鏡（平面または凹面）を用いて，誘導放出された光を増幅媒質内で周回させる方法がとられる．反射鏡を用いて光を周回させて閉じ込める装置を**光共振器**（optical cavity）という．代表的な光共振器は，ファブリ - ペロー共振器とリング共振器（3 光路を三角形状に配置したもの）である．ここではよく使用される，ファブリ - ペロー共振器の場合を説明する．

（a） ファブリ-ペロー共振器

ファブリ-ペロー共振器は，4.3.1項で紹介したファブリ-ペロー干渉計（図4.2参照）を光共振器として用いたものである．2枚の平面鏡の光強度反射率が等しい場合の，全光強度透過率の概略を図4.3に示した．光共振器として用いる場合の特徴は，次の2点である．

（ⅰ）透過域が周波数に対して周期的に現れること．
（ⅱ）透過光の周波数幅は，反射鏡の光強度反射率 R が大きくなると狭くなる．

ファブリ-ペロー共振器（共振器長 L，共振器内媒質の屈折率 n）自身の共振角周波数 ω_c は，式 (4.12) より，垂直入射の場合，次式で得られる．

$$\omega_c = l\frac{\pi c}{nL} \quad (l:整数) \tag{6.5}$$

ただし，c は真空中の光速である．光共振器の特性に依存した各共振ピークを，**縦モード** (longitudinal mode) とよぶ．隣接する共振ピーク間の間隔を**縦モード間隔**とよび，これは

$$\Delta\omega = \frac{\pi c}{nL} \quad (角周波数表示), \qquad \Delta\nu = \frac{c}{2nL} \quad (周波数表示) \tag{6.6}$$

で表される．

一方，光共振器の軸に垂直な断面内で形成される，電磁界分布のパターンを**横モード** (transverse mode) という．その典型は軸方向の電磁界成分をもたない TEM_{pq} モードで，指数 p と q で区別される．

例題6.1 ファブリ-ペロー共振器（共振器長 $L = 1.0\,\text{m}$）を用いたレーザ（$\lambda = 633\,\text{nm}$）があるとき，次の各値を求めよ．ただし，屈折率を $n \fallingdotseq 1.0$ とする．
① 縦モード間隔周波数，② 発振周波数，③ 波長表示での縦モード間隔 $\Delta\lambda$．

解 ① 式 (6.6) 第2式より，縦モード間隔は $\Delta\nu = 3.0\times 10^8/(2\cdot 1.0)\,\text{Hz} = 1.5\times 10^8\,\text{Hz} = 150\,\text{MHz}$．② 周波数を ν，波長を λ とするとき，真空中の光速は式 (2.6) より $c = \nu\lambda$ で表せる．これより発振周波数は $\nu = c/\lambda = 3.0\times 10^8/(633\times 10^{-9})\,\text{Hz} = 4.74\times 10^{14}\,\text{Hz} = 474\,\text{THz}$．③ 光速の式より得られる $\lambda = c/\nu$ の両辺を微分して，$d\lambda = -(c/\nu^2)d\nu$ を得る．$d\nu = \Delta\nu = 150\,\text{MHz}$，$\nu = 474\,\text{THz}$ を代入して，縦モード間隔の波長表示は $|\Delta\lambda| = [3.0\times 10^8/(4.74\times 10^{14})^2]\cdot 1.5\times 10^8\,\text{m} = 2.00\times 10^{-13}\,\text{m} = 0.2\,\text{pm}$（ピコメートル）．

（b） Q値

光共振器では特定の周波数領域の光だけが透過される．この透過帯域の鋭さを表す

指標として **Q 値**（quality factor）があり，これは次式で定義される．

$$Q \equiv \omega_c \frac{\rho}{\Delta\rho} \tag{6.7}$$

ここで，Q 値は無次元であり，ω_c は共振角周波数，ρ は共振器に蓄えられる光エネルギー，$\Delta\rho$ は単位時間当たりに共振器から失われる光エネルギーである．式 (6.7) より，大きな Q 値ほど，共振器内に多くの光エネルギーを蓄えていることを意味する．

光強度反射率 R_1, R_2 の平面反射鏡からなるファブリ - ペロー共振器（共振器長 L, 共振器内媒質の屈折率 n）で，共振器内で単位距離当たりに失われる光パワの減衰率を α_I とする．この場合，1 往復後の光パワは $R_1 R_2 \exp(-2\alpha_I L)$ 倍となっている．これだけの光パワが 1 往復で失われるから，往復時間 $t = 2nL/c$ を用い，**共振器寿命** τ_c を共振器内に存在する光エネルギーが $1/e$ に減少する時間で定義し，$\rho(t)$ の初期値を ρ_0 とすると，$\rho(t) = \rho_0 R_1 R_2 \exp(-2\alpha_I L) = \rho_0 \exp(-t/\tau_c)$ すなわち

$$\exp[\ln(R_1 R_2)] \exp(-2\alpha_I L) = \exp(-2nL/c\tau_c) \tag{6.8}$$

が成立する．これを解いて，共振器寿命 τ_c が次式で書ける．

$$\tau_c = \frac{n}{c} \frac{1}{\alpha_I - (1/2L)\ln(R_1 R_2)} \tag{6.9}$$

式 (6.7) における $\Delta\rho$ は，式 (6.8) より $\Delta\rho = -d\rho/dt = \rho/\tau_c$ と書けるから，Q 値は

$$Q = \omega_c \tau_c \tag{6.10}$$

で書き表される．

とくに，$\alpha_I = 0$ で，光強度反射率 $R_1 = R_2 = R$ が 1 近傍のとき，$\tau_c \simeq nL/c(1-R)$ となる．これは式 (4.13) 第 2 式で垂直入射とすると，$\tau_c \simeq 1/(2\pi \cdot \delta\nu_c) = 1/\delta\omega_c$（$\delta\omega_c$：共振角周波数での半値全幅）と書ける．この式は，共振器寿命が半値全幅（共振角周波数で）と逆数関係にあることを示している．この関係を式 (6.10) に代入すると Q 値は

$$Q \simeq \frac{\omega_c}{\delta\omega_c} \tag{6.11}$$

で近似できる．式 (6.11) は，ファブリ - ペロー共振器の透過帯域が狭くなるほど，Q 値が大きくなることを示している．

例題 6.2 共振器長 $1.0\,\mathrm{m}$，共振角周波数 $\omega_c = 3.77 \times 10^{15}\,\mathrm{Hz}$ のファブリ - ペロー共振器において，内部損失を無視するとき，共振器寿命と Q 値を求めよ．ただし，反射鏡の光強

度反射率 $R_1 = 0.99$, $R_2 = 0.95$, 屈折率 $n \fallingdotseq 1.0$ とする.

解 式 (6.9) を用いて, 共振器寿命は $\tau_c = -\left[2 \cdot 1.0 \cdot 1.0/(3.0 \times 10^8)\right]/\ln(0.99 \cdot 0.95)\,\mathrm{s} = 1.09 \times 10^{-7}\,\mathrm{s} = 109\,\mathrm{ns}$. 式 (6.10) を用いて $Q = 1.09 \times 10^{-7} \cdot 3.77 \times 10^{15} = 4.11 \times 10^8$.

6.3.3 増幅媒質中での利得と光波伝搬

光波が媒質に入射すると, その電界 E により原子内で振動する分極が生じる. このとき, 電束密度 D は

$$D = \varepsilon_0 \varepsilon'(\omega) E \tag{6.12a}$$

$$\varepsilon'(\omega) = \varepsilon \left[1 + \frac{1}{n^2}\chi_E(\omega)\right], \quad \chi_E(\omega) = \chi'(\omega) - i\chi''(\omega) \tag{6.12b}$$

で書ける. ここで, $\varepsilon'(\omega)$ は媒質の複素比誘電率, $\chi_E(\omega)$ は電気感受率, ε は非共鳴時の媒質の比誘電率, ε_0 は真空の誘電率, n は非共鳴時の媒質の屈折率である. 電気感受率の虚部の符号が負になっているのは, 後述するように, $\chi''(\omega)$ が損失に関係していることが多く, 損失の場合に正の値をとるように, 負号をつけて定義しているためである.

分極が生じる現象を, バネ運動をしている荷電粒子に光が入射して, 荷電粒子を強制振動させるという, 古典的バネ振動モデルで考える. このモデルのもとで, 入射光角周波数 ω が媒質の共鳴角周波数 ω_r にほぼ等しい共鳴遷移の場合, 電気感受率の実・虚部は次のように表せる.

$$\chi'(\omega) = \frac{e^2}{2m_e\omega_\mathrm{r}\varepsilon_0}(N_\mathrm{U} - N_\mathrm{L})\frac{\omega - \omega_\mathrm{r}}{(\omega - \omega_\mathrm{r})^2 + \gamma^2} \tag{6.13a}$$

$$\chi''(\omega) = -\frac{e^2}{2m_e\omega_\mathrm{r}\varepsilon_0}(N_\mathrm{U} - N_\mathrm{L})\frac{\gamma}{(\omega - \omega_\mathrm{r})^2 + \gamma^2} \tag{6.13b}$$

ここで, m_e は電子の質量, e は電気素量, γ は増幅媒質の共鳴幅, N_U (N_L) は上 (下) 準位の原子数である. 式 (6.13b) で最後の項は, スペクトル分布がローレンツ関数で表されることを示している.

振動する分極を考慮するとき, この媒質での伝搬定数は自由空間と異なり, 複素数で表される. この複素伝搬定数 k' は, $|\chi_E(\omega)|/n^2 \ll 1$ を用いて近似して,

$$k' = \omega\sqrt{\mu_0\varepsilon_0\varepsilon'(\omega)} \fallingdotseq k\left[1 + \frac{\chi'(\omega)}{2n^2}\right] - ik\frac{\chi''(\omega)}{2n^2} \tag{6.14}$$

で得られる. ここで, k は誘導遷移がないときの媒質中の波数である.

増幅媒質中を伝搬する波を平面波とする．このとき，媒質中の電界 E は，式 (6.14) の複素伝搬定数 k' を利用して

$$E = \exp[i(\omega t - k'z)] = \exp[i(\omega t - kz - \varphi z)]\exp(-\alpha_{\mathrm{net}}z) \quad (6.15\mathrm{a})$$

$$\varphi \equiv k\frac{\chi'(\omega)}{2n^2}, \qquad \alpha_{\mathrm{net}} \equiv k\frac{\chi''(\omega)}{2n^2} \quad (6.15\mathrm{b})$$

で書ける．ここで，α_{net} は正味の振幅損失係数，φ は増幅媒質によりもたらされた単位距離当たりの位相変化を表す．α_{net} の値は，式 (6.15b)，(6.13b) を考慮すると，反転分布が形成されている（$N_{\mathrm{L}} < N_{\mathrm{U}}$）場合には負となり，実質的には増幅を表す．つまり，この場合には，増幅媒質の振幅利得係数が $g_{\mathrm{a}} = -\alpha_{\mathrm{net}}(> 0)$ と書ける．

6.4 レーザの発振しきい値と発振周波数

6.4.1 レーザの発振条件

レーザの発振条件を考えるために，図 6.4 に示すように，長さ L の光共振器内に一様な増幅媒質があり，光波がこの共振器中を往復する過程を考察する．光共振器を形成する反射鏡 1 と 2 の振幅反射率をそれぞれ r_1 と r_2 とする．レーザ遷移以外の要因，たとえば媒質中の吸収や回折損失などによる損失を振幅損失係数 α_{a} で表すものとする．このとき，式 (6.15b) における値は，形式的に

$$\alpha_{\mathrm{net}} = \alpha_{\mathrm{a}} - g_{\mathrm{a}} \quad (6.16)$$

で書き表せる．

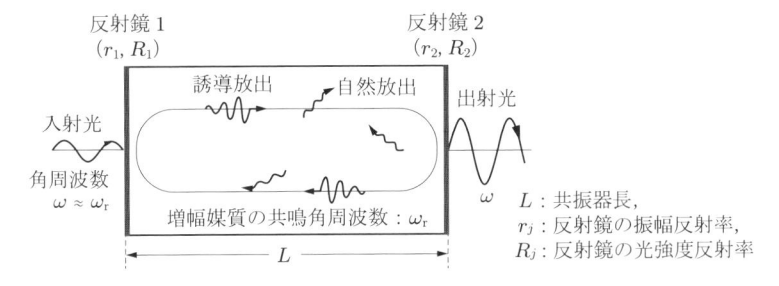

図 6.4 レーザの発振原理

光が共振器中を 1 往復するときの電磁界の変化を，反射と伝搬に分けて考える．1 往復中には反射が両端合わせて 2 回あり，そのため電界が r_1r_2 倍となる．また，光の伝搬効果により，式 (6.15a) を用いて，電界が

$$\exp\left[-2i(k+\varphi)L\right]\exp(-2\alpha_{\mathrm{net}}L) = \exp\left[-2i(k+\varphi)L\right]\exp[2(g_{\mathrm{a}}-\alpha_{\mathrm{a}})L] \tag{6.17}$$

だけ変化する．レーザ発振するには，式 (6.4) で示したように，光が共振器中を 1 往復した前後の電界が等しくなる必要がある．

レーザの発振条件は，式 (6.17) と反射率 $r_1 r_2$ より，振幅部分について

$$r_1 r_2 \exp[2(g_{\mathrm{a}}-\alpha_{\mathrm{a}})L] = 1 \tag{6.18}$$

が成立することである．式 (6.18) と式 (6.4) の関係は，$A = \exp[2(g_{\mathrm{a}}-\alpha_{\mathrm{a}})L]$，$\beta = r_1 r_2$ とおいて得られる．2π の整数倍の位相変化はもとと等価であることに注意して，位相部分では，式 (6.17) より

$$2(k+\varphi)L = 2\pi q \quad (q：整数) \tag{6.19}$$

が成立することである．次に，振幅・位相部分について個別に考える．

6.4.2　発振しきい値

振幅条件式 (6.18) で，$r_1 r_2 (<1)$ は反射鏡の反射率が 1 以下であることによる光の減衰，$\exp[2(g_{\mathrm{a}}-\alpha_{\mathrm{a}})L]$ は，光が共振器内を 1 往復するときの増幅媒質による正味の利得を表している．これは，増幅利得 $\exp(2g_{\mathrm{a}}L)$ が全損失 $r_1 r_2 \exp(-2\alpha_{\mathrm{a}}L)$ を補うときにレーザ発振するという，しきい値（threshold）条件ともなる．式 (6.18) より，光パワに対する**しきい値利得係数** $G_{\mathrm{th}} = 2g_{\mathrm{th}}$（$g_{\mathrm{th}}$：振幅利得係数）は，次式で得られる．

$$G_{\mathrm{th}} = \alpha_{\mathrm{I}} + \frac{1}{2L}\ln\frac{1}{R_1 R_2} \tag{6.20}$$

ただし，$\alpha_{\mathrm{I}} = 2\alpha_{\mathrm{a}}$（$\alpha_{\mathrm{a}}$：振幅損失係数）は共振器内部媒質によるパワ損失，$R_j = |r_j|^2 (j=1,2)$ は反射鏡の光強度反射率，L は共振器長である．

式 (6.18)，(6.20) から，次のことがわかる．

（ i ）$r_1 r_2 < 1$ であるから，式 (6.18) の左辺の積が 1 となるためには，$\exp[2(g_{\mathrm{a}}-\alpha_{\mathrm{a}})L] > 1$ を満たす必要がある．したがって，<u>レーザ発振は，帰還系での増幅（g_{a}）が共振器伝搬中の損失（α_{a}）に打ち勝つとき（$g_{\mathrm{a}} > \alpha_{\mathrm{a}}$）に得られる．</u>

（ii）一定の $R_1 R_2$ 値に対しては，しきい値利得係数 G_{th} が小さいほど，共振器長 L を長くする必要がある．

（iii）一定のしきい値利得係数 G_{th} と共振器長 L に対して，レーザ発振させるためには，反射鏡の光強度反射率をある値以上に設定する必要がある．

例題 6.3 しきい値利得係数が $G_{\text{th}} = 10^{-3}\,\text{cm}^{-1}$ であり，共振器内部媒質によるパワ損失を無視するとき，次の各共振器長 L に対して，レーザ発振するためには，両端の反射鏡の光強度反射率の積 $R_1 R_2$ はいくら以上が必要か．① $L = 20\,\text{cm}$, ② $L = 1.0\,\text{m}$.

解 式 (6.20) より，① $R_1 R_2 = \exp[-2(G_{\text{th}} - \alpha_{\text{I}})L] = \exp(-2 \cdot 10^{-3} \cdot 20) = 0.961$ を得る．積 $R_1 R_2$ の値を 0.961 以上に設定することが必要．② 同様にして $R_1 R_2 = \exp(-2 \cdot 10^{-3} \cdot 10^2) = 0.819$ を得る．共振器長が長い方が利得を稼げるので，反射鏡の光強度反射率は小さくてもよい．

6.4.3 レーザの発振周波数

レーザ発振するためには，式 (6.19) で示したように，光が共振器内を 1 往復してもとの位置に戻るとき，電界の位相変化が 2π の整数倍になっている必要がある．よって，レーザの発振周波数は，式 (6.19), (6.15b) より，次式を満たす．

$$2k\left[1 + \frac{\chi'(\omega)}{2n^2}\right]L = 2\pi q \quad (q : \text{整数}) \tag{6.21}$$

ただし，$k = nk_0$ は増幅媒質中の誘導遷移がないときの波数，n は増幅媒質の屈折率，k_0 は真空中の波数である．式 (6.21) の左辺第 1 項目は，光波が共振器を 1 往復したことによる位相変化，第 2 項目は増幅媒質自身が電気感受率の実部 $\chi'(\omega)$ を通じて与える位相シフトを表す．

増幅媒質自身も位相シフトを与えるため，式 (6.21) で示すように，レーザ発振周波数 ω_{L} は必ずしも，式 (6.5) で示した光共振器の共振角周波数 ω_{c} とは一致しない ($\omega_{\text{L}} \neq \omega_{\text{c}}$)．より厳密な理論によると，レーザの**発振周波数** ω_{L} は

$$\omega_{\text{L}} = \frac{\kappa \omega_{\text{r}} + \gamma \omega_{\text{c}}}{\kappa + \gamma} \tag{6.22}$$

で表せる．式 (6.22) は，レーザの発振周波数 ω_{L} が，共振角周波数 ω_{c} と増幅媒質の共鳴角周波数 ω_{r} を，ファブリ - ペロー共振器の透過帯域幅 κ と増幅媒質の共鳴幅 γ の比で内分する値で決まることを示している．

式 (6.22) より，レーザ発振の周波数は，κ と γ のうち，より幅の狭い方に対応する周波数に近づく．この現象を，**周波数引き込み**（frequency pulling）という．波長が数 10 μm より長い遠赤外域では，κ と γ の大きさが同程度のため，周波数引き込みが重要となる．

一方，赤外光よりも短い波長帯では，図 6.5 に示すように，通常，増幅媒質の利得帯域幅 γ の方が，光共振器の透過帯域幅 κ よりも十分に広い ($\gamma \gg \kappa$)．そのため，利得の高い周波数付近の縦モードが発振し，幅 γ の利得帯域内に多くの共振モードが

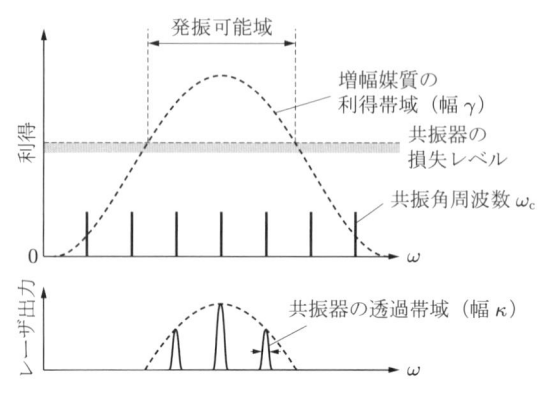

図 6.5 レーザの発振条件と発振周波数
（増幅媒質の利得帯域幅 γ が共振器の透過帯域幅 κ より大きな場合）

存在し得る．複数の縦モードが同時に発振している状態を**多モード発振**（multimode oscillation）という．

一つの縦モードだけを発振させることを，**単一縦モード発振**という．単一縦モード発振させると，スペクトル幅が狭くなるために，応用上有用なことが多い．スペクトル幅狭窄化や特定波長の選択のため，
（ⅰ）共振器内部に，プリズムや回折格子などのモード選択器を挿入する，
（ⅱ）共振器長を短くして，縦モード間隔を広くする，
（ⅲ）増幅媒質の構造を変化させて，利得帯域幅を狭くする，
等の方法が考えられ，さまざまな工夫がなされている．

6.5 レーザの光出力特性

以上に説明したように，レーザでは増幅媒質によって利得を得るが，共振器構造により損失も受ける．そのため，外部からの励起エネルギーがそのまま光出力に結びつくわけではない．本節では，レーザの光出力特性と反転分布の関係を調べる．

レーザ遷移における上（下）準位を占める原子数を N_U（N_L）とおくと，反転分布密度は $\sigma = N_U - N_L$ と書ける．ポンピングにより，上準位の原子数が単位時間当たりに増加する割合を J とおく．共振器中の光電界のエネルギー密度を w とし，光子数密度を $u \equiv w/\hbar\omega$ とおく．光出力と反転分布の関係を求めるため，問題を次のように簡単化する．
（ⅰ）下準位の緩和定数 γ_L が十分に大きく，下準位の原子数はつねにゼロとする．
（ⅱ）反転分布密度 σ の緩和定数 γ_{pi} が，上準位の値で近似できる（$\gamma_{pi} \fallingdotseq \gamma_U$）．

（iii）自然放出光はレーザへの寄与が少ないので，その影響を無視する．

上記近似のもとで，反転分布密度 σ と光子数密度 u に対する時間変化を記述する**レート方程式**（rate equation）は，次式で書ける．

$$\frac{d\sigma}{dt} = J - \gamma_{\mathrm{pi}}\sigma - g'u\sigma \tag{6.23a}$$

$$\frac{du}{dt} = -\frac{u}{\tau_{\mathrm{c}}} + g'u\sigma \tag{6.23b}$$

ただし，g' は単位反転分布密度当たりの光子の増幅率，τ_{c} は共振器寿命であり，その逆数は，光エネルギーが単位時間に共振器から失われる割合を表す．

レーザの定常動作を求めるため，式 (6.23a, b) で，$d\sigma/dt = du/dt = 0$ とおく．σ と u に対する定常値を σ_{st}，u_{st} とおくと，解は次の二つの場合に分けられる．

$$\sigma_{\mathrm{st}} = \frac{J}{\gamma_{\mathrm{pi}}}, \qquad u_{\mathrm{st}} = 0 \qquad \text{：しきい値 } J_{\mathrm{th}} \text{ 以下} \tag{6.24a}$$

$$\sigma_{\mathrm{st}} = \frac{1}{\tau_{\mathrm{c}}g'}, \quad u_{\mathrm{st}} = \tau_{\mathrm{c}}(J - J_{\mathrm{th}}), \quad J_{\mathrm{th}} \equiv \frac{\gamma_{\mathrm{pi}}}{\tau_{\mathrm{c}}g'} \quad \text{：しきい値 } J_{\mathrm{th}} \text{ 以上} \tag{6.24b}$$

ただし，J_{th} はしきい値ポンピングを表す．

式 (6.24) から次のことがわかる．

（i）光出力が生じるための，ポンピングに対するしきい値 J_{th} がある．

（ii）しきい値以下では，光出力がゼロで，反転分布密度 σ_{st} がポンピング J に比例して増加している．

（iii）しきい値以上では，光出力は $J - J_{\mathrm{th}}$ に比例して増加し，その比例係数は共振器寿命 τ_{c} となる．一方，反転分布密度は一定値に保たれている．

式 (6.24a) は自然放出を無視した場合の結果であるが，自然放出を考慮した場合，しきい値以下では，傾きが式 (6.24b) における τ_{c} より小さな光出力を生じる．

図 6.6 に，レーザ光出力と反転分布の励起エネルギー依存性の概略を示す．励起エネルギーは，初めのうちは反転分布を形成するために，つまり下準位にある原子を上準位に励起するために使用される．こうして蓄えられたエネルギーつまり利得が，共振器による損失を上回ったとき，レーザ光が発生する．したがって，発振するためには，あるしきい値が存在する．しきい値を超えた後は，反転分布は一定値を保持したままで，励起エネルギーは光出力に使われる．そして，発振したレーザ光の一部を一方の反射鏡から取り出して利用する．

この特性は，水路型水力発電に例えることができる．すなわち，ダムに蓄えられる水位を反転分布，発電量を光出力とみなせば，両者はよく類似している．

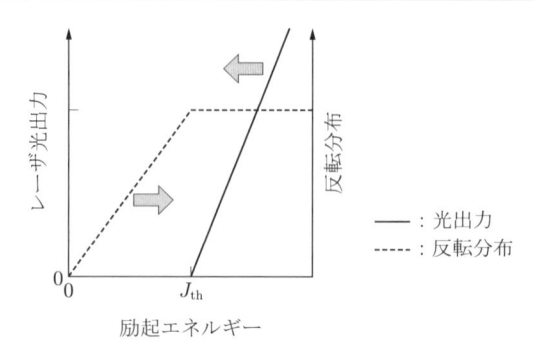

図 6.6　レーザにおける反転分布と光出力

6.6　3・4 準位レーザの特性

レーザ発振をさせるためには，反転分布を実現することが不可欠であることを 6.2 節で述べた．系の全原子数が一定とすると，2 準位のみを用いた場合，レーザ発振に伴い，レーザの上準位にある原子数が減少し，下準位にある原子数が増加して，反転分布が減少してしまう．そこで，反転分布を効率よくつくるために，本節で説明するように，3 ないしは 4 準位を利用する 3・4 準位レーザが利用される．

6.6.1　3 準位レーザ

3 準位レーザ（three-level laser）とは，ポンピングされる準位とレーザ遷移での上準位を分離して，レーザ発振させる方式である．3 準位系でのエネルギー準位と原子数の関係を，図 6.7 に示す．準位 E_j にある原子数を N_j とする（$j=1〜3$）．熱平衡状態では，ボルツマン分布（式 (6.2) 参照）から明らかなように，低エネルギーの準位 E_1 にある原子の方が，高エネルギー準位 E_3 のものよりも多く存在する．

3 準位系で，ポンピング光強度に比例する，単位時間当たりに励起する原子数を q，準位 E_i から E_j への単位時間当たりの遷移確率を γ_{ij} とする．遷移確率の逆数 $1/\gamma_{ij}$ は平均寿命に相当する．熱励起に関係する遷移確率 γ_{12}, γ_{13}, γ_{23} を無視する．このとき，3 準位系で，原子数の時間変化を記述するレート方程式は，次式で書ける．

$$\frac{dN_1}{dt} = -qN_1 + \gamma_{21}N_2 + \gamma_{31}N_3 \tag{6.25a}$$

$$\frac{dN_2}{dt} = -\gamma_{21}N_2 + \gamma_{32}N_3 \tag{6.25b}$$

$$\frac{dN_3}{dt} = qN_1 - \gamma_{31}N_3 - \gamma_{32}N_3 \tag{6.25c}$$

6.6 3・4 準位レーザの特性

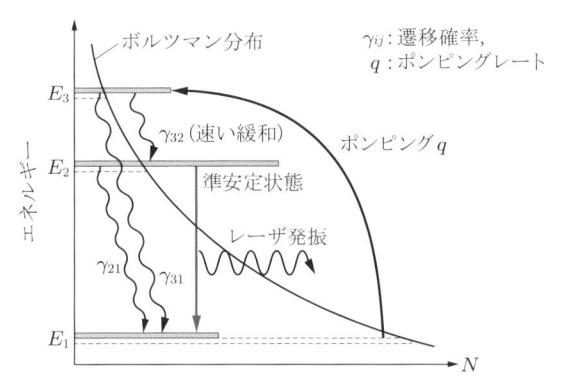

図 6.7 3 準位レーザにおけるエネルギー準位と原子数の関係
破線は熱平衡状態での原子数．グレーの部分は反転分布が生じているときの原子数．

式 (6.25a) は，準位 E_1 での原子数 N_1 が，ポンピングにより N_1 に比例して減少し，準位 E_2 と E_3 からの緩和に伴って増加することを示している．式 (6.25) は $d/dt(N_1 + N_2 + N_3) = 0$ を満たしており，この系での全原子数 ($N_1 + N_2 + N_3$) は一定である．

定常状態 ($dN_1/dt = dN_2/dt = dN_3/dt = 0$) でレート方程式を解くと，準位 E_2 と E_1 の間で反転分布 ($N_2 - N_1 > 0$) を得るための必要条件は，次式で求められる．

$$q > q_\mathrm{th} \equiv \gamma_{21}\left(1 + \frac{\gamma_{31}}{\gamma_{32}}\right) \tag{6.26}$$

式 (6.26) の反転分布条件は，次のことを示している．

（ⅰ）反転分布を得るためのポンピング光強度 q に，しきい値 q_th が存在する．
（ⅱ）反転分布を起こしやすくするには，遷移確率に関して γ_{21} と γ_{31}/γ_{32} を小さくすることが必要である．とりわけ，比例項 γ_{21} の影響が大きく，とくに $\gamma_{31}/\gamma_{32} \ll 1$ のとき，$q > \gamma_{21}$ を満たす必要がある．
（ⅲ）上記（ⅱ）は，次の内容と等価である．準位 E_2 を準安定状態，つまり長寿命（$1/\gamma_{21}$ を大）とする．原子を励起準位 E_3 から準位 E_2 へ速やかに緩和させ，準位 E_2 を占める原子を増加させる．とくに $\gamma_{31}/\gamma_{32} \ll 1$ のとき，ポンピング強度 q を，準位 E_2 から E_1 への緩和 γ_{21} よりも大きくする必要がある．

上記内容をもとにして，3 準位系で反転分布が生じているときの，原子数 N_j とエネルギー準位 E_j の関係の模式図も図 6.7 に示す．準位 E_1 から E_3 へ励起された原子は，速やかに準位 E_2 に非放射遷移で緩和される．準位 E_2 は準安定状態であり，この準位に多くの原子が蓄積され，準位 E_1 への遷移に伴って，レーザ発振する．

3 準位レーザの特徴は以下の通りである．
（ⅰ）3 準位系は，次に述べる 4 準位系に比べて，レーザ発振のためのしきい値が高い．
（ⅱ）しかし，多くの励起光パワを要する代わりに，Q スイッチ法（6.7.1 項参照）を使えば，ピークパワの大きな光短パルスを得ることができる．

6.6.2　4 準位レーザ

3 準位レーザでは，ポンピング用の原子を供給する準位とレーザ遷移後に原子がとる準位が，共通の準位 E_1 となっている．この状況は，反転分布をつくるうえで効率が悪い．そのため，反転分布を得やすくするため，4 準位レーザが用いられる．

4 準位レーザ（four-level laser）でのポイントは，次の通りである（図 6.8）．
（ⅰ）3 準位レーザにおける一番下の準位を，ポンピングのために原子を供給する準位 E_1 と，レーザ遷移後の下準位 E_2 に役割分担させる．
（ⅱ）準位 E_1 と E_2 間のエネルギー差を，熱エネルギー $k_B T$ よりも十分大きくとると，熱励起 γ_{12} が無視できる．
（ⅲ）ポンピングを準位 E_1 から E_4 に行い，レーザ遷移を準位 E_3 と E_2 の間で行わせる．

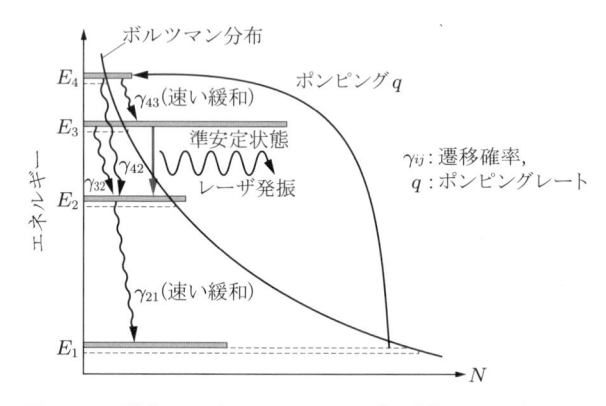

図 6.8　4 準位レーザにおけるエネルギー準位と原子数の関係
破線は熱平衡状態での原子数．グレーの部分は反転分布が生じているときの原子数．

4 準位系でも，熱励起に関係する遷移確率 γ_{12}，γ_{13}，γ_{14}，γ_{23}，γ_{24}，γ_{34} を無視する．4 準位系でのレート方程式を式 (6.25) と同様にして立て［**演習問題 6.4 参照**］，全原子数 $(N_1 + N_2 + N_3 + N_4)$ が一定として，定常解を求める．その結果，準位 E_3 と E_2 の間で反転分布を得るための条件として，次式が得られる．

$$N_3 - N_2 = q \left(\frac{1}{\gamma_{32}} \frac{1}{1 + \gamma_{42}/\gamma_{43}} - \frac{1}{\gamma_{21}} \right) N_1 \tag{6.27}$$

式 (6.27) より，反転分布条件（$N_3 - N_2 > 0$）は，次のようにまとめられる．
（ⅰ）3 準位系の場合と異なり，ポンピング光強度 q に対するしきい値がない．そのため，反転分布は，上準位の原子数がゼロになるまで続く．
（ⅱ）遷移確率に関して $\gamma_{21} > \gamma_{32}$ が必要条件となる．また，γ_{42}/γ_{43} を小さくする必要がある．
（ⅲ）上記（ⅱ）は次の内容と等価である．つまり，準位 E_2 から E_1 への緩和を速くする．準位 E_3 の寿命を長く，準安定状態にする．また，準位 E_4 から E_3 への緩和を，E_2 への緩和より速くする．

4 準位レーザで，励起により反転分布を生じさせたときの，原子数 N_j とエネルギー準位 E_j の関係の模式図を図 6.8 に示す．準位 E_1 から E_4 へ励起された原子は，素早く準位 E_3 に緩和される．準安定準位 E_3 に多くの原子がたまり，準位 E_3 と E_2 の間でレーザ発振する．レーザ発振に寄与し終えた原子は，準位 E_2 から E_1 へ素早く緩和されるため，レーザの下準位 E_2 での原子数はつねに少ない状態にある．こうして，準位 E_3 と E_2 間での反転分布が，安定に保持される．

4 準位レーザの特徴として，次のものが挙げられる．
（ⅰ）レーザ下準位の緩和が速いので，レーザ発振のしきい値が減少し，少ない励起エネルギーでレーザ発振する．
（ⅱ）高効率なため，光励起でも連続波発振が行える．

6.7 光パルス発生

用途によっては，尖頭出力（peak power）の大きなレーザが必要となり，そのために光短パルスが利用される．パルス発振には Q スイッチ法やモード同期などが用いられ，連続波発振よりも瞬時に大きな光出力が得られる．

6.7.1 Q スイッチ法

すでに述べたように，レーザ発振は，媒質の利得が光共振器での損失を上回ったときに得られる．そこで，意図的に損失を多く与えると，式 (6.7) より Q 値が減少する．次に，ある瞬間に損失を減少させると，Q 値が急に上昇して，それまでに蓄積されたエネルギーが一挙に放出される．この結果として，立ち上がりの速い，大ピークパワのレーザを実現できる．このような技術を **Q スイッチ法**という．

共振器内の損失，つまり Q 値を時間的に増減させるには，共振器内に設置した，①プリズムを回転させたり，②電気光学効果や音響光学効果を利用したシャッタを開閉させたりする方法がある．Q スイッチ法で反転分布を安定に形成するためには，レーザ遷移の上準位の緩和時間が長いことが望ましく，Q スイッチ法は固体レーザや CO_2 レーザで用いられている．

6.7.2　モード同期

赤外域や可視域のレーザでは，レーザ媒質の利得帯域幅の方が，ファブリ-ペロー共振器で決まる縦モード間隔よりも大きい場合が多い．この場合，多モード発振状態で，共振器の縦モード間隔に一致した周波数変調をかけると，各縦モード間の結合が強くなり，結果として時間的に短い光パルスが得られる［演習問題 6.6 参照］．このような手法を**モード同期**（mode locking）という．

同期をかけるには，外部変調器などで変調をかける強制モード同期と，共振器内部に設置した可飽和吸収体などがもつ非線形透過特性を利用する受動モード同期がある．可飽和吸収体とは，入射光が強くなると吸収率が低下する媒質である．緩和の速い吸収体を用いると，縦モード間隔に対応した周期で，自動的にモード同期がかかることになる．

6.8 ▮レーザの特徴

レーザの特徴は，1.5 節で述べたように，① 単色性，② 高い光出力，③ 可干渉性，④ 指向性，⑤ 高エネルギー密度と高輝度，⑥ パルス動作，などであるが，ここではもう少し定量的に説明する．これらの特徴は独立ではなく，相互に密接に関連している．

6.8.1　単色性と光出力の関係

レーザの発振スペクトルが幅をもつ本質的要因は，自然放出が不規則に生じることに起因する，光電界での位相揺らぎである．この要因による中心周波数 ν_c のスペクトル幅 $\delta\nu$ は，次式で得られる．

$$\delta\nu = \frac{v_g n_{sp} h \nu_c g \kappa_T}{4\pi P_0}(1+\alpha^2) \propto \frac{1}{P_0} \tag{6.28}$$

ここで，P_0 は光出力，v_g は群速度，n_{sp} は反転分布パラメータ，g は単位長さ当たりの利得係数，κ_T は鏡を通して光が外部へ取り出されることによる減衰係数，h はプランク定数である．式 (6.28) は Schawllow–Townes の式とよばれ，光出力 P_0 が大きく

なることと，スペクトル幅 $\delta\nu$ が狭くなることは等価であることを示している．

式 (6.28) における $(1+\alpha^2)$ は，半導体レーザの場合に適用される因子である．α は線幅増大係数または α パラメータとよばれる．α の値は，InGaAsP 系ではバルク活性層で 3～6 程度，量子井戸活性層で 1～4 程度である．

6.8.2 可干渉性と単色性

スペクトル幅 $\delta\nu$ が既知であれば，コヒーレンス時間 τ_{coh} やコヒーレンス長 l_{coh} は，式 (4.26) から求めることができ，そのため単色性と可干渉性は密接な関係をもつ．この式から，スペクトル幅が狭いことと，コヒーレンス長が長いことは等価であることがわかる．コヒーレンス長は，同一光源から出た光が分岐された後に合波されたとき，これらの光路長差がずれても干渉し得る距離の目安である．

6.8.3 指向性

単一横モード動作するように構成された光共振器で帰還をかけると，各原子から発せられる光のうち，共振器面に垂直な方向の光だけが増幅・発振させられる．このように特定の方向にだけ光が伝搬する性質を**指向性**という．指向性がよくなると，この方向に位相が揃うため，空間的コヒーレンスもよくなる．

光波の広がりは回折で決定される (5.2 節参照)．レーザの TEM_{00} モードの光電界はガウス分布（ビームウェストでのスポットサイズ w_0）で記述できる．ガウスビームでのビーム広がり角 θ_w は，式 (3.36) で求められる．この結果は，ビームウェストでのビーム幅が小さいほど，遠方でのビーム広がりが大きくなることを表している．

例題 6.4 スポットサイズが 1.0 cm，波長 1.0 μm のレーザ光の場合，次の位置でのビーム直径を求めよ．① 1 km 先，② 月面（地球から月までの平均距離は 38 万 4000 km）．

解 式 (3.36) を用いて，ビーム広がり角は $\theta_w = 1.0 \times 10^{-6}/(\pi \cdot 1.0 \times 10^{-2})\,\text{rad} = 3.18 \times 10^{-5}\,\text{rad}$．① ビーム直径は $2 \cdot 1.0 \times 10^3 \cdot 3.18 \times 10^{-5}\,\text{m} = 6.36 \times 10^{-2}\,\text{m} = 6.36\,\text{cm}$．② ビーム直径は $2 \cdot 3.84 \times 10^8 \cdot 3.18 \times 10^{-5}\,\text{m} = 2.44 \times 10^4\,\text{m} = 24.4\,\text{km}$．

6.8.4 高出力とパルス動作

レーザでは，共振器構造を用いて励起エネルギーを特定の方向にだけ伝搬する光エネルギーに変換しているから，高出力が得られる．さらに尖頭出力の高いレーザを得るために，モード同期や Q スイッチ法などを用いてパルス動作にしている．

演習問題

6.1 レーザ発振における誘導放出と自然放出の役割を説明せよ．

6.2 レーザの発振特性で，しきい値以上で光出力が上昇するのに対して，反転分布が一定値をとる理由を定性的に説明せよ．

6.3 利得帯域幅が 2 GHz の He-Ne レーザで，単一縦モード発振を実現するには，共振器長をどのようにとればよいか．

6.4 4 準位レーザにおけるレート方程式を，3 準位レーザにならって立てよ．

6.5 4 準位系の方が 3 準位系よりもレーザ発振について有利であることを定性的に説明せよ．

6.6 モード同期に関係する次の問いに答えよ．等間隔の $(2N+1)$ 個の縦モードに，変調周波数 ω_m で同期がかけられたとき，全光電界は

$$E(t) = A \sum_{l=-N}^{N} \cos(\omega + l\omega_\mathrm{m})t$$

で書ける．ただし，ω は搬送角周波数であり，全モードの振幅 A と位相が等しいとする．
① 全光電界は

$$E(t) = A \frac{\sin(N+1/2)\omega_\mathrm{m} t}{\sin(\omega_\mathrm{m} t/2)} \cos(\omega t)$$

と変形できることを示せ．
② $E(t)$ の包絡線が周期 $2\pi/\omega_\mathrm{m}$ の周期関数となることを示せ．これは，時間領域で周期 $2\pi/\omega_\mathrm{m}$ の光パルス列が得られることを意味する．
③ 光強度の極大値が $[(2N+1)A]^2$，パルス全幅（包絡線がゼロとなる部分の時間幅で定義）が $4\pi/(2N+1)\omega_\mathrm{m}$ となることを示せ．これは縦モード数が多いほど，光パルスのピーク値が高くなり，全幅が狭くなることを意味する．

6.7 レーザは ① 光出力が大きい，② スペクトル幅が狭い，③ 可干渉性がよい，④ 指向性に優れている，などの特徴をもつが，これらは独立ではない．これらの特徴の相互関連を定性的に説明せよ．

6.8 次の用語の内容とその意義を説明せよ．
(1) 反転分布　(2) Q 値　(3) 多モード発振

7 気体・固体レーザ

1960年にルビーレーザが実現して以来,活性媒質として多くの原子・分子やイオンなどを用い,電子間遷移や分子の振動・回転準位など利用して,多様なレーザが作製されてきた.各レーザはその特徴に応じて使い分けられている.それらのうち,本章では気体レーザと固体レーザを紹介する.民生品などへの応用にとって有用な半導体レーザは,8章で説明する.

7.1 レーザの分類

実用化されているレーザの媒質として,気体,固体,半導体,色素などが用いられている.発振波長は,可視域を中心として赤外域や紫外域にも及んでいる.本書では光エレクトロニクスと関連の薄い,色素レーザについては簡単に触れるにとどめる.

レーザの動作を大別すると,連続波発振とパルス発振に分けられる.6.7節で述べたように,パルス発振の方が尖頭出力の大きな光を得ることができる.時間幅の狭い光パルスを得るには,広帯域な増幅媒質を必要とする.

レーザでは,原子準位に依存した特定波長でのみ発振線が得られることが多く,応用上重要な波長で,かつ十分な出力の光源が得られる保証がない.このような場合,レーザを非線形光学結晶に照射して,もとの波長の1/2や1/3の波長となる第2高調波(SH: second harmonic)や第3高調波(TH: third harmonic)を発生させる方法がとられ,中でもNd:YAGレーザの第2高調波($\lambda = 532\,\mathrm{nm}$)がよく使用される.しかし,半導体レーザの発振波長域の拡大や光出力の増大化に伴って,第2高調波などの役割は縮小しつつある.

レーザの発振波長に関する原子や分子のエネルギー準位の記述には,分光学で得られた基礎データが利用される場合が多い.そのため,エネルギーばかりでなく,遷移周波数やスペクトル幅も,分光学で慣用されている単位 $\tilde{\nu}\,(= 1/\lambda,\,\mathrm{cm}^{-1}:$ カイザー)で示されることがある.

7.2 気体レーザの概要

気体レーザ (gas laser) とは,活性媒質である気体をガラス管などの中に封じ込め,放電などで気体原子や分子を励起して発振させるレーザである.気体レーザではガラ

ス管などの端を窓材とする．そして，ガラス管の外部に設置した2枚の反射鏡で帰還をかけて，レーザ発振させることが多い．

最初の気体レーザは，1961年に発振したHe-Neレーザ（$\lambda = 1.15\,\mu\mathrm{m}$）である．これ以来，多くの媒質を用いて発振させられており，発振波長領域も極紫外から遠赤外まで幅広く分布している．そのため，応用分野も計測，加工，医療など多岐にわたっている．

気体レーザでは，媒質の密度が低いために利得が低く，媒質長を長くとる必要がある．また，孤立原子，イオン，分子などのエネルギー準位を利用しているため，増幅スペクトル幅が狭く，特定の波長でしか発振しない．その結果，発振スペクトル幅が狭いので，コヒーレンス長が長くとれる利点がある．

気体レーザにはさまざまな励起方法がある．その主なものは，放電，電子ビーム，化学反応，励起粒子による共鳴励起であり，放電励起が最も多く用いられている．

ガラス管などの窓でのP成分の反射をなくすためには，光軸と窓材の法線がなす角度をブルースタ角に設定すればよい．気体レーザでの媒質密度が低いので，気体の屈折率を1.0で近似できる．したがって，窓材の屈折率をn_wとすると，式(3.16)で$n_1 \fallingdotseq 1.0$, $n_2 = n_\mathrm{w}$とおいて，**ブルースタ角**は

$$\theta_\mathrm{B} \fallingdotseq \tan^{-1} n_\mathrm{w} \tag{7.1}$$

で近似できる．こうすると，ガラス管内部で非偏光であっても，光共振器内での繰り返し反射により，入射面内で振動するP成分が優勢となり，共振器外では直線偏光のレーザ光が得られる（後掲の図7.2参照）．

気体レーザの特徴は，次のようにまとめられる．

（ⅰ）レーザ媒質の密度が小さい．このことが，発振波長で減衰が少なくほとんど透明，レーザ媒質の大容量化が可能，増幅スペクトル幅が狭い，などの特徴をもたらしている．

（ⅱ）増幅スペクトル幅が狭いので，発振スペクトル幅も狭く，コヒーレンスに優れる場合が多い．

（ⅲ）多くの媒質でレーザ発振しており，発振波長領域も極紫外から遠赤外まで幅広く分布している．

（ⅳ）レーザ媒質の大容量化により，大出力が得られる．CO_2レーザは高出力レーザとして工業的応用が進んでいる．

主な気体レーザの発振波長や用途等を表7.1に示す．各種気体レーザの内容を，以下でもう少し詳しく説明する．

表 7.1 主な気体レーザとその特性

種 類	発振波長 [μm]	用途・特徴
エキシマレーザ ArF KrF	 0.193（紫外） 0.248（紫外）	 半導体露光，レーザ加工，表面改質 半導体露光，レーザ加工，表面改質
He-Cd レーザ	0.325（紫外） 0.442（濃紫）	微細パターン露光，レーザ造形 レーザプリンタ
アルゴンイオンレーザ	0.488（青） 0.515（緑）	レーザ加工・医療，レーザ走査顕微鏡，固体 レーザ励起用
He-Ne レーザ	0.6328（赤） 1.152（近赤外）	小型，各種計測，干渉計，光軸調整
CO_2 レーザ	10.6（普通赤外）	高出力，レーザ加工・医療

7.3 各種気体レーザ

本節では，主な気体レーザとして，ヘリウムネオンレーザ，アルゴンイオンレーザ，炭酸ガスレーザ，エキシマレーザを取り上げ，これらを説明する．

7.3.1 ヘリウムネオンレーザ

ヘリウムネオン（He-Ne）**レーザ**は代表的な気体レーザであり，$\lambda = 633\,\mathrm{nm}$（赤），$1.152\,\mathrm{\mu m}$（近赤外），$3.391\,\mathrm{\mu m}$ などに発振線をもつ．これは研究の歴史が古く，周波数の安定化などが進んでおり，光出力 1～50 mW のレーザとして，比較的安価に市販されている．そのため，波長 633 nm の He-Ne レーザは，光学系の光軸調整用にも使われているが，高出力を得るのは容易ではない．

He-Ne レーザでは，He と Ne 原子の混合気体がガラス管に封じ込められており，放電で励起する．He が励起用，Ne が発光用の気体である．

両原子のエネルギー準位を図 7.1 に示す．電子が衝突励起によるエネルギーを得て，He 原子の基底状態から準安定準位である 2^3S_1, 2^1S_0 に励起される．ちなみに，両準位の寿命はそれぞれ約 0.1 ms, 5 μs である．これらの準位のエネルギーが，Ne 原子の励起準位である $2s_2$, $3s_2$ とほぼ一致しているため，エネルギーが Ne 側に移乗される．

Ne へのエネルギー移乗は共鳴的なので，Ne での電子励起が効率的に行われ，反転分布を生じる．Ne でのエネルギー準位の寿命に従って，上記波長などでレーザ発振を起こした後，衝突拡散などにより基底準位へ戻る．He-Ne レーザは，実質的に 4 準位レーザとして動作している．633 nm 線の発振では，上準位が 3.39 μm 線と同一なので，これとの競合を避けるため，3.39 μm 線への意図的な損失増加などがなされてい

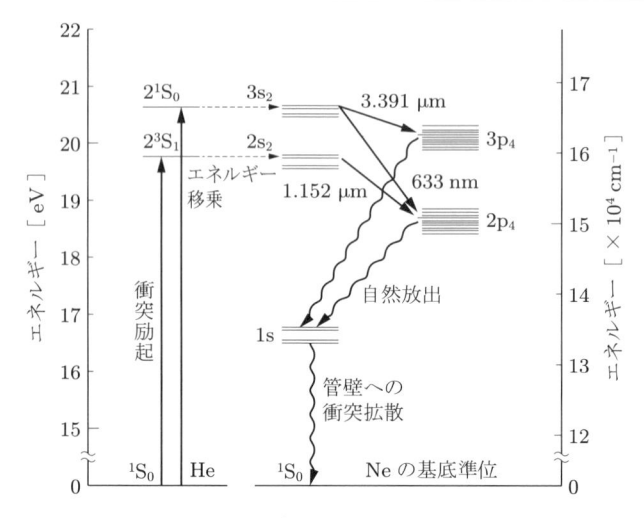

図 7.1　He-Ne レーザのエネルギー準位と主な発振線

る［演習問題 7.4 参照］．

　光共振器には内部鏡型と外部鏡型がある．**内部鏡型共振器**とは，放電管の窓に共振器用の反射鏡を直接取り付けたものであり，レーザ光は非偏光である．**外部鏡型共振器**とは，放電管の外側に反射鏡を取り付けたものである（図 7.2）．ガラス管窓での反射を避けるため，窓部分が光軸に対してブルースタ角 θ_B（式 (7.1) 参照）となるように設定されている．この場合，共振器の外側では直線偏光のレーザ光が得られる．気体レーザでは共振器長が長いので，横モードを安定化するため，反射鏡として凹面鏡が用いられる．外部鏡型共振器は，比較的大型の気体レーザに使用される．

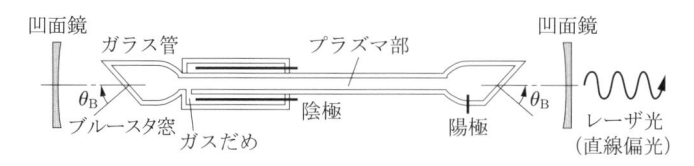

図 7.2　He-Ne レーザ放電管の構造（外部鏡型共振器）

7.3.2　アルゴンイオンレーザ

　アルゴン（Ar）イオンレーザは，イオンを活性媒質とした，可視域で発振する高出力気体レーザであり，He-Ne レーザよりも大型である．強い発振線は，波長 514.5 nm（緑）と 488 nm（青）で得られ，光出力が数 W にも達する．

　このレーザでは，Ar ガス中の放電により，電子を励起して反転分布をつくる．光共振器は通常，外部鏡型である．波長 500 nm 近傍に多くの発振線をもつので，反射鏡

側にプリズムや回折格子を設置して，発振波長を選択する．

これと同様な励起方法は，クリプトン（Kr）イオンレーザ（647 nm（赤）など）や窒素（N_2）レーザ（337 nm（紫外）など）などでも使われている．

7.3.3 炭酸ガスレーザ

炭酸ガス（CO_2）レーザは，赤外で発振する高出力レーザ（連続出力が数 10 kW 以上）の代表例である．その主たる発振波長は 10.6 μm（普通赤外）であり，変換効率（出力パワの入力放電パワに対する比）が約 30% と高い．CO_2 レーザは，連続動作もパルス動作も行え，加工用や医療用などエネルギー利用に使われている．

CO_2 レーザは，CO_2 分子の振動回転準位間での遷移を利用している（図 7.3）．光出力を増加させるために，N_2 気体が励起用として混入されており，その動作原理は He-Ne レーザと類似している．すなわち，放電などで励起された原子が，N_2 の励起準位から共鳴的エネルギー移乗により，レーザの上準位へ効率よく移行し，レーザ下準位との間で反転分布が形成される．

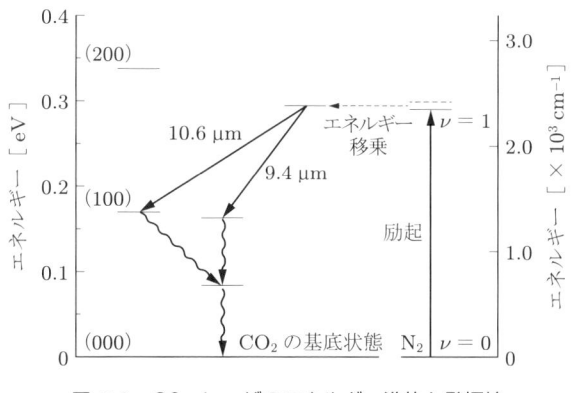

図 7.3 CO_2 レーザのエネルギー準位と発振線

発振線の総数は 1000 本近くあり，主なものは波長 9～10 μm に存在する．その中の特定のスペクトル線を発振させるために，光共振器の一部に回折格子を挿入する．外部鏡型でのブルースタ窓材としては，この波長帯で透明度の高い Ge が用いられている．赤外では一般のガラスは不透明なので，この波長帯用に開発された光学材料を使う必要がある．例として NaCl などのアルカリハライド結晶がある．

パルス動作のためには，**TEA**（transversely excited atmospheric pressure）**CO_2 レーザ**が用いられる．これは高出力化のため，横方向から気体を高速パルス放電するものであり，放電電流，光軸，ガスフローの方向を直交させる．高いガス圧のもとでもグロー放電を可能にするため，主放電の前に空間を予備電離させる手法をとる．

7.3.4 エキシマレーザ

一般に，レーザは短波長になるほど発振が難しいことが知られている．エキシマレーザは，真空紫外や紫外域で良好な効率と高出力を得ることができるレーザであり，LSI描画用の半導体露光装置など，高パワ光源として利用されている．

エキシマ（excimer）とは，基底状態では単原子分子であるのに，励起状態では2原子分子になっている状態をいう．Ar，Kr，Xe などの希ガスとハロゲンとの混合気体を，電子ビームで強く励起すると，複雑な衝突過程を経た後，エキシマがつくられる．

エキシマレーザとは，活性媒質として希ガスとハロゲンとの混合気体を用い，放電でできたエキシマの準安定状態と，基底状態である単原子分子状態との間で反転分布を形成し，エキシマからの放射光を利用したレーザである．エキシマレーザには F_2 ($\lambda = 157\,\text{nm}$)，ArF（193 nm），KrF（249 nm），XeCl（308 nm），XeF（351 nm）などがある．いずれもパルス発振であるが，尖頭出力は数 MW に達している．

例題 7.1 He-Ne レーザで，エネルギー準位 $3s_2$ ($1.6666 \times 10^5\,\text{cm}^{-1}$) から $2p_4$ ($1.5086 \times 10^5\,\text{cm}^{-1}$) への遷移に伴う発振線の波長を nm 単位で求めよ．

解 $1/\lambda = (1.6666 - 1.5086) \times 10^5\,\text{cm}^{-1} = 1.580 \times 10^4\,\text{cm}^{-1}$. $\lambda = 1/(1.580 \times 10^4)\,\text{cm} = 6.329 \times 10^{-5}\,\text{cm} = 632.9 \times 10^{-9}\,\text{m} = 632.9\,\text{nm}$.

例題 7.2 周波数が安定化された He-Ne レーザ（$\lambda = 633\,\text{nm}$）で，スペクトルがガウス分布であるとして，スペクトル幅 $\delta\nu = 10\,\text{kHz}$ に対するコヒーレンス長を求めよ．また，これが準単色光の条件を満たしていることを確認せよ．

解 この $\delta\nu$ を式 (4.26) に代入すると，コヒーレンス長 $l_{\text{coh}} = 3.0 \times 10^8/(4\pi \cdot 10^4)\,\text{m} = 2.39 \times 10^3\,\text{m} = 2.39\,\text{km}$ を得る．中心周波数が $\nu_c = 3.0 \times 10^8/(633 \times 10^{-9})\,\text{Hz} = 4.74 \times 10^{14}\,\text{Hz} = 474\,\text{THz}$ ゆえ，$\delta\nu/\nu_c = 10^4/(4.74 \times 10^{14}) = 2.11 \times 10^{-11} \ll 1$ となり，このレーザは準単色性をもつことがわかる．

7.4 固体レーザの概要

固体レーザ（solid-state laser）とは，蛍光スペクトル線幅の狭い活性イオンを含む結晶やガラスを，強力な光で励起して，発振させるレーザのことである．固体レーザの作製のためには，レーザ遷移に関与する活性イオンと，活性イオンを安定に閉じ込める母材が必要となる．

励起光源として，従来はタングステン（W）やキセノン（Xe）などのハロゲンランプが主だった．最近は，高出力の半導体レーザ（LD）による励起が多くなっており，

これを **LD 励起固体レーザ**（LD pumped solid-state laser）という．

固体レーザの特徴を，以下に示す．
（ⅰ）発光準位の寿命が長いことが必要で，活性イオンとして遷移金属であるクロム（Cr^{3+}）や希土類元素（Nd^{3+}, Er^{3+}, Yb^{3+}, Tm^{3+} など）などが使用される．
（ⅱ）気体レーザに比べてイオン密度が大きいので，比較的大きな光出力が得られる．また，気体レーザよりも優れた光出力安定性をもつ．
（ⅲ）レーザ遷移の蛍光スペクトル線幅が，気体レーザに比べて広い．とくに幅の広いものは，波長可変レーザや超短光パルス発生に利用できる．
（ⅳ）発振波長は可視域から近赤外域に限定されている．その理由は，発振波長より短波長の光で励起する必要があり，紫外域で適切な励起光源が少ないことによる．

LD 励起固体レーザの特徴は，以下の通りである．
（ⅰ）レーザ遷移の上準位近傍にある，活性イオンの吸収スペクトルに合致した波長光のみを照射するので，スペクトル幅の広いランプ励起に比べて，エネルギー変換効率を上げることが可能である．
（ⅱ）そのため，熱の発生が少なく，熱損傷に伴う光出力の限界が緩和され，高出力化できる．
（ⅲ）装置の小型化や安定性，高信頼性に貢献する．

主な固体レーザの発振波長や用途等を表 7.2 に示す．各種固体レーザの内容を，以下でもう少し詳しく説明する．

表 7.2　主な固体レーザとその特性

種　類	発振波長 [μm]	励起光源	用途・特徴
ルビーレーザ （$Cr^{3+}:Al_2O_3$）	0.6943（赤）	超高圧 Hg ランプ Xe フラッシュランプ	最初のレーザ 発光分析，医療用
Nd:YAG レーザ （$Nd^{3+}:Y_3Al_5O_{12}$）	1.064（近赤外） 1.064（近赤外）	Kr ランプ，Xe ランプ 半導体レーザ	レーザ加工・医療 微細加工
ガラスレーザ Nd^{3+}	1.06（近赤外）	Xe フラッシュランプ	大型形状が可能 レーザ核融合
ファイバレーザ Yb Nd	 1.04〜1.10（近赤外） 1.064（近赤外）	 半導体レーザ 半導体レーザ	 レーザ加工 レーザ加工
チタンサファイアレーザ （$Ti:Al_2O_3$）	0.65〜1.18	アルゴンイオンレーザ LD 励起グリーンレーザ	波長可変光源 分光用光源

7.5 各種固体レーザ

本節では，主な固体レーザとして，ルビーレーザ，Nd:YAG レーザ，ガラスレーザ，ファイバレーザを取り上げて説明する．

7.5.1 ルビーレーザ

ルビーレーザは，すでに述べたように，1960 年に発明された世界初のレーザで，発振波長は 694 nm（赤）である．ルビーとは，母材であるサファイア（Al_2O_3）に遷移金属の Cr^{3+} を添加したものである．連続発振出力は 1 mW 程度で比較的低いが，パルス発振では尖頭出力 1～100 MW が得られる．

ルビーレーザでは，フラッシュランプなどで結晶を照射して励起する．図 7.4 に示すように，光励起により基底準位 $^4A_2$ から幅の広い準位 $^4F_1$（$\lambda = 407$ nm）や $^4F_2$（550 nm）に励起された d 電子は，非放射遷移で準安定準位である ^2E にたまる．そして，反転分布がレーザ上準位 ^2E と基底準位 $^4A_2$ との間で形成される．準位 ^2E は 29 cm^{-1} 離れた準位 $\overline{E}$ と $2\overline{A}$ からなっており，それぞれからレーザ遷移 R_1 線（694.3 nm）と R_2 線（692.9 nm）が生じる．準位 $\overline{E}$ の方が長寿命なので，R_1 線が発振しやすい．

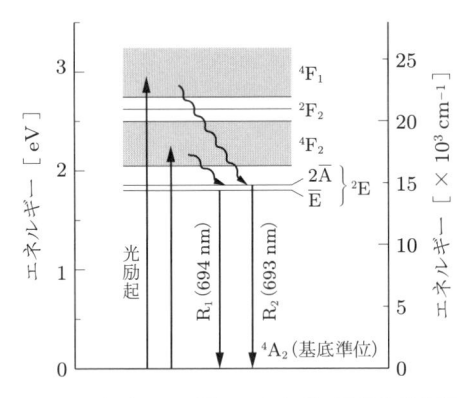

図 7.4 ルビーレーザのエネルギー準位と発振線

レーザ遷移に関係する準位間での寿命 $1/\gamma_{21} = 3$ ms は，かなり大きな値である．一方，非放射遷移に関する準位間での寿命 $1/\gamma_{32} = 50$ ns は非常に短い．これらの値は 3 準位系での項目（ii）を満たしており（6.6.1 項参照），典型的な 3 準位レーザである．

7.5.2 Nd:YAG レーザ

Nd:YAG（ヤグ）**レーザ**は，母材が $Y_3Al_5O_{12}$（YAG: yttrium aluminum garnet）結晶で，活性原子として希土類イオンである Nd^{3+} が添加されている．このレーザは

近赤外で発振するレーザで，とくに波長 1.064 μm の発振線は光強度が極度に強く，幅広く実用されている．これは高出力で，出力が安定しているため，加工用や複雑なレーザ系の初段レーザとして使用されることが多い．光励起には，従来はタングステン・ヨウ素ランプなどが用いられていたが，近年は半導体レーザが多い．

Nd:YAG レーザのエネルギー準位を図 7.5 に示す．ランプ励起された f 電子は，緩和してレーザ上準位 $^4F_{3/2}$ にたまる．ここから $^4I_{9/2}$（基底準位），$^4I_{11/2}$，$^4I_{13/2}$ のレーザ下準位への遷移に応じて，波長 0.946 μm，1.064 μm，1.338 μm のレーザが発振する．Nd^{3+} の f 電子は外殻への広がりが小さいため，スペクトル幅の狭い準位を形成する．

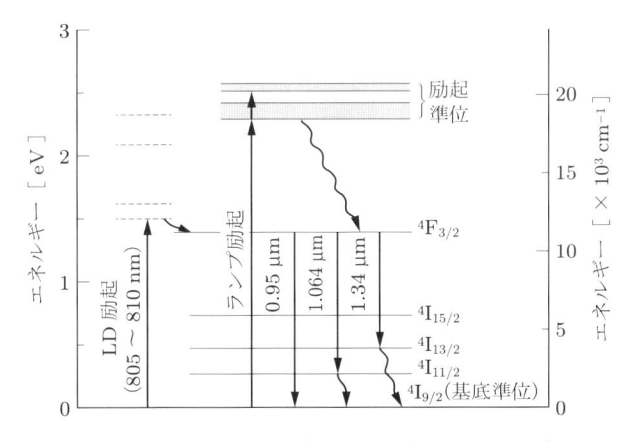

図 7.5　Nd:YAG レーザのエネルギー準位と発振線
破線は吸収帯．

代表的な発振線である 1.064 μm 線は，上準位の寿命が $1/\gamma_{32} = 0.23\,\mathrm{ms}$，下準位の寿命が $1/\gamma_{21} = 0.1\,\mathrm{\mu s}$ である．これらの値は，6.6.2 項，項目 (ii) で述べた，4 準位系の必要条件 $\gamma_{21} > \gamma_{32}$ を満たしている．$^4I_{11/2}$ 準位は基底準位よりも約 0.26 eV（$= 2.1 \times 10^3\,\mathrm{cm^{-1}}$）上にあるため，$^4I_{11/2}$ 準位には原子がほとんど存在せず，1.064 μm 線は理想的な 4 準位レーザとなっており [**演習問題 7.2 参照**]，低しきい値のレーザが得られる．

半導体レーザ（LD）励起の場合，準位 $^4F_{3/2}$ 近傍の波長 805～810 nm にある吸収帯を用いるため，AlGaAs，InAlGaAs，InGaAsP レーザなどが利用される．

YAG 結晶は熱伝導率や熱的耐性が高いので，高出力用に適している．また，光学特性に優れ，発振波長が可視光に近いので，可視域で使用される各種光学部品が利用できる利点がある．Nd:YAG レーザの連続発振出力は，LD 励起では 1 kW 以上もある．また，Q スイッチ法やモード同期により，安定したパルス列が得られる．

YAG結晶にNdの代わりにEr^{3+}（エルビウム），Ho^{3+}（ホロミウム）などを添加した，Er:YAGレーザ（$\lambda = 2.94\,\mu m$）やHo:YAGレーザ（$2.08\,\mu m$）はレーザ医療に使用されている．

7.5.3　ガラスレーザ

結晶を母材とする場合，大きさが制限されるという問題がある．そこで，任意の大きさのレーザロッドを作製できるガラスを母材に用い，これに希土類元素を添加することにより，大型固体レーザを実現させたのが**ガラスレーザ**（glass laser）である．ガラスは光学的均質性に優れており，ガラス母材としては，SiO_2を主成分とするケイ酸ガラスやリン酸ガラスなどが用いられる．活性媒質としては，効率のよいNd^{3+}が用いられる．

Nd:ガラスレーザでの発振波長は，通常，準位$^4F_{3/2}$と$^4I_{11/2}$の間での遷移に対応する約$1.06\,\mu m$が用いられる．ガラスでは原子配置の不規則性を反映して，Nd:YAGに比べてスペクトル幅が広く，$100\,cm^{-1}$のオーダとなっている．そのためガラスレーザのしきい値は高くなるが，吸収幅も広いため，全体の変換効率はむしろよくなる．

ガラス母材でモード同期をかけると，広い利得帯域による多数の縦モードを利用できるため，パルス幅が数psというYAGよりも非常に狭い光パルスが得られる．大型ガラス母材を利用すると，尖頭出力の大きな光パルスを得ることができるので，核融合用の光源としての研究がなされている．

例題 7.3　波長$1.06\,\mu m$で発振線をもつNd:ガラスレーザのスペクトル幅を$150\,cm^{-1}$とするとき，スペクトル幅をnm単位で表せ．

解　光の波長λと波数$\tilde{\nu}$（$= 1/\lambda$, cm^{-1}）の関係は$\lambda = 1/\tilde{\nu}$．両辺を微分して$d\lambda = -(1/\tilde{\nu})^2 d\tilde{\nu} = -\lambda^2 d\tilde{\nu}$．これに$\lambda = 1.06\,\mu m$，$d\tilde{\nu} = 150\,cm^{-1}$を代入すると，スペクトル幅は$d\lambda = (1.06 \times 10^{-6})^2 \cdot 150 \times 10^2\,m = 16.9 \times 10^{-9}\,m = 16.9\,nm$．

7.5.4　ファイバレーザ

石英系光ファイバを母材，希土類元素などを活性媒質としたレーザを**ファイバレーザ**（fiber laser）という．これは，小型・軽量，高効率・大出力の固体レーザとして，近年，その重要性が増している．ファイバレーザは，導波構造による伝搬モードの制御，極低損失特性に伴う長尺化による高利得，導光路による光配送容易性などの特徴をもつ．励起光源としては通常，半導体レーザが用いられる．ファイバレーザは連続発振で用いられることが多いが，パルス発振でも使用されている．

ファイバレーザは，増幅媒質であるダブルクラッドファイバ（DCF），二つの反射

鏡からなる光共振器，励起光源から構成されている（図 7.6）．DCF は単一モード光ファイバであり，希土類元素（Yb, Nd, Er など）を添加したコアと 2 層のクラッドからなる．LD からの励起光は，DCF に外付けされた多モード結合器を介して，DCF 内に入射され，コア中の希土類イオンを効率よく励起する．光共振器として，最近では，コアの両端にファイバブラッググレーティング（FBG，12.2.3 項参照）が設置されている．信号光は FBG の設定波長でのみ共振して，レーザが発生する．

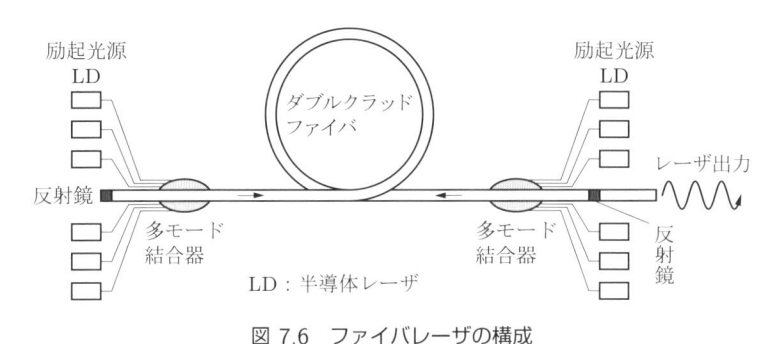

図 7.6 ファイバレーザの構成
反射鏡としてファイバブラッググレーティングが使用されることが多い．

　Yb（イッテルビウム）ファイバレーザの利得帯域は 1030〜1120 nm と広く，典型的発振波長は 1.08 μm である．吸収帯波長は 940 nm，976 nm などで，励起に InGaAs レーザなどが用いられており，エネルギー変換効率は 50%以上にも達する．これは高出力・高ビーム品質特性をもつため，Nd:YAG レーザに代わって，レーザ加工に用いられている．大出力化のため，増幅媒質として中空コアをもつフォトニック結晶ファイバが使用され始めている．

7.6 波長可変レーザ

　波長可変レーザ（tunable laser）とは，広い波長範囲で発振波長を連続的に変えることができるレーザのことである．波長を可変とするには，媒質が広い利得帯域をもっていることが必須である．波長可変レーザとして，色素レーザ，固体レーザ，半導体レーザなどがある．色素レーザは，ローダミン 6G などの有機色素分子を液体に溶かした溶液を光励起するレーザで，分光分析に用いられている．ここでは代表的な波長可変固体レーザである，チタンサファイアレーザの特性を説明する．

　チタンサファイア（Ti:Al$_2$O$_3$）**レーザ**は，波長 0.65〜1.1 μm で同調可能な波長可変レーザである．チタンサファイアとは，ルビーにおける活性イオンである Cr^{3+} の代わりに，別の遷移元素である Ti^{3+} を添加したものである．チタンサファイア結晶

を光共振器中に設置して，外部から別の光で励起する．発振波長の選択は，共振器中に挿入されたプリズムやエタロンなどの同調素子で行う．

Ti^{3+} の d 電子のエネルギー準位の概念図を図 7.7 に示す．この d 電子は，基底準位 $^2T_{2g}$，励起準位 ^2E_g ともに，周りにある酸素原子の配位に強く依存する．そのため，基底準位と励起準位とで，最低エネルギーをとる配位座標が，それぞれ q_0, q_1 と異なる．よって，励起光により A から B に励起された電子は，無放射遷移により C に緩和する．そして，励起準位の C からは蛍光を放出して D に遷移し，このときレーザ発振をする．このように，チタンサファイアレーザは，反転分布の得やすい 4 準位レーザとして動作する．

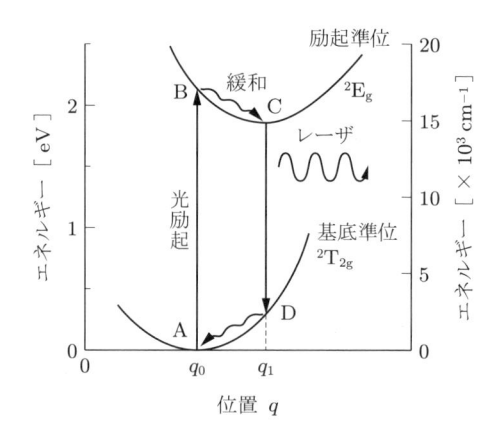

図 7.7 チタンサファイアレーザのエネルギー準位

これは，電子状態とフォノンが結合した幅の広い準位を利用しているため，発光スペクトル領域が広く，波長可変に適している．吸収スペクトル波長域が 400 nm から 600 nm の範囲にあるため，励起光源には，高出力（W 以上）の Ar イオンレーザ（$\lambda = 514.5$ nm，緑）や Nd:YAG レーザの第 2 高調波（532 nm，緑）が用いられていたが，最近は半導体レーザ（LD）励起固体レーザ（532 nm）に移行している．

チタンサファイアレーザは，モード同期を利用して，サブピコ秒の光短パルスを発生させることができる．

演習問題

7.1 分光学で慣用されている光の波数 $\tilde{\nu}$（$= 1/\lambda$, cm^{-1}）に関する次の問いに答えよ．
① 波数 $\tilde{\nu}$ と周波数の換算式を導け．

② 波数 $\tilde{\nu}$ とエネルギー [J] の換算式を導け．

③ スペクトル幅 $100\,\mathrm{cm}^{-1}$ を，周波数で表示せよ．

7.2 次の3・4準位レーザの条件確認を，6.6節の議論に基づいて行え．

① ルビーレーザでの各準位の遷移確率は $\gamma_{32} \fallingdotseq 2\times 10^7\,\mathrm{s}^{-1}$，$\gamma_{21}\fallingdotseq 3\times 10^2\,\mathrm{s}^{-1}$ である．これらの値は3準位レーザの条件を満たしていることを確認せよ．

② Nd:YAGレーザで $1.06\,\mathrm{\mu m}$ レーザ遷移の下準位である $^4\mathrm{I}_{11/2}$ 準位は，基底準位よりも約 $0.26\,\mathrm{eV}$ 上にある．これら2準位の室温（300 K）における熱平衡状態での原子数比を求め，$^4\mathrm{I}_{11/2}$ 準位の原子数が実質的にゼロとみなせることを確認せよ．

7.3 Qスイッチ Nd:YAG レーザの光出力が $10.0\,\mathrm{J}$ であるとき，光子数を求めよ．

7.4 ブルースタ窓に関する次の問いに答えよ．

① 気体レーザの端面で，光が気体側からガラス窓（$n=1.5$）に向かうときのブルースタ角 θ_B を求めよ．

② ガラスの透過波長域は可視域から $3\,\mathrm{\mu m}$ 程度であり，石英のそれは紫外・可視域から $4\,\mathrm{\mu m}$ 程度である．He-Neレーザで $633\,\mathrm{nm}$ 線を発振させるには，窓材としてガラスと石英のいずれが適切か．

7.5 利得帯域周波数幅が $2\,\mathrm{GHz}$，共振器長が $L=30\,\mathrm{cm}$ の He-Ne レーザ（$\lambda=633\,\mathrm{nm}$）があるとき，次の問いに答えよ．

① 発振周波数 ν の値を求めよ，② 利得帯域幅を波長で表すと，いくらになるか，③ このときのレーザ発振スペクトルでは何本の縦モードがたっているか．

7.6 半導体レーザ（LD）励起固体レーザが，ランプ励起固体レーザよりも優れている理由および得られる特性を説明せよ．

7.7 Nd:YAGレーザ（$\lambda=1.06\,\mathrm{\mu m}$）で，共振器長が $L=10\,\mathrm{cm}$，反射鏡の光強度反射率が $R_1=100\%$，$R_2=95\%$ のとき，光パワに対するしきい値利得係数 G_{th} を求めよ．ただし，光共振器での損失を無視するものとする．

7.8 次の用語の内容とその意義を説明せよ．
(1) 炭酸ガスレーザ (2) エキシマ (3) ファイバレーザ (4) 波長可変レーザ

8 半導体レーザと光増幅器

半導体レーザは小型・軽量で，消費電力が少ないので，光エレクトロニクス関連分野でよく利用されている．発振波長も可視域から普通赤外領域までに及び，今では3原色が揃っている．また，光信号のまま増幅する光増幅器の開発も進歩している．本章では，まず，半導体レーザの概要を述べた後，半導体レーザの構造と発振原理を説明する．その後，組成の異なるレーザの特性を述べ，最後に発光ダイオードと光増幅器について説明する．

8.1 半導体レーザの概要

半導体レーザは，1970年，AlGaAsのダブルヘテロ接合構造を液層エピタキシャル法で作製することにより，初めて室温で連続発振が実現した（発振波長：$0.85\,\mu m$ 近傍）．それ以来，材料，構造，発振特性などに改良が加えられて，発振波長域が拡大するとともに，寿命も含めて実用性が高まり，その応用分野が広がっている．

半導体レーザ（semiconductor laser）では，気体・固体レーザと異なり，バンド構造における伝導帯と価電子帯の間での電子・正孔の再結合に伴う発光を利用している．半導体レーザの代表的な構造は，結晶の端面間で共振器を形成するタイプで（図 8.1），pn接合への電流注入により反転分布を実現している．共振器の長さは数$100\,\mu m$程度で，小型・軽量という表現がふさわしい．半導体レーザはpn接合を利用したダイオードなので，**レーザダイオード**（laser diode）ともよばれ，LDと略記されることもある．

半導体レーザの特徴を以下に示す．

（ⅰ）小型・軽量であるため，デバイスに組み込んでも装置が小型化できる．

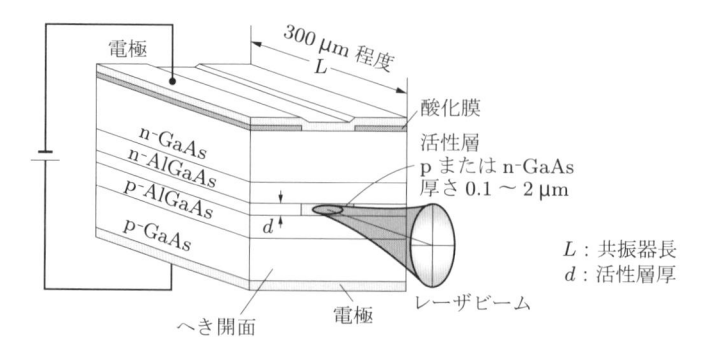

図 8.1　ダブルヘテロ接合半導体レーザの基本構造（AlGaAsの場合）

（ii）電流で励起できるため，搬送波としての光を発生させるだけでなく，出力光を直接変調することができる．
（iii）所望の発振波長を得るには，波長に対応したバンドギャップをもつ半導体材料と組成を適切に選ぶ必要がある．
（iv）高効率，低電圧動作，低消費電力，高信頼性，長寿命，などの利点がある．

上記の特徴を活かして，半導体レーザは，科学技術分野だけでなく，光ファイバ通信用光源，光ディスクやレーザプリンタなど，身近な製品へも応用されている．高出力化に伴い，これは他のレーザの励起光源としても用いられるようになっている．

半導体レーザの他のタイプとして，基板上に成長させた多層膜反射鏡を用い，垂直型共振器を形成した面発光レーザがあり，光情報処理用に開発されている．半導体レーザよりも低い注入電流で用いることができる発光ダイオードは，低価格・長寿命であるため，表示・照明用を中心として普及している．

8.2 半導体レーザの発振原理

8.2.1 半導体でのレーザ発振原理

半導体は密度が高いのでバンド構造をもつ．伝導帯下端（このエネルギーを E_c とおく）と価電子帯上端（このエネルギーを E_v とおく）の間にある，電子が存在し得ないエネルギー領域を**バンドギャップ**（bandgap）または**禁制帯**といい，$E_g = E_c - E_v$ を禁制帯幅という．バンドギャップは，半導体がもつ構造の周期性に起因している．

電流注入や光励起などにより，価電子帯中の電子にエネルギーを与えて，伝導帯へもち上げると，価電子帯で電子が抜けた部分が正電荷を帯び，これを正孔（hole）またはホールという（図 8.2(a)）．この状態は不安定なので，伝導帯へ上がった電子は，もとの価電子帯の位置（正孔）へ戻ろうとする．こうして，電子と正孔が再結合して，バンドギャップエネルギーに相当する光子を放出する．これを式で表すと，

$$E_c - E_v \equiv E_g = h\nu = \hbar\omega \tag{8.1}$$

と書ける．ここで，h はプランク定数，$\hbar = h/2\pi$，$\omega = 2\pi\nu$ は光の角周波数である．

半導体レーザは，原理的には，pn 接合に順バイアスを印加しただけでも実現できる（図 (b) 参照）．電流注入により，負電荷をもつ電子は n 型半導体から p 型半導体内へ移動する．正孔は同時に，p 型から n 型へ移動する．移動した電子と正孔は，pn 接合の中間領域で共存し，再結合して発光する（図 (c) 参照）．

pn 接合に**ホモ接合**（同じ半導体材料の p 型と n 型を接合させたもの）を用いた場合，pn 接合の中間領域では電子と正孔が逆方向に移動するので，再結合に必要なキャ

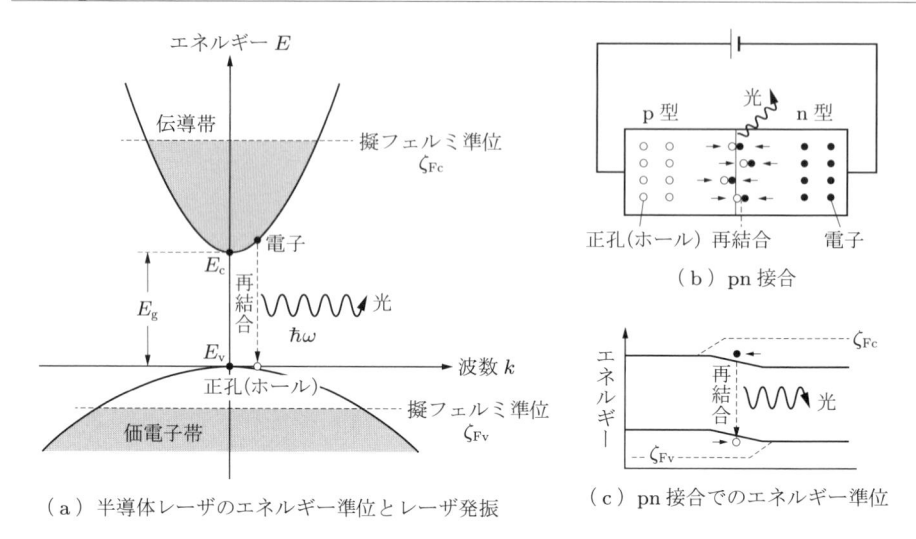

(a) 半導体レーザのエネルギー準位とレーザ発振
(b) pn 接合
(c) pn 接合でのエネルギー準位

図 8.2 半導体レーザの原理と半導体におけるエネルギー準位

リア密度を長時間保持できない．そのため，ホモ接合ではレーザ発振のしきい値が高く，当初は液体窒素温度（約 77 K）などの極低温でしかレーザ発振が得られなかった．

発光素子として，通常，**直接遷移型半導体**（伝導帯下端と価電子帯上端を与える波数が一致するもの）を用いる．直接遷移型では，再結合時にフォノンを出さないで光子を放出するので，発光を効率よく行える．**間接遷移型半導体**（伝導帯下端と価電子帯上端の波数が不一致のもの）でも，超微粒子化による Si での発振例はあるが，現時点ではあまり一般的ではない．

8.2.2 半導体での反転分布条件

光増幅を生じるためには反転分布が必要である（6.2 節参照）．半導体ではエネルギーがバンド構造なので，離散的準位の場合と異なり，状態密度つまり単位エネルギー当たりの状態数が重要となる．よって，半導体レーザにおける**反転分布**条件は，伝導帯での電子数が価電子帯での正孔（ホール）数を上回ることとなる．

半導体での反転分布条件は，電子と正孔が従うフェルミ – ディラック統計に基づいて求めると，次式で得られる．

$$\zeta_{Fc} - \zeta_{Fv} > \hbar\omega \tag{8.2}$$

ここで，ζ_{Fc} と ζ_{Fv} はそれぞれ電子と正孔に対する擬フェルミ準位である．擬フェルミ準位（quasi-Fermi level）とは，異種の金属や半導体が非熱平衡接触をもつとき，キャリアの密度分布を記述するためのものであり，熱平衡におけるフェルミ準位（電

子や正孔が全体の状態数の 50% を占めるエネルギー）に準じて導入されたものである．また，遷移に関与する電子と正孔のエネルギーをそれぞれ E_c, E_v とするとき，$E_\mathrm{c} - E_\mathrm{v} = \hbar\omega$ となることを用いた．

一方，電子遷移を生じる条件は，禁制帯幅を E_g として，

$$\hbar\omega > E_\mathrm{g} \tag{8.3}$$

で得られる．式 (8.2), (8.3) をまとめて，次式を得る．

$$\zeta_\mathrm{Fc} - \zeta_\mathrm{Fv} > \hbar\omega > E_\mathrm{g} \tag{8.4}$$

以上をまとめて，半導体で光増幅を生じる条件は，次の 2 点である．
（ⅰ）入射光エネルギーが，電子と正孔に対する擬フェルミ準位差よりも小さい．
（ⅱ）入射光エネルギーがバンドギャップ（禁制帯幅）よりも大きい．

8.3 半導体レーザの構造と動作原理

この節では，実用的な半導体レーザの発端となった，ダブルヘテロ接合 AlGaAs レーザを例にとって，半導体レーザの構造，動作原理や動作条件を説明する．GaAs 以外の半導体レーザも，基本構造や動作原理の考え方は AlGaAs レーザと同じである．

図 8.1 に示した $\mathrm{Al}_x\mathrm{Ga}_{1-x}\mathrm{As}/\mathrm{GaAs}$ 半導体レーザの典型的な構造では，n 型 GaAs 基板上に複数の層が成長させられている．全体としては pn 接合であり，順方向のバイアス電圧が印加されている．光共振器を形成するため，別の構造を用いることなく，へき開面（結晶が自然に割れやすい面）がそのまま使用されている．その理由は，GaAs の屈折率は大きい（約 $n = 3.5$）ので，へき開面でも大きな光強度反射率（約 30%）が得られ，大きな利得と相まって，レーザ発振に至るためである．

pn 接合部を仔細に見ると，**活性層**（電子と正孔を再結合させて発光させる領域）は p 型または n 型の GaAs で構成されている．活性層の厚さは μm のオーダであり，p 型と n 型 $\mathrm{Al}_x\mathrm{Ga}_{1-x}\mathrm{As}$ でサンドイッチ状に挟まれている．異種の材料を貼り合わせた面をヘテロ接合といい，ヘテロ接合が二つある構造を**ダブルヘテロ接合**（double hetero-junction）または二重ヘテロ接合という．

ダブルヘテロ接合の採用により，高いキャリア密度を長時間保持することができるようになった結果，レーザ発振のためのしきい値電流密度がホモ接合よりも約 2 桁低下して，半導体レーザでの室温連続発振が初めて可能となった．この概念は，量子井戸構造や量子ドットなど，その後の半導体レーザの進展の基礎をなしている．

ダブルヘテロ接合と密接な関係をもつ GaAs 系の特徴は，$\mathrm{Al}_x\mathrm{Ga}_{1-x}\mathrm{As}$ ($x = 0.3$)

のバンドギャップが GaAs に比べて大きく，かつ屈折率が約 5〜6% 小さいことである（図 8.3）．

まず，ポテンシャルに着目すると，n 型 $Al_xGa_{1-x}As$ 層から移動した電子と p 型 $Al_xGa_{1-x}As$ 層から移動した正孔は，図 8.2(c) の単なる pn 接合とは対照的に，ポテンシャル差により，幅の狭い活性層に閉じ込められやすくなる（図 8.3(b) 参照）．そのため，ダブルヘテロ接合では，電子と正孔との再結合がホモ接合よりも起こりやすくなり，発光しやすくなる．また，AlGaAs 層でのバンドギャップの方が広いので，GaAs 層で発生した光が吸収されにくい．

次に，屈折率変化に着目すると，GaAs の方が $Al_xGa_{1-x}As$ よりも屈折率が高いため，活性層は光電界に対する導波路となる（図 8.3(c) 参照）．そのため，電子と正孔との再結合により発生した光が，活性層を通して外部に有効に取り出される．

このように，ポテンシャルと屈折率の両効果により，室温でレーザ発振するようになった．つまり，室温連続発振になるためのダブルヘテロ接合でのポイントは次の 2 点である．

（i）キャリアの活性層への閉じ込めによる，効率的な再結合の実現．
（ii）再結合により発生した光の，屈折率差による光閉じ込め．

これらの効果により，発振しきい値電流密度の低下や量子効率の増大など，動作上

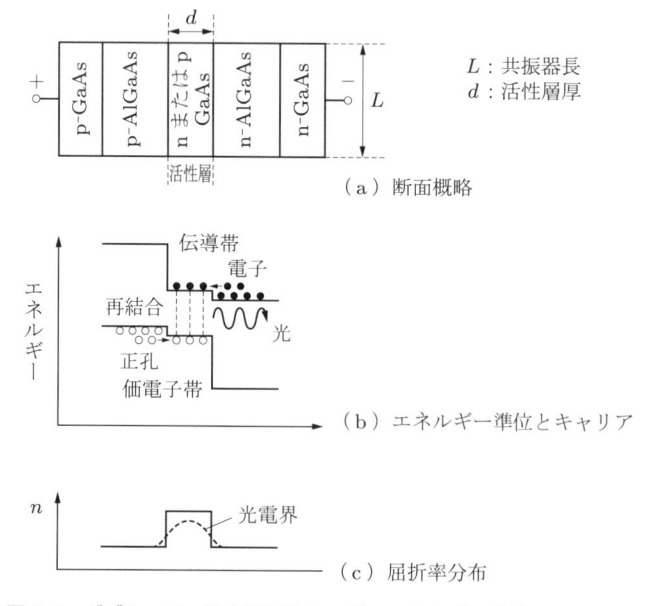

図 8.3 ダブルヘテロ接合半導体レーザのエネルギー準位と屈折率分布
（GaAs レーザの場合の例，厚さ方向がわかりやすさのため誇張されている．）

の性能向上がもたらされた．

半導体レーザの活性層厚は μm オーダと薄く，発振波長と同程度なので，出射光の指向性はさほどよくなく，5～40°程度に広がっている（図 8.1 参照）．また，出射ビームの横モードの形状は横長の楕円形であるが，遠視野像は回折により縦長の楕円形となる［演習問題 8.5 参照］．

8.4 半導体レーザの発振特性

本節では，発振スペクトル特性と光出力特性を説明する．

8.4.1 発振スペクトル特性
(a) 利得特性

レーザは，誘導放出による利得と共振器損失が釣り合ったときに発振する（6.4 節参照）．損失要因として，共振器内部媒質による吸収損失や回折損失などがあり，このパワ損失を α_I とおく．半導体レーザでは，へき開面をそのまま反射鏡として用いるので，両端面の光強度反射率が等しいとする（$R_1 = R_2 \equiv R$）．また，全光パワ分布のうち活性層を占める光パワだけが利得に寄与するので，活性層への閉じ込め係数 Γ を考慮する必要がある．このとき，半導体レーザの光パワに対するしきい値利得係数 G_{th} は，式 (6.20) の代わりに

$$G_{\mathrm{th}}\Gamma = \alpha_I + \frac{1}{L}\ln\frac{1}{R} \tag{8.5}$$

で得られる．ここで，L は共振器長である．

導波構造をもつ半導体レーザでは，端面の光強度反射率 R で注意を要する．通常，層面に平行な電界成分をもつ TE モード（式 (10.13a) 参照）の方が，層面に垂直な電界成分をもつ TM モード（式 (10.13b) 参照）よりも反射率が数 10% 高いので，TE モードで発振する傾向が強い．実際の半導体レーザでの光強度反射率は 30～40% 程度である．

半導体レーザでは，数 $100\,\mathrm{cm}^{-1}$ の高い飽和利得係数（誘導放出による単位長さ当たりの光エネルギーの増加割合）が容易に得られる．共振器内媒質での損失を無視して，端面での光強度反射率として 30% を用いる場合，$G_{\mathrm{th}} = 100\,\mathrm{cm}^{-1}$，$\Gamma = 1$ とすれば，共振器長 L は $100\,\mathrm{\mu m}$ のオーダとなり，半導体を用いると超小型レーザが実現できることがわかる．

（b） 共振器特性

レーザの縦モードスペクトルは，6.4.3項で述べたように，レーザを形成している増幅媒質の利得スペクトルと，共振器構造から決まる共振モードの両者により決定される．半導体レーザでは上述のように高利得が得られるので，利得スペクトル幅が非常に広くなる．そのため，利得スペクトル幅内にある共振モードが発振しやすくなり，多モード発振となる傾向が強い．

ファブリ‐ペロー構造のレーザで，共振器長を L，活性媒質の屈折率を n_a，使用波長を λ とする．このとき，縦モード間隔を周波数 $\Delta\nu$ および波長 $\Delta\lambda$ で記述すると，式 (4.12) より，次式で得られる．

$$\Delta\nu = \frac{c}{2n_\mathrm{a}L} \quad \text{または} \quad \Delta\lambda = \frac{\lambda^2}{2n_\mathrm{a}L} \tag{8.6}$$

AlGaAs レーザで $L = 300\,\mathrm{\mu m}$, $n_\mathrm{a} = 3.5$, $\lambda = 0.85\,\mathrm{\mu m}$ とすると，縦モード間隔 $\Delta\lambda = 0.34\,\mathrm{nm}$ が得られる．縦モード間隔がこのように比較的大きな値となるのは，半導体レーザの共振器長が通常 300〜500 μm 程度で，他のレーザに比べて極端に短いためである．

例題 8.1 AlGaAs ($n_\mathrm{a} = 3.5$) のへき開面で共振器を形成して，波長 0.85 μm の光を発振させる場合，次の各値を求めよ．
① 共振器への垂直入射時における各端面での光強度反射率 R（導波構造に起因するモードのことは無視せよ），② しきい値利得係数を $G_\mathrm{th} = 50\,\mathrm{cm}^{-1}$, 活性層への閉じ込め係数 Γ を 80％ とし，損失を無視するときの共振器長 L, ③ 周波数と波長で表した縦モード間隔．

解 ① 式 (3.19a) より $R = [(3.5 - 1.0)/(3.5 + 1.0)]^2 = 30.9\%$. ② 式 (8.5) より $L = (1/G_\mathrm{th}\Gamma) \ln(1/R) = [1/(50 \times 10^2 \times 0.8)] \ln(1/0.309)\,\mathrm{m} = 2.94 \times 10^{-4}\,\mathrm{m} = 294\,\mathrm{\mu m}$. ③ 式 (8.6) より $\Delta\nu = (c/2n_\mathrm{a}L) = [3.0 \times 10^8/(2 \times 3.5 \times 294 \times 10^{-6})]\,\mathrm{Hz} = 1.46 \times 10^{11}\,\mathrm{Hz} = 146\,\mathrm{GHz}$, $\Delta\lambda = \lambda^2/2n_\mathrm{a}L = (0.85 \times 10^{-6})^2/(2 \times 3.5 \times 294 \times 10^{-6})\,\mathrm{m} = 3.51 \times 10^{-10}\,\mathrm{m} = 0.351\,\mathrm{nm}$.

8.4.2 光出力特性

（a） 注入電流‐光出力特性と直接変調

半導体はバンド構造をしており，半導体レーザでは電流を注入して光を発生させている．離散準位をもつレーザに対する光出力特性は，誘導放出のみを考慮して式 (6.24a, b) に示した．エネルギー構造が異なっても，半導体レーザの光出力特性もレート方程式を解いて求めることができる．ここでは，誘導放出のみを考慮した考え方を半導体レーザに適用し，注入電流‐光出力特性の結果のみを示す．

8.4 半導体レーザの発振特性

半導体レーザでの注入電流を I とすると，光出力パワ P は次式で書ける．

$$\frac{P}{h\nu} = \eta_\mathrm{d} \frac{(I - I_\mathrm{th})}{e} \quad :\text{しきい値以上} \tag{8.7}$$

ここで，I_th はしきい値電流，h はプランク定数，ν は発生光の周波数，e は電気素量である．式 (8.7) の左辺は発生光子数，右辺の I/e は注入電子数を表す．η_d は**微分量子効率**（differential quantum efficiency）であり，しきい値電流以上で注入電子数の増加に対する発生光子数の増加の比を意味している．η_d の具体値は，AlGaAs/GaAs で 50〜80％，InGaAsP/InP で 30〜70％程度である．

実際の半導体レーザに対する，注入電流－光出力特性の概略を図 8.4 に示す．この特性の特徴は，次のように書ける．

(ⅰ) 注入電流 I がしきい値 I_th 以下でも，微弱ながら光出力がある．この微弱光は自然放出光の影響である．自然放出光は外部条件によらず，あらゆる方向に光を放出するものである．よって，注入電流が少ないときでも，自然放出光による発光が見られる．自然放出光のみを利用するのが，後述する発光ダイオードである（8.7節参照）．

(ⅱ) 注入電流 I があるしきい値 I_th を超えると，光出力が急激に増加する．注入電流がしきい値 I_th を超えると，伝導帯に蓄えられていた電子と，価電子帯にある正孔が一気に再結合して，誘導放出が生じる．その結果，レーザ発振して光出力が急増し，I_th 以上では光出力がほぼ直線的に増加する．I_th 以上におけるこの特性の傾きは，微分量子効率に一致する．誘導放出による発光を利用し，半導体のへき開面を反射鏡とするのが半導体レーザである．

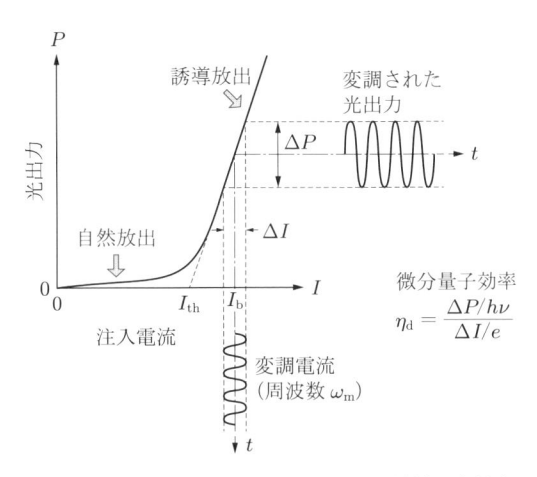

図 8.4 半導体レーザの注入電流－光出力特性と直接変調

バイアス電流 I_b をしきい値 I_{th} よりも上に設定し（図 8.4 参照），そこで注入電流 I を変調周波数 ω_m で変動させると，光出力も ω_m で変化して，半導体レーザを**直接変調**（direct modulation）することができる．高速変調のためには，キャリア寿命を小さくする必要がある．光通信用途では，数 10 GHz 程度まで直接変調できている．

（b） しきい値電流密度

ダブルヘテロ接合に流し込む電流密度 J と，活性層に蓄えられるキャリア密度 δn の間には，定常状態で

$$J = \frac{ed\delta n}{\tau_{sp}} \tag{8.8}$$

の関係がある．ここで，e は電気素量，τ_{sp} はキャリアの再結合時間である．τ_{sp} はキャリア密度や不純物濃度などにも依存するが，数 ns のオーダである．

しきい値電流密度を小さくするには，上式より，活性層幅 d を小さくすればよい．しかし，d を小さくしすぎると，閉じ込め係数 Γ が小さくなり，式 (8.5) より，しきい値利得係数 G_{th} が大きくなるので，適度な d に設定する必要がある．

例題 8.2 発振波長が 1.55 μm の半導体レーザで，注入電流 I が 35 mA のとき，光出力 P が 7 mW であった．しきい値電流 I_{th} が 5 mA のとき，次の各値を求めよ．
① 単位時間当たりの発生光子数，② 微分量子効率．

解 ① 真空中の光速を c とすると，式 (2.6) より発振周波数は $\nu = c/\lambda = 3.0 \times 10^8/(1.55 \times 10^{-6})$ Hz $= 1.94 \times 10^{14}$ Hz $= 194$ THz．この波長での光子 1 個のエネルギーは $h\nu = 6.63 \times 10^{-34} \cdot 1.94 \times 10^{14}$ J $= 1.29 \times 10^{-19}$ J．発生光子数は，$P/h\nu = 7.0 \times 10^{-3}/(1.29 \times 10^{-19}) = 5.43 \times 10^{16}$ 個/s，② 式 (8.7) の右辺の一部は $(I - I_{th})/e = (35 - 5) \times 10^{-3}/(1.60 \times 10^{-19}) = 1.88 \times 10^{17}$ 個/s．よって，微分量子効率は $\eta_d = 5.43 \times 10^{16}/(1.88 \times 10^{16}) = 0.289$，つまり 28.9%．

8.5 ∥ 半導体レーザの組成と発振波長

半導体レーザの発振波長は，式 (8.1) で示したように，バンドギャップ E_g で決まる．バンドギャップは [eV] 単位で表されることが多い．そこで，これと発振波長 λ_g [μm] の関係を計算すると，次のようになる［演習問題 8.1 参照］．

$$\lambda_g [\mu m] = \frac{1.24}{E_g [eV]} \tag{8.9}$$

バンドギャップ E_g をうまく選ぶことにより，所望の波長の光を発することが可能と

なる．

単一元素の半導体では，式 (8.9) から求められるバンドギャップの波長の光だけしか出せず，さまざまな要求に合致する波長の発光は不可能である．そこで，異なる結晶を適切な組成比で混合した，化合物半導体が利用される．異種の材料を結晶成長させる場合，発光効率の低下などを防ぐため，結晶の格子定数を整合（**格子整合**）させる必要がある．このように，バンドギャップと格子整合を同時に満たす材料から，化合物半導体を選択する必要がある．結晶成長では，基板となる材料の上に，所望の材料を成長させるプロセスをとる．

直接遷移型半導体のうちで，光エレクトロニクスで使用する波長域で上記条件を満たす材料は限定される．図 8.5 に各種化合物半導体を用いた場合の発振可能波長域を示す．基板材料として，可視・近赤外域では III–V 族の GaAs，InP，GaN，普通赤外域では VI–VI 族の PbS，PbTe などが用いられる．これらの 2 元化合物を基板として，格子整合を保持しながら，化合物半導体でバンドギャップを設定する必要がある．

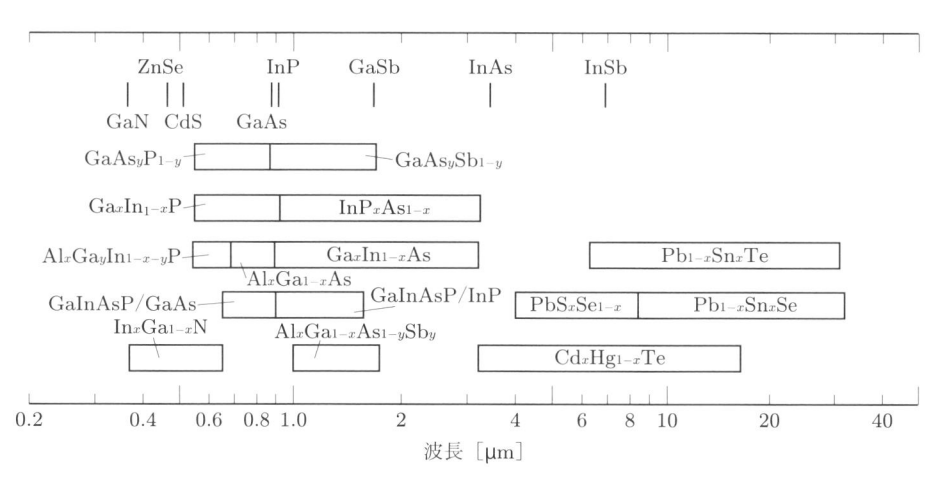

図 8.5　半導体の組成と使用可能波長域
図で x, y は各材料の混合比を表す．／の後は基板を示す．

最初に開発された半導体レーザ材料である $Al_xGa_{1-x}As$ は，組成による格子定数の変化が少ないので，基板である GaAs（格子定数：56.4 nm）上に成長させることが容易であった．$Al_xGa_{1-x}As$ のバンドギャップ（E_g）は 1.4〜1.9 eV（$\lambda = 0.88$〜$0.65\,\mu m$）である．格子整合とバンドギャップを同時に満たすには，一般に 4 元化合物半導体が用いられる．

InP（格子定数：58.7 nm）基板に格子整合する $In_{1-x}Ga_xAs_yP_{1-y}$ の E_g は 0.74〜1.35 eV（$\lambda = 1.7$〜$0.9\,\mu m$）であり，これは光ファイバ通信で重要な波長 $1.3\,\mu m$ と

1.55 μm をともに包含している．GaAs 基板と格子整合する $In_{1-x}Ga_xAs_yP_{1-y}$ の E_g は 1.35〜1.9 eV（$\lambda = 0.9$〜0.65 μm）である．GaAs を基板とした $Al_xGa_yIn_{1-x-y}P$ は，可視中央部の波長域をカバーしている．

より短波長側では，GaN を基板とした $In_xGa_{1-x}N$ がある．普通赤外域用として $Cd_xHg_{1-x}Te$，$Pb_xSn_{1-x}Te$，PbS_xSe_{1-x} などがあり，$Cd_xHg_{1-x}Te$ は応用上重要な 10 μm 帯で使用される．

8.6 半導体レーザの用途と各種構造

各種半導体レーザの発振波長や用途等を表 8.1 に示す．半導体レーザの主用途は，光ファイバ通信用光源と光情報機器用光源であり，他に光計測などがある．半導体レーザの高出力化に伴い，固体レーザ励起用光源としての進展が著しい．

光ファイバ通信に用いられる半導体レーザの用途は 2 種類に分けられる．一つは通

表 8.1 主な半導体レーザの種類と特性

種　類	発振波長 [μm]	用途・特徴
$Al_xGa_{1-x}As$	0.68〜0.87 0.780 0.78〜0.83 0.84（近赤外） 0.85（近赤外）	最初に開発された半導体レーザ CD，書き換え型 CD，レーザプリンタ 固体レーザ励起用，レーザ加工・医療 追記型 CD 旧型光ファイバ通信用光源
$In_{1-x}Ga_xAs_yP_{1-y}/$ GaAs	0.65〜0.9 0.780	 CD
$In_{1-x}Ga_xAs_yP_{1-y}/$ InP	0.9〜1.7 0.98（近赤外） 1.30（近赤外） 1.48（近赤外） 1.55（近赤外）	 光ファイバ増幅器の励起用 光ファイバ通信用光源，ファイバ検査 光ファイバ増幅器の励起用（歪み量子井戸構造） 光ファイバ通信用光源，ファイバ検査
$In_{1-x}Ga_xAs$	0.87〜3.4 0.94（近赤外）	 固体レーザ励起用
$Al_xGa_yIn_{1-x-y}P$	0.54〜0.68 0.650（赤） 0.670（赤）	 DVD，レーザプリンタ，プラスチックファイバ用光源 バーコードリーダ，ポインタ
$In_xGa_{1-x}N$	0.365〜0.655 0.405（青紫） 0.530（緑）	 ブルーレイディスク 表示装置
PbS_xSe_{1-x}	4〜8.5（赤外）	環境計測，ガス分析
$Pb_xSn_{1-x}Te$	6.3〜32（赤外）	環境計測，ガス分析

信用光源としての用途であり，その発振波長は 1.3 μm と 1.55 μm の近赤外光であり，これらの波長は光ファイバ特性と密接な関係がある．色分散による帯域の減少を避けるため，狭スペクトル化つまり縦単一モード化が進められており，分布帰還形（12.2.3 項参照）や分布ブラッグ反射形（5.5 節参照）などが利用されている．二つ目は，希土類添加光ファイバ増幅器（8.8.1 項参照）の励起用光源としての用途であり，その波長は 0.98 μm と 1.48 μm である．固体レーザや光増幅器の励起用レーザ，レーザ加工などでは高光出力が要求される．

光情報機器としては，光ディスク（13.3 節参照），レーザプリンタ（13.6.1 項参照），バーコードリーダ（13.6.1 項参照）などがある．光ディスクのピックアップに用いられる半導体レーザの発振波長は，CD 用が 780 nm，DVD 用が 650 nm（赤），ブルーレイディスク（BD）用が 405 nm（青紫）であり，情報の高密度化のため，光源の短波長化が進んでいる．

表示機器では 3 原色（赤，緑，青）が必要となる．赤が開発されてかなり経過した後，青紫が実用化された．最後に残った緑は，GaN 系半導体レーザ（530 nm）で実現している．3 原色 LD の実現に伴い，フルカラー表示装置への用途が広まっている．

通常のレーザは，既述のように，基板の上に複数の層を成長させ，へき開面を光共振器として使用しているので，光は活性層に沿った方向から出る．これに対して，活性層に垂直な方向から光を取り出すレーザがあり，これは**面発光レーザ**とよばれている．これは，上下に成長させた多層膜反射鏡で垂直型共振器を構成したものである．アレイ化が容易なことにより，光情報処理用として期待されている．

8.7 発光ダイオード（LED）

発光ダイオード（**LED**: light emitting diode）とは，半導体レーザと類似の pn 接合を用いて，電子と正孔の再結合で発光させるが，光共振器を用いずに，自然放出光のみを利用するものである．そのため，発光スペクトル幅が広く，コヒーレンスは悪い．LED は pn 接合のできるほとんどの半導体で作製することができる利点がある．その発光波長は可視域から赤外に及んでいる．

LED は安価・小型・低消費電力・長寿命の光源である．LED には青色発光ダイオードのような単色 LED や，単色 LED の表面に蛍光塗料を塗布した白色発光ダイオードがある．これらは照明器具，信号機・電光掲示板・大型映像装置などの表示装置，通信用光源などに利用されており，省エネ用としての需要が伸びている．なお，赤﨑勇，中村修二，天野浩氏は青色発光ダイオードの研究で 2014 年のノーベル物理学賞を受賞した．

代表的な LED 材料は，InGaN（$\lambda = 470$ nm，青），GaP（555 nm，黄），GaAsP

（590 nm，橙），GaAlAs（660 nm，赤），InGaAsP（1.3～1.5 µm）などである．

LEDは長寿命であると述べたが，その寿命は時間単位で表示されることが多い．そこで，1年 = 24時間 × 365日 = 8760時間 ≈ 1万時間であり，1年を約1万時間と覚えておくと便利である．

8.8 光増幅器

レーザには，光の増幅と発振を同時に実現させるため，利得媒質を光共振器で挟み込んだ構造が用いられる．レーザから光共振器を取り除けば，光のまま増幅することが可能となり，このような装置を**光増幅器**（optical amplifier）とよぶ．光増幅器には，希土類添加光ファイバ増幅器と半導体光増幅器がある．

8.8.1 希土類添加光ファイバ増幅器

希土類添加光ファイバ増幅器の構成を図 8.6(a) に示す．これは，利得媒質としてコアに希土類元素（Er, Nd, Pr など）を添加した石英系光ファイバを用いている．この増幅器は，信号光と励起用レーザ光を同一方向に伝搬させ，他端からの反射光が入射端に入らないように，光アイソレータを設置している．

（a）希土類添加光ファイバ増幅器　　（b）半導体光増幅器（進行波形）

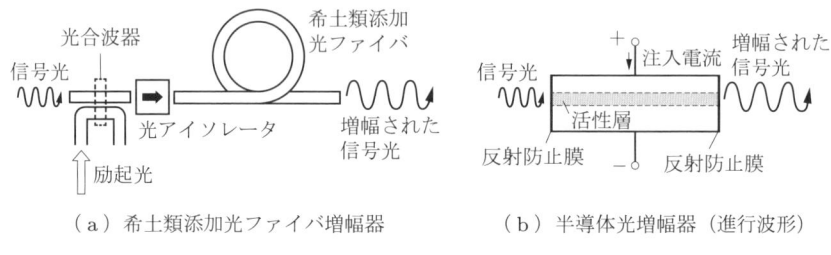

図 8.6　光増幅器の構成

代表的な光ファイバ増幅器として，石英系光ファイバの低損失波長域に相当する 1.55 µm 帯用の**エルビウム添加光ファイバ増幅器**（EDFA: erbium-doped fiber amplifier）がある．励起用光源として，波長 0.98 µm 帯と 1.48 µm 帯の半導体レーザがよく用いられ，これには 100 mW 以上の高光出力が要求される．EDFA は光ファイバ通信で高利得・低雑音の光増幅器として使用されている．異なる波長の光増幅には，ツリウム（Tm），プラセオジム（Pr），Nd などを添加した石英系光ファイバを用いる．

光ファイバ増幅器では，励起波長が信号波長よりも短いために，導波構造としては高次モード側となる．よって，励起波長でも単一モード条件を満たすように，光ファイバ構造パラメータを設定する必要がある．

8.8.2 半導体光増幅器

半導体光増幅器(SOA: semiconductor optical amplifier)は,半導体レーザと構造や原理が類似であり,基本的には半導体レーザが発振可能な波長域で作製できる.光増幅器として用いる場合,信号光を共振器端面に入射させ,注入電流を発振しきい値近傍で,しきい値以下に順方向でバイアスする(図 8.6(b) 参照).このようにしておくと,利得が媒質内部の損失よりも小さいために発振しないが,入射信号光が増幅される.半導体光増幅器は大別して,半導体レーザとほぼ同じ構造をもつ共振形と,反射防止膜を端面に塗布することにより反射を抑圧した進行波形がある.

共振形光増幅器では,共振条件を満たす周波数では高い利得を示すが,共振条件から少しでもずれると利得が極端に小さくなるという欠点がある.入射信号光は共振器内で多重反射して増幅されるため,出射信号光は入射光に対していずれの向きにも出射可能である.進行波形光増幅器は,単一通過であるため,共振形に比べて利得が低いが,利得帯域幅が極端に広いという特徴をもつ.ただし,反射防止膜に不完全性があると,利得特性が微小な凹凸をもつようになる.

演習問題

8.1 半導体のバンドギャップと発振波長を関係づける式 (8.9) を導け.

8.2 半導体レーザにおけるダブルヘテロ接合について,次の問いに答えよ.
① ホモ接合とダブルヘテロ接合におけるレーザ発振条件の違いを定性的に説明せよ.
② ダブルヘテロ接合を作製する際,活性層とその両側の材料を選択するうえでの留意点を述べよ.

8.3 波長 $0.85\,\mu m$ で発振する半導体レーザ(共振器長 $L = 300\,\mu m$,屈折率 $n_a = 3.5$)で,光共振器のパワ損失が $\alpha_I = 50\,cm^{-1}$ であるとき,次の諸量を求めよ.
① 端面の光強度反射率,② 共振器寿命,③ 発振波長に対応する共振器角周波数,
④ Q 値.

8.4 半導体レーザで,注入電流が $30\,mA$ のとき光出力が $5\,mW$ であり,注入電流が $40\,mA$ のとき光出力が $8\,mW$ であるとき,次の各値を求めよ.ただし,自然放出の寄与は無視できるものとする.
① しきい値電流,② 注入電流が $60\,mA$ のときの光出力,③ 発振波長が $1.55\,\mu m$ のときの微分量子効率.

8.5 波長 $0.85\,\mu m$ で発振する半導体レーザ(活性層の屈折率 $n_a = 3.5$)について,次の問いに答えよ.
① 活性層とクラッド層の比屈折率差を $\Delta = 0.03$ とするとき,光電界で単一モード条

件を満たす活性層幅 d を求めよ．

② 発振モードがガウス分布で記述でき，端面での水平・垂直方向のスポットサイズが $w_{0x} = 3.0\,\mu\text{m}$, $w_{0y} = 0.4\,\mu\text{m}$ であるとき，遠視野像での水平・垂直方向のビーム広がり角 θ_x, θ_y を求めよ．

8.6 半導体レーザ（LD），発光ダイオード（LED），半導体光増幅器（SOA）について，構造・動作・特性上の類似点と相違点を説明せよ．

8.7 半導体レーザが広く用いられている理由を，その特徴と関連づけて説明せよ．

9 受光素子

受光素子は，光信号を電気信号に変換する光電変換素子である．受光素子を大別すると，光信号の強度だけを検知する光検出素子と，2次元の光強度分布を検出する撮像素子がある．本章では，これらの素子の原理，特性などを説明する．

9.1 受光素子の概要

光信号の検出には，通常，光の粒子性を反映した光電効果を利用する．光電効果は，光子が媒質に入射することにより励起された電子が，媒質外部に放出される外部光電効果と，媒質内部での電気伝導度を変化させる光伝導効果に分けられる．いずれの場合も，光照射に伴う電流である光電流を検出することにより，入射光量を測定することができる．

外部光電効果を利用した光電検出器として，真空管の一種である光電管と光電子増倍管がある．とくに光電子増倍管は，低雑音で高い光検出感度をもっているので，さまざまな真空管デバイスの固体素子化が進んだ現在でも使用され続けている．光伝導効果を利用した半導体受光素子として，フォトダイオード (PD: photodiode) がある．フォトダイオードには，pinフォトダイオードと増倍作用のあるアバランシュフォトダイオードがある．これらのダイオードは小型・軽量なので，光計測や光ファイバ通信，光情報機器など，光エレクトロニクスの多くの分野で利用されている．

光電子増倍管あるいは半導体受光素子のいずれであっても，金属や半導体に，媒質固有の波長よりも短い波長の光を照射する必要がある．その固有波長を決めるのは，金属では仕事関数であり，半導体ではバンドギャップである．

ここでは，撮像素子として光エレクトロニクス分野でよく使用される，固体撮像素子であるCCD（電荷結合素子）とCMOSを紹介する．撮像素子においては，光電変換の原理はフォトダイオードと同様であるが，これに2次元に配置された各受光素子からの信号を時系列信号に変換する機能が加わる．

9.2 光電検出器

本節では，外部光電効果を利用した光電管と光電子増倍管を説明する．

9.2.1 光電管

光電管(phototube)では,真空管の内部にプラスとマイナスの金属電極があり,二つの電極が外部回路に接続されている.陰極(カソード)が光電面になっている.ここに光が照射されると,光電効果により発生した電子は,電界により陽極(アノード)に移動し,外部に光電流として取り出される.

入射光(角周波数 ω)のパワを P_{in} とすると,入射光子数は $P_{\text{in}}/\hbar\omega$ で表せる($\hbar = h/2\pi$, h はプランク定数).このとき,**光電流**(photocurrent)は次式で表せる.

$$I_{\text{pc}} = \frac{P_{\text{in}}}{\hbar\omega}\eta e \tag{9.1}$$

ただし,η は**量子効率**(quantum efficiency)で,発生電子数の入射光子数に対する比率を表し,一般には高い方が望ましい.e は電気素量を表す.

受光波長は陰極材料の仕事関数に依存するので,使用波長域に応じて陰極材料が異なる.光電管は通常は可視域で高感度であるが,半導体受光素子に比べると,特性の点で劣るため,そのほとんどが半導体受光素子に置き換えられている.

例題 9.1 光パワ $-48.3\,\text{dBm}$ は何 nW か.

解 式 (3.26) を用いて $P = 10^{-48.3/10}\,\text{mW} = 1.48 \times 10^{-5}\,\text{mW} = 1.48 \times 10^{-5} \cdot 10^6\,\text{nW} = 14.8\,\text{nW}$.

9.2.2 光電子増倍管

光電管に増倍作用をもたせた真空管を**光電子増倍管**(photo-multiplier)という.これの大型装置はニュートリノ観測に用いられた.

光電子増倍管の構造は,図 9.1 に示すように,真空管の内部に多くの電極が入っている.両端にある陰極と陽極には,それぞれマイナスとプラス電圧を印加し,高電位差を与えている.陰極と陽極の間にある電極をダイノードとよぶ.ダイノードの電位

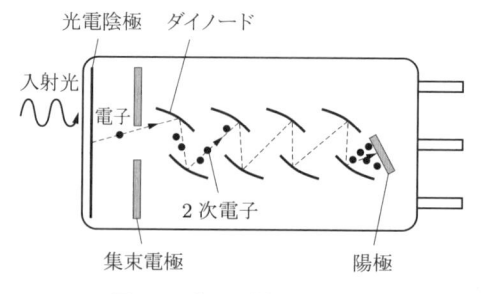

図 9.1 光電子増倍管の構造

は，陽極に近くなるほど高くなるように設定されている．

　動作原理は以下のようになっている．光が陰極に照射されると，光電効果で電子が飛び出す．この電子は加速され，最初のダイノードに衝突すると，別の電子がこのダイノードから飛び出す．この電子を **2 次電子** とよぶ．このような過程を各ダイノードで順次繰り返すことにより，発生電子数がなだれ的に増える．その結果，陽極には，陰極での発生電子数よりもはるかに大量の電子が到達し，光電流として寄与する．

　パワ $P_{\rm in}$ の光が入射する場合，ダイノードでの**電流増倍率**を M で表すと，光電流は

$$I_{\rm pc} = \frac{P_{\rm in}}{\hbar\omega}\eta e M \tag{9.2}$$

で表される．各ダイノードの増倍係数を δ，段数を N とし，各段での増倍係数を一定とすれば，$M = \delta^N$ と書ける．

　光電子増倍管の場合，通常，量子効率 $\eta = 20\sim30\%$ 程度，$\delta = 4\sim6$ である．$\delta = 5$，$N = 10$ とすれば，非常に大きな電流増倍率 $M \simeq 10^8$ が得られる．各ダイノードにおける 2 次電子放出による増倍過程の時間的変動は極めて少ない．

　外部からの入射光がなくても，熱電子放出などによって，電流がわずかに流れている．これを**暗電流**（dark current）$I_{\rm d}$ といい，微弱光を検出する場合には問題となる．光電子増倍管では，大きな増倍率の割に，雑音が相対的に少ないのが特徴である．

　光電子増倍管の光電面には，仕事関数の小さなアルカリ金属（例：Ce）や合金が用いられる．紫外や可視域で高感度を示すものが多く，赤外域では近赤外域で使用できる程度である．光電子増倍管は，大きな増倍率，高い光検出感度，低雑音，広いダイナミックレンジなどの特徴をもつ．これが，半導体受光素子が進展している現在でも，光電子増倍管が使用されている大きな理由である．

9.3　半導体受光素子

　本節では，光伝導効果を利用した pin フォトダイオードとアバランシュフォトダイオードを説明する．

9.3.1　pin フォトダイオード
（a）　pin フォトダイオードの構造と検出原理

　半導体での光検出は，単なる pn 接合でも可能である．pn 接合部分では，電子や正孔（ホール）などのキャリアがほとんど存在しない，電気的に中性の領域が存在する．この領域を**空乏層**（depletion layer）とよび，ここでは光照射により，電子‒正孔対

(a) pn 接合　　　　（b) pin フォトダイオードの構造と原理

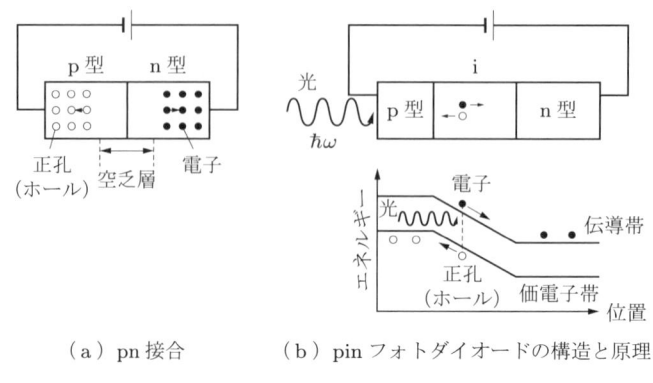

図 9.2　フォトダイオードにおける光検出原理

が発生しやすい（図 9.2(a)）．pn 接合に逆バイアス電圧を印加すると，p 型内の正孔が負電極側に，n 型内の電子が正電極側に移動するため，半導体内で空乏層が広がる．

実用上は，光検出での感度や応答速度を向上させる目的で，空乏層をさらに広げるため，p 型と n 型半導体の間に不純物を含まない真性（intrinsic）層を挟んだ，**pin フォトダイオード**（pin-PD: pin photo diode）が用いられる（図 (b) 参照）．

pin 構造の半導体に逆バイアス電圧を印加すると，i 層内にも空乏層ができる．このとき，外部から i 層のバンドギャップ以上のエネルギーをもつ光が照射されると，光は薄い p 層を透過して主に空乏層で吸収され，そこで電子 - 正孔対が生成される．上記と同じ過程を経て，式 (9.1) と同じ形で表される光電流 I_pc が流れる．ここで P_in は受光素子内に入射される光パワを表す．したがって，高い量子効率が望ましい．

受光素子に使用される半導体の屈折率は一般に大きいので，式 (3.19) からわかるように，表面での光強度反射率が高くなる．たとえば，Si では $n = 3.45$，Ge では $n = 4.09$ であり，垂直入射時には，それぞれの光強度反射率が約 30%，約 37% となる．そのままでは，照射光の一部しか半導体内へ入射しない．そこで，表面に反射防止膜を塗布して，半導体内へ多くの光パワが入射するように工夫している（4.3.2 項参照）．

(b)　**受光素子材料**

レーザ発光のための半導体には直接遷移型を用いる必要があるのに対して，受光素子では，光伝導効果を利用するので間接遷移型半導体も使用できる．そのため，代表的な単体半導体である Si（$E_\mathrm{g} = 1.1\,\mathrm{eV}$，室温）や Ge（$E_\mathrm{g} = 0.72\,\mathrm{eV}$，室温）が使用できる．

既述のように，受光感度をもつ波長域は，半導体の禁制帯幅 E_g で決まる．Si の E_g は，式 (8.9) より波長 1.1 μm に相当し，これより短波長側に感度をもつ．しかし，波

長が短くなりすぎると吸収係数が大きくなり，光が表面で吸収されて，空乏層に到達する光量が減少して光電流も減少する．そのため，量子効率は波長依存性をもち，最適波長領域が存在する．

フォトダイオードにおける量子効率の波長依存性の例を図 9.3 に示す．Si-pin-PD は可視のほぼ全域をカバーしており，20 V 程度の低電圧で動作するのでよく用いられる．近赤外域に感度をもち，Ge, InGaAs/InP, InGaAs/GaAs などは光ファイバ通信（1.3～1.55 μm）によく用いられており，とくに後者二つは光通信用に開発されたものである．InSb は波長 5 μm 近傍，$Cd_xHg_{1-x}Te$ は赤外域，とくに CO_2 レーザ（10.6 μm）検出で用いられている．普通赤外域用として PbS_xSe_{1-x}，$Pb_xSn_{1-x}Te$ や $Pb_{1-x}Sn_xSe$ などがある．

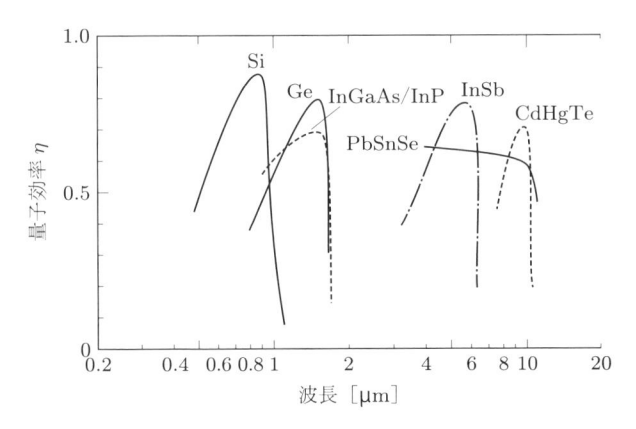

図 9.3 各種半導体を用いた受光素子の量子効率の波長依存性の例

(c) pin フォトダイオードの特性

pin-PD は電流増倍作用をもたない．pin の雑音は比較的小さく，暗電流 I_d がわずかに存在し，これが雑音要因となる．pin での暗電流は，逆バイアス電圧による拡散電流，すなわち少数キャリアが p 型と n 型領域から空乏層に拡散することにより生じている．

pin-PD の応答特性は，キャリアの走行速度で決まる．上述のように，p・n 型領域では拡散電流が支配的なので，高速応答のためにはとくに p 型を薄くする必要がある．

高速応答のためには，空乏層（厚さ d）を薄くすると，キャリア走行時間が短くなるので有利である．しかし，空乏層厚 d が薄くなると，d に逆比例して容量が増加し，CR 時定数（静電容量 C と負荷抵抗 R の充放電による応答時間制限）が増加して，応答時間が遅くなる．また，空乏層が薄くなると光の吸収量が低下するため，量子効率

が低下する．このように，空乏層には最適厚が存在する．

9.3.2 アバランシュフォトダイオード

フォトダイオードに増倍作用をもたせるため，素子に高い逆バイアス電圧を印加する構造にしたものを**アバランシュフォトダイオード**（**APD**: avalanche photo diode）といい，これは光電子増倍管の固体素子版と考えることができる．APD に使用される半導体材料は，Si や Ge を始めとして pin-PD とほぼ同じである．

（a） APD の構造と検出原理

図 9.4(a) に示すように，APD では p^+, p, n^+ 層がサンドイッチ状に並べられている．ここで，p^+ と n^+ とは，p 型と n 型半導体で不純物を高濃度に添加したものであり，いまの場合，p 型層で空乏層を得る．APD では，バンドギャップの 1.5 倍以上になる逆バイアス電圧を印加する．

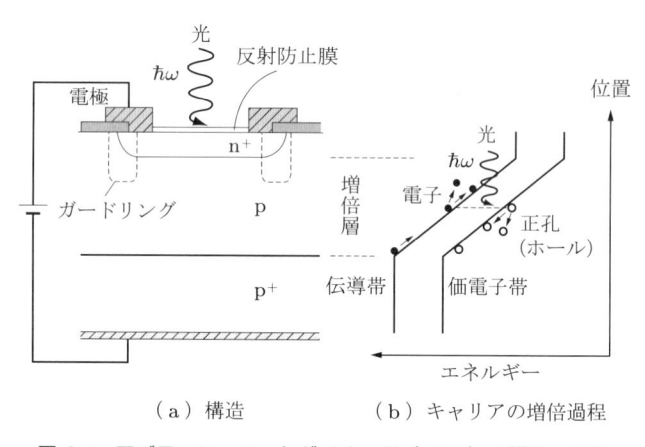

（a）構造　　　（b）キャリアの増倍過程

図 9.4　アバランシュフォトダイオード（APD）の構造と原理

入射光により空乏層で発生したキャリアは，過度に大きな逆バイアス電圧によって生じた高電界により加速される．加速されたキャリアは，衝突を繰り返して多くの電子-正孔対を生成する（図 (b) 参照）．そのため，キャリア数がなだれ（avalanche）的に増大し，光電流が増幅される．これが APD の語源となっている．APD では局所的ななだれ増倍とブレークダウン（降伏）を防止するため，受光部の周囲をガードリングで覆っている．

（b） APD の特性

APD の利点は，任意の電流増倍率 M が，逆バイアス電圧 V を制御することにより

得られることである．電流増倍率は，Miller の実験式

$$M = \frac{1}{1-(V/V_{\mathrm{B}})^m} \quad : m = 3\sim6 \tag{9.3}$$

で表せる．ここで，m はダイオードによって決まる定数である．APD を破損させないために，逆バイアス電圧を $V < V_{\mathrm{B}}$ (V_{B}：ブレークダウン電圧) にしておく必要がある．通常，電流増倍率が $M = 30\sim100$ 程度に達する．

APD での暗電流は重要な雑音源となることが多い．その主要因は，大きな逆バイアス電圧により，p$^+$ 層の価電子帯にある電子が加速され，p 層の禁制帯を透過して，エネルギーがほぼ等しい n$^+$ 層の伝導帯へトンネルすることにより流れるトンネル電流である．

光通信の波長帯 (1.3・1.55 μm) で使用できる Ge-APD の暗電流は $I_{\mathrm{d}} = 10\,\mathrm{nA}$ 程度で，これは短波長用の Si-APD に比べて 4 桁ほど大きい．暗電流の低減目的で作製された InGaAs/InP-APD は $I_{\mathrm{d}} = 0.1\,\mathrm{nA}$ 程度であり，Ge に比べてかなり改善されている．

APD での雑音は後述するように (9.4.3 項参照)，過剰雑音でも生じている．過剰雑音を生じるのは，符号の異なる 2 種類のキャリアが増倍過程に関与しているためである．同一電界のもとで電子と正孔は逆向きに移動し，キャリアの実効的経路が長くなる．そのため，新たなキャリアの発生過程で時間的な揺らぎを生じやすくなる．Si-APD では主に電子が増倍過程に関与しているので，雑音が比較的少ない．光電子増倍管のように，キャリアを 1 種類にすれば，雑音の低減が可能となる．そこで，半導体中で電子か正孔の一方のキャリアのみで増倍させる APD も試みられている．

例題 9.2 波長 1.3 μm，光パワ 50 nW の光を量子効率 80% の pin フォトダイオードで受光するとき，流れる光電流 I_{pc} を求めよ．

解 式 (2.6) より波長 1.3 μm は周波数 $\nu = c/\lambda = 3.0 \times 10^8/(1.3 \times 10^{-6})\,\mathrm{Hz} = 2.31 \times 10^{14}\,\mathrm{Hz}$．式 (9.1) を利用して光電流は $I_{\mathrm{pc}} = [50 \times 10^{-9}/(6.63 \times 10^{-34} \cdot 2.31 \times 10^{14})] \cdot 0.8 \cdot 1.60 \times 10^{-19}\,\mathrm{A} = 4.18 \times 10^{-8}\,\mathrm{A} = 41.8\,\mathrm{nA}$．

9.4 受光素子での雑音特性

受光素子で信号として大きな光電流を得たとしても，雑音が大きければ，信号が雑音に埋もれて正しく認識することができない．そこで本節では，受光素子で発生するショット雑音，熱雑音，過剰雑音のそれぞれの特性について説明する．受光素子の選

択に際しては，素子の雑音特性だけでなく，入射光パワや信号を読み出す外部回路の雑音も含めて，信号対雑音比（S/N）を総合的に考慮する必要がある．

9.4.1 ショット雑音

ショット雑音（shot noise）は，光電変換で発生する電子の発生過程が時間的に揺らぐことによって生じており，光の粒子性を考慮して初めて出る雑音である．ショット雑音は光がもつ固有の雑音であるから，光を検出する限り避けることができない．ショット雑音を，電流の統計的2乗平均値で表すと，

$$\langle I_{\text{ns}}^2 \rangle = 2eI_{\text{av}}B, \qquad I_{\text{av}} = I_{\text{pc}} + I_{\text{d}} \tag{9.4}$$

で書ける．I_{av} は光電流と暗電流の和の平均電流，B は受信系の周波数帯域である．これより，雑音低減のためには，周波数帯域 B を必要最小限にすべきことがわかる．

9.4.2 熱雑音

熱雑音（thermal noise）はジョンソン（Johnson）雑音ともいわれる．これは，光電流を検知するために用いる外部の負荷抵抗 R 内で，キャリア（電子）が熱エネルギー $k_{\text{B}}T$（k_{B}：ボルツマン定数，T：絶対温度）により，不規則運動することによって生じる．熱雑音を式で表すと

$$\langle I_{\text{nt}}^2 \rangle = \frac{4k_{\text{B}}T}{R}B \tag{9.5}$$

となる．熱雑音を減少させるには，温度 T と周波数帯域 B を低くすればよい．

9.4.3 APDでの過剰雑音

APDでは，増倍過程で光電流が増幅されると同時に，なだれの発生過程の不均一性による**過剰雑音**（excess noise）を生じる．

過剰雑音は，式(9.4)のショット雑音に，電流増倍率 M を加味して

$$\langle I_{\text{ns}}^2 \rangle = M^{2+x} 2eI_{\text{av}}B \quad :0 < x < 1 \tag{9.6}$$

で表せる．式(9.6)で $x=0$ であれば，単に電流増倍分が雑音に寄与したことになる．しかし，$x \neq 0$ であれば，それ以上に雑音が増加したことになるので，x は過剰雑音指数とよばれる．Si や InGaAs では $x = 0.3$ 程度，Ge では $x = 0.5 \sim 0.9$ である．

例題 9.3 雑音に関する次の問いに答えよ．
① 光電流が 40 nA，暗電流が 1 nA であるとき，pin フォトダイオードで発生するショッ

ト雑音の統計的2乗平均値を求めよ．ただし，受信系の周波数帯域幅を50 MHzとする．
② 負荷抵抗が100 Ω，温度が300 K，周波数帯域幅が50 MHzであるとき，熱雑音を求めよ．

解 ① 式 (9.4) を用いて，$\langle I_{ns}^2 \rangle = 2 \cdot 1.60 \times 10^{-19} \cdot (40+1) \times 10^{-9} \cdot 50 \times 10^6 \, \text{A}^2 = 6.56 \times 10^{-19} \, \text{A}^2$．これの平方根をとると，雑音電流は $8.10 \times 10^{-10} \, \text{A} = 0.81 \, \text{nA}$ 相当になる．② 式 (9.5) を用いて，$\langle I_{nt}^2 \rangle = 4 \cdot 1.38 \times 10^{-23} \cdot 300 \cdot 50 \times 10^6 / 100 \, \text{A}^2 = 8.28 \times 10^{-15} \, \text{A}^2$，これの平方根をとると，熱雑音による雑音電流は $9.10 \times 10^{-8} \, \text{A} = 91 \, \text{nA}$ 相当になる．

9.4.4 受光素子の性能評価

受光素子で信号が雑音に埋もれると，信号として検出できなくなる．そこで，検出限界を評価するため，次に説明する指標を用いる．信号Sと雑音Nを電力で表し，S/N = 1を満たす単位周波数帯域当たりの入射光パワの値を，雑音等価パワ（NEP: noise equivalent power）または雑音等価電力という．受光面積 A の違いを考慮に入れた受光素子性能を比検出能力といい，$D^* = A^{1/2}/\text{NEP} \, [\text{cm} \cdot \text{Hz}^{1/2}/\text{W}]$ で定義する［演習問題9.5参照］．D^*（ディースター）は大きいほど性能がよいことを表し，一般に波長が長くなるほど小さくなる．

9.5 固体撮像素子

2次元の光画像情報を，電気信号に変換して取り出すデバイスを**撮像素子**（image sensor），または**イメージセンサ**という．光電変換の原理は，この節以前に述べたものと同様であり，電気信号への変換では信号電荷の読み出しを行う．撮像素子は，真空管を利用した撮像管と，半導体や金属を利用した固体撮像素子に分類される．ここでは，代表的な固体撮像素子であるCCDとCMOSのみを説明する．

固体撮像素子（solid-state image sensor）では，光電変換に加えて，①受光素子の2次元配列化と，②各受光素子からの信号を時系列信号に変換する機能，が必要となる．2次元空間を微小な区画に分割し，この微小区画を**画素**（pixel）とよぶ．1画素に1受光素子を対応させ，受光素子の2次元配列をつくる．

受光素子で電荷を蓄積するため，金属（<u>m</u>etal），酸化物（<u>o</u>xide），半導体（<u>s</u>emiconductor）を順に重ねた **MOS構造** が利用される．MOS構造の代表例は，Si，SiO_2 膜と金属の分割電極からなるものである．光が照射されると，光はSiに吸収されて，電子分布を形成する．この電子分布は，Siと SiO_2 膜の間に形成される空乏層で，2次元画像情報に対応する形で蓄積される．

時系列信号に変換するには，各画素に蓄積された電荷情報を垂直・水平方向に読み

出す走査を行う．読み出し方法の違いにより，CCD と CMOS に分けられる．CMOS は汎用の半導体製造装置が利用できるので，CCD に比べて低価格で，低消費電力である反面，画素ごとの増幅器倍率のばらつきや雑音のため，画質が CCD より劣る．

9.5.1 CCD イメージセンサ

MOS 空乏層に蓄積された電荷を転送するため，ポテンシャルの井戸をつくり，そこに電荷を閉じ込めながら，バケツリレー方式で時系列信号に変換する素子は，**電荷結合素子**（**CCD**: charge coupled device）とよばれる（図 9.5）．CCD は高画質のイメージセンサとして広く用いられており，これの発明者であるボイル（W. Boyle）とスミス（G.E. Smith）は，2009 年にノーベル物理学賞を共同受賞した．

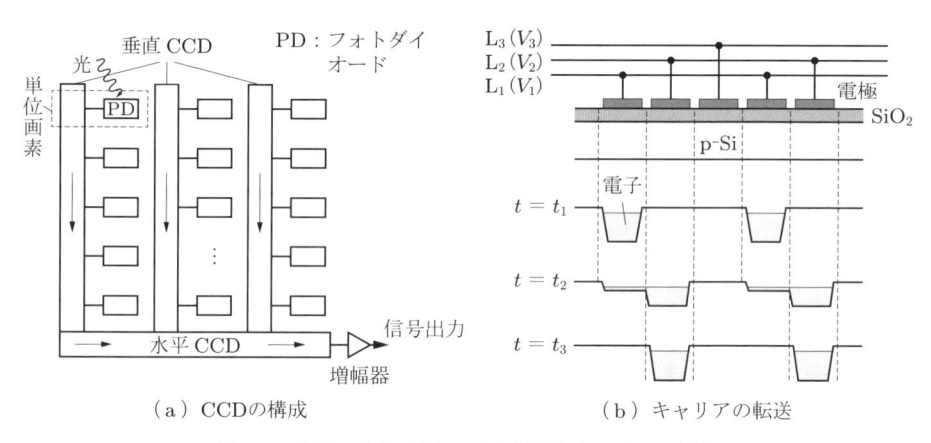

(a) CCD の構成

(b) キャリアの転送

図 9.5　CCD イメージセンサの構成とキャリアの転送
(a) でキャリアは矢印方向に転送される．(b) で時間が $t = t_1, t_2, t_3$ の順に進行する．

図 (a) に示すように，受光によって生まれた電荷は，垂直・水平 CCD により転送された後に増幅される．電荷転送のより詳しい様子を図 (b) に示す．三つの画素を 1 組として，各組の電極に 3 相の電圧を印加し，以下のように電圧を制御する．

（ⅰ）最初 $(t = t_1)$，$V_1 > V_2 = V_3 \equiv V_0$ とすると，V_1 部のポテンシャルが下がり，ここに電子が蓄積される．

（ⅱ）次に $(t = t_2)$，$V_2 > V_1 > V_3 = V_0$ とすると，V_2 部のポテンシャルが V_1 部より低下し，電子が V_1 部から V_2 部に移動する．

（ⅲ）最後に $(t = t_3)$，$V_2 > V_1 = V_3 = V_0$ とすると，V_2 部以外のポテンシャルが上がり，電子の V_1 部から V_2 部への移動が完了する．

以降，同様なことを繰り返して，電荷を縦・横の電極伝いに転送する．CCD では電荷転送後に増幅が行われる．

9.5.2 CMOSイメージセンサ

CMOS（complementary MOS）とは相補性金属酸化膜半導体の略で，イメージセンサを指すことが多い．相補性とは，電荷の輸送に自由電子と正孔の両方を用いることを意味する．CMOSが実用化されるようになったのは1990年代以降で，半導体微細加工技術の進歩によるところが大きい．CMOSは，製造過程まで考慮して設計されているのが特徴である．

CMOSでは各画素内で受光信号を電圧に変換して増幅し，垂直・水平走査回路で1画素ずつ選択して，電気信号を読み取った後に信号出力を得る（図9.6）．そのため，出力の並列処理が可能となり，高速化が可能となる点で優れている．

CMOSは安価なため，携帯電話やビデオカメラ，ディジタル一眼レフカメラに搭載されることが多くなった．

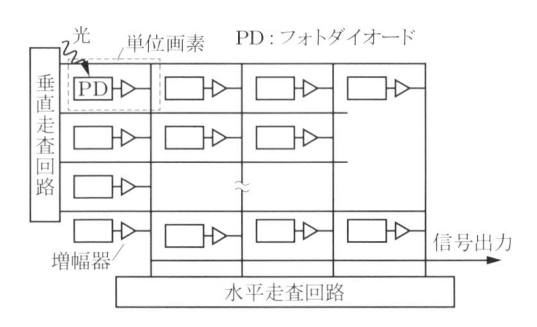

図 9.6 CMOS イメージセンサの構成概略

演習問題

9.1 波長 1.55 μm，光パワ 1.0 μW の光を量子効率 80% の pin-PD で受光するとき，流れる光電流 I_{pc} を求めよ．

9.2 APD では，光電子増倍管に比べて，過剰雑音を生じる理由を説明せよ．また，APD でこの雑音を抑えるための方策を，根拠を示して説明せよ．

9.3 光検出におけるショット雑音の位置づけを説明せよ．

9.4 波長 1.55 μm，符号伝送速度 100 Mbps の光短パルスからなる信号があり，これを検出する受光素子の最低受信レベルが −55 dBm であるとき，1 パルス当たりに必要な光子数を求めよ．

9.5 受光素子における S/N に関する次の問いに答えよ．
① 光（周波数 ν，パワ P_{in}）が pin-PD（量子効率 η）に入射している．雑音が暗電流

I_d のみによるショット雑音で生じているとして，S/N に対する表式を導け．ただし，受信系の周波数帯域を B とする．

② 雑音等価パワを，①の波長 $\lambda = 1.5\,\mu\mathrm{m}$, $I_\mathrm{d} = 10^{-2}\,\mathrm{nA}$, $\eta = 80\%$に対して求めよ．

③ 受光面が直径 $100\,\mu\mathrm{m}$ のとき，②に対する比検出能力 D^* を求めよ．

9.6 画像の解像度は ppi [pixels per inch] で評価され，人間の眼が分解できる画像の解像度は，個人差もあるが 350〜500 ppi 程度である．解像度 500 ppi に対応する画素の 1 辺の長さを $\mu\mathrm{m}$ 単位で求めよ．ただし，1 インチ $= 25.4\,\mathrm{mm}$ である．

10 光導波路

　光導波路は空間の限られた領域に光波を閉じ込め，光路を柔軟に変えることができる．そのため，レーザと併用することにより，光エレクトロニクスにおける光路としての役割だけでなく，光導波路から派生した独自の応用もある．本章では，光導波路の概要，光の導波原理を説明した後，各種の導波路化デバイスを設計するうえで重要な固有値方程式，光導波路の基本特性などを順次説明する．とりわけ，三層スラブ導波路は，すべての光導波構造を理解するうえでの基礎となる．

10.1 光導波路の概要

　光は自由空間では回折により広がってしまう（5.2 節参照）．そこで，光の集束にはレンズ，光の経路変更には鏡やプリズムが用いられてきた．しかし，これらの古典的な光学素子では，素子が大きい，微調整がしにくい，動作安定性に欠ける，などの欠点があった．

　これらの欠点を克服し，かつ新しい機能を付加できるものとして，光導波路が発展してきた．**光導波路**（optical waveguide）とは，光波を空間の特定領域に閉じ込めて伝搬させる構造の総称で，光を閉じ込める高屈折率部分を**コア**（core），その周辺の低屈折率部分を**クラッド**（cladding）という．光導波路は，用途に応じてさまざまな形状のものが用いられている（図 10.1）．面内で一様な薄膜状の薄膜光導波路（図 (a) 参照），埋め込み型光導波路（図 (b) 参照），両端でコア幅の異なるテーパ光導波路（図

（a）薄膜光導波路　　（b）埋め込み型光導波路　　（c）テーパ光導波路

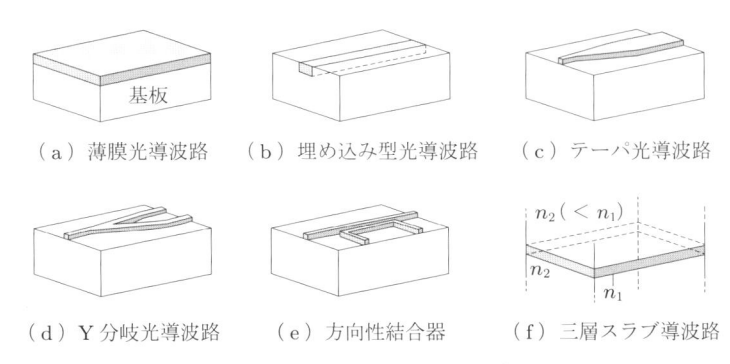

（d）Y 分岐光導波路　　（e）方向性結合器　　（f）三層スラブ導波路

図 10.1　各種光導波路の構造
グレーの部分がコア，(a)〜(e) で上方は空気層．

(c) 参照),光波の分岐・合波用の Y 分岐光導波路(図 (d) 参照),2 光路の光波を平行部分で結合させる方向性結合器(図 (e) 参照),複数の層状構造で導波させるスラブ導波路(図 (f) 参照)などがある.

　光導波路材料としては,ガラス,石英,プラスチック,半導体,強誘電体などがよく用いられており,中でも誘電体導波路が代表的である.ガラス,石英,プラスチックは光伝搬路などの受動素子に用いられている.半導体は光源,光変調器,受光素子などに用いられ,強誘電体は電気光学効果,音響光学効果を利用した光変調器,偏向器,光スイッチなどの能動素子としてよく用いられる.

　導波路化により生まれる利点・機能と応用例を表 10.1 に示す.光導波路は,光を導波構造に閉じ込めて意のままに操れるようにするのが最大の特徴である.光学素子の小型化,導波路中での光パワ密度の増加,光路の柔軟な扱いなど,古典的な光学素子では実現できなかったことが可能となる.これらの副次的効果として,低電圧動作,低消費電力,発熱量の減少,熱の影響の減少に伴う素子の動作安定化などがある.

表 10.1　導波路化による利点と応用例

特徴	応用上の利点	応用例
(i) 素子の小型化	高い光パワ密度,占有空間の減少	半導体レーザ,発光ダイオード,光変調器,ファイバ形光デバイス,光波回路や光応用システム
(ii) 性能向上	低電圧動作,低消費電力	光変調器,光スイッチ
(iii) 長い相互作用長	単位距離当たりの効果が小さくても長さで効果が増大(とくに,光非線形効果の利用)	光ファイバ増幅器,光フィルタ
(iv) 光路の制御	光路を徐々に曲げることが可能,分岐・合波　狭い空間に通すことが可能	光変調器,光ファイバ　光分岐素子　光スイッチ
(v) 新しい機能の付加	分布結合(結合の仕方が伝搬とともに変化するもの)	光分岐素子(2×2 スイッチ),光カプラ,光フィルタ,方向性結合器,光変調器,光ファイバセンサ
(vi) 熱的・機械的安定性	発熱量の減少,外部環境の影響を受けにくい	各種素子

10.2　光導波路での導波原理

　光をコアに閉じ込めるため,一方向にのみ屈折率変化をもたせ,それに垂直な方向では一様な構造をもつ薄膜導波路を**スラブ導波路** (slab waveguide) という.とくに,

10.2 光導波路での導波原理

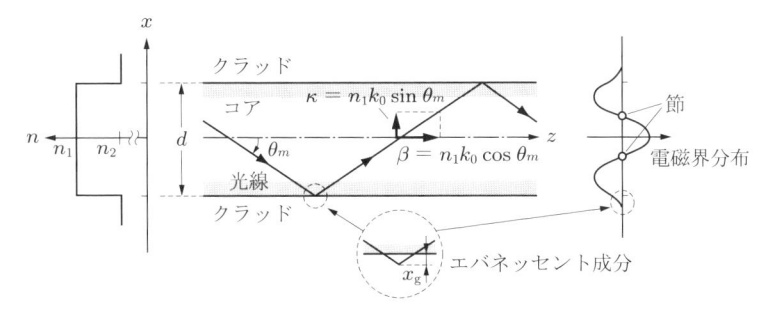

d：コア幅，n_1：コア屈折率，n_2：クラッド屈折率
β：伝搬定数，κ：コアでの横方向伝搬定数，x_g：クラッドへの電界しみ込み量

図 10.2 　三層スラブ導波路の構造と光線伝搬・界分布
　　　　界分布の図は $m=2$ の場合．

コア（屈折率 n_1）の両側を，屈折率 n_2 の等しいクラッドで挟んだ構造を**三層スラブ導波路**といい，これは光導波路の基本構造となっている（図 10.2）．

この導波路では，コアとクラッド間の屈折率差で光を導波させている．この屈折率差のコア屈折率 n_1 に対する相対値を表すため，コアとクラッド間の**比屈折率差**（relative index difference）Δ が，次式で定義されている．

$$\Delta \equiv \frac{n_1^2 - n_2^2}{2n_1^2} \quad \left(\fallingdotseq \frac{n_1 - n_2}{n_1} \quad : \Delta \ll 1 \right) \tag{10.1}$$

上式の括弧内は，10.4.3 項で述べる弱導波近似（$\Delta \ll 1$）のもとでの近似式である．

導波現象を記述する際，光線の角度は，2 章での境界の法線となす角度ではなく，光軸となす角度でとられることが多い．光線の向きは波面に垂直だから，コア中を伝搬する平面波が光軸となす角度を θ_m とする．全反射時の臨界角 θ_c は，スネルの法則 (2.11) を用いて，$n_2 \sin(\pi/2) = n_1 \sin(\pi/2 - \theta_\mathrm{c}) = n_1 \cos\theta_\mathrm{c}$ より，次式で与えられる．

$$\theta_\mathrm{c} = \sin^{-1}\left(\frac{\sqrt{n_1^2 - n_2^2}}{n_1}\right) = \sin^{-1}\sqrt{2\Delta} \tag{10.2}$$

よって，導波条件は $\theta_m < \theta_\mathrm{c}$ となる．つまり，伝搬角 θ_m が臨界角 θ_c よりも小さな光線が，コア・クラッド境界で全反射を繰り返すことで，光エネルギーがコアに閉じ込められる．

より厳密に波動光学的に考えると，光波はクラッドにも広がっている．その要因はエバネッセント波とよばれるものであり，それについては次節で説明する．

例題 10.1 三層スラブ導波路における臨界角 θ_c を次の各比屈折率差 Δ に対して求めよ．① $\Delta = 0.3\%$, ② $\Delta = 1.0\%$, ③ $\Delta = 5.0\%$.

解 式 (10.2) を用いて，① $\theta_c = \sin^{-1}\sqrt{2 \cdot 0.003} = 4.4°$, ② $\theta_c = 8.1°$, ③ $\theta_c = 18.4°$. これらの数値より，光導波路における臨界角は比較的小さな値であることがわかる．

10.3 三層スラブ導波路での伝搬特性

三層スラブ導波路は簡単な構造なので，多くの導波構造の基本形と考えることができる．これは，電磁界の理論解析が比較的容易に行える上に，導波現象の定性的な振る舞いが比較的理解しやすい．そのため，他の光導波路を扱う場合，数学的な取り扱いは異なっても，考え方は容易に拡張できる．そこで，本節では，三層スラブ導波路での振る舞いの基礎となる伝搬特性を調べる．

10.3.1 固有値方程式の導出

三層スラブ導波路でデカルト座標 (x, y, z) をとり，構造が z および y 方向に対して均一であるとし，光の伝搬方向を z 軸にとる（図 10.2 参照）．屈折率変化が導波路断面内の x 軸方向にのみあるので，これを $n(x)$ と書く．コア幅を d とし，コアとクラッドそれぞれでの屈折率が一定とする．x 軸方向に対して電磁界が伝搬しないから，断面内では定在波がたっていると考えるのが自然である．定在波条件は，光軸の両側で等しい角度 θ_m をなす二つの平面波の干渉を考えればよい（4.2.2 項参照）．

屈折率分布が z 座標に依存しないので，光線方程式（屈折率が空間的に変動するとき，光線の経路を求める基本式）を用いて，次式が得られる．

$$\frac{d}{ds}\left[n(x)\frac{dz}{ds}\right] = \frac{\partial n(x)}{\partial z} = 0$$

ここで，s は光線の経路に沿った座標である．方向余弦が $dz/ds = \cos\theta_m$ だから，$n(x)\cos\theta_m$ は伝搬時の不変量となる．光の伝搬方向の不変量を**伝搬定数**（propagation constant）といい，通常 β で表す．いまの場合，

$$\beta = n_1 k_0 \cos\theta_m \tag{10.3}$$

と書ける．ここで，$k_0 = 2\pi/\lambda_0$ は真空中の波数，λ_0 は真空中の波長である．屈折率が x 方向で均一な部分では，同じく光線方程式から横方向の不変量

$$\kappa = n_1 k_0 \sin\theta_m \tag{10.4}$$

が得られる．この κ を**横方向伝搬定数**という．これらのパラメータの間には，次の関係が成立している．

$$\beta^2 + \kappa^2 = (n_1 k_0)^2, \quad \kappa = \sqrt{(n_1 k_0)^2 - \beta^2} \tag{10.5}$$

自由空間の場合には，コアの軸方向では波数 $n_1 k_0$ のみを考えればよかった．しかし，導波構造では，クラッドの影響を受けるので，軸方向の伝搬定数 β と横方向伝搬定数 κ に分けて考える必要がある．ちなみに，軸方向の伝搬定数 β はクラッドでも同じ値をとる．

断面内で電界が定在波をなすには，横方向の1往復による位相変化が 2π の整数倍となればよい．位相変化には，伝搬と反射によるものがある．横方向の往復伝搬による位相変化は $2\kappa d$ となる．

コア・クラッド境界で全反射するときの振る舞いを波動的に検討する（2.6 節参照）．このとき，屈折率の低い媒質（クラッド）側にしみ込む電磁界を**エバネッセント成分**，これに起因する位相変化を**グース-ヘンヒェンシフト**という（図 2.6，図 10.2 参照）．この光電界は，低屈折率側で指数関数的に減衰している．この位相ずれ ϕ_R を，2.6 節と同じく $A_{\mathrm{r}j}/A_{\mathrm{i}j} = \exp(i\phi_\mathrm{R})$ (j = P, S) と書き，伝搬角 θ_m を用いると，

$$\phi_\mathrm{R} = -2\tan^{-1}\left(\frac{\sqrt{\cos^2\theta_m - (n_2/n_1)^2}}{g\sin\theta_m}\right) = -2\tan^{-1}\left(\frac{\sqrt{\sin^2\theta_\mathrm{c} - \sin^2\theta_m}}{g\sin\theta_m}\right) \tag{10.6a}$$

$$g = \begin{cases} (n_2/n_1)^2 & : \text{P 成分} \\ 1 & : \text{S 成分} \end{cases} \tag{10.6b}$$

で表される．ただし，$\theta_\mathrm{c} = \sin^{-1}[(n_1^2 - n_2^2)^{1/2}/n_1]$ は臨界角である．

三層スラブ導波路の断面内での定在波条件は，伝搬と反射（1往復で2回）に伴う位相変化の和をとって，次式で書ける．

$$2\kappa d + 2\phi_\mathrm{R} = 2d\sqrt{(n_1 k_0)^2 - \beta^2} + 2\phi_\mathrm{R} = 2\pi m \quad (m：整数) \tag{10.7}$$

式 (10.7) は**固有値方程式**（eigenvalue equation）とよばれ，伝搬定数 β を導く式である．

伝搬定数 β は光導波路における基本パラメータであり，次のような意義をもつ．
（ⅰ）伝搬定数は光導波路構造固有の値であり，自由空間での波数に対応する．
（ⅱ）伝搬定数は光導波路の特性を考えるうえで最も基本的な値であり，次元は [1/距離] である．

(iii) 伝搬定数さえ求められれば，伝搬に関するさまざまな特性がこれから誘導できる．
(iv) 伝搬定数は構造が伝搬方向に対して均一なときに存在する．

10.3.2 導波モードと放射モード

固有値方程式 (10.7) に含まれる位相変化 ϕ_R は，式 (10.6a) からわかるように，光線の伝搬角 θ_m に依存する．θ_m が微小なとき $\phi_R \simeq -\pi$，$\theta_m = \theta_c$ のとき $\phi_R = 0$ となる．これらを式 (10.7) に代入して，次式を得る．

$$\theta_m = \begin{cases} (m+1)\lambda_0/2n_1d & : \theta_m \text{が微小なとき} \\ m\lambda_0/2n_1d & : \theta_m = \theta_c \text{のとき} \end{cases} \quad (10.8)$$

式 (10.8) が意味するところは，次のようにまとめられる．

(i) 光線の伝搬角 θ_m と整数 m が 1 対 1 に対応する．特定の光電界と伝搬定数をもつ状態を**モード**（mode）と称する．固有値方程式を満たすモードを，**導波モード**（guided mode）または**伝搬モード**（propagation mode）とよび，**モード次数** m で区別する．
(ii) 導波モードの伝搬角 θ_m は離散的な値だけをとる，つまり量子化されている．
(iii) 高次の（m の大きな）導波モードほど伝搬角 θ_m が大きい．
(iv) 最低次の導波モードは $m = 0$ だから，m 次以下の導波モード数は $(m+1)$ となる．

モードの分類は伝搬定数 β で行うことができ，大別すると導波（伝搬）モードと放射モードがある（図 10.3）．

（a）子午光線の概略　　（b）β と θ_m の関係　　（c）各モードの界分布概略

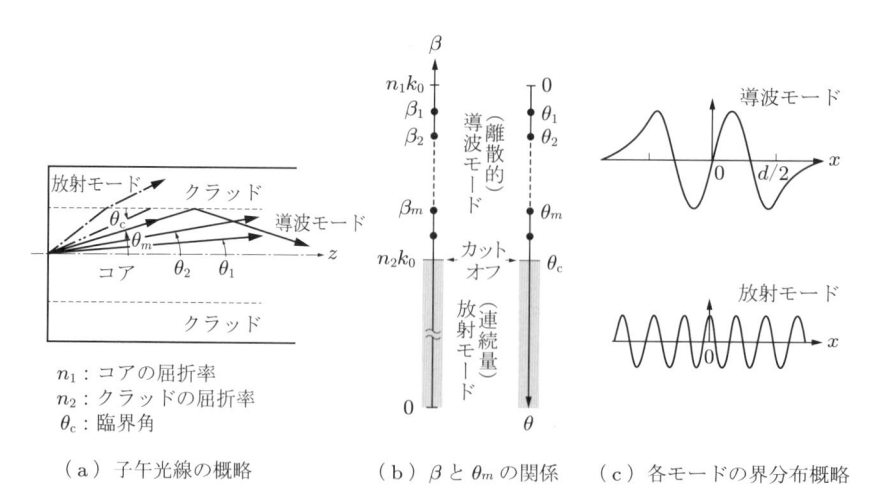

図 10.3　伝搬定数 β と光線伝搬角 θ_m によるモードの分類

導波（伝搬）モードの伝搬角 θ_m は $\theta_c > \theta_m \geqq 0$ を満たす離散値であり，このとき大部分の光エネルギーがコア中に閉じ込められる．ところで，$\theta_m = \theta_c$ での伝搬定数は，$\beta_c = n_1 k_0 \cos \theta_c$，$\theta_c = \sin^{-1}[(n_1^2 - n_2^2)^{1/2}/n_1]$ より $\beta_c = n_1 k_0 (n_2/n_1) = n_2 k_0$ で表される．よって，導波モードの伝搬定数は $n_2 k_0 < \beta \leqq n_1 k_0$，つまり $n_2 < \beta/k_0 \leqq n_1$ を満たす．β/k_0 は**実効屈折率**（effective index）またはモード屈折率とよばれており，屈折率と同じ次元をもつ．言い換えれば，導波モードの実効屈折率はコアとクラッドの屈折率の間の値をとるといえる．

放射モード（radiation mode）は $\theta_c \leqq \theta_m$ を満たすモードであり，このときコア・クラッド境界で屈折してクラッドへ漏れ，光エネルギーがクラッドへ放射される．放射モードでの伝搬定数は，$|\beta| \leqq n_2 k_0$ を満たす連続値をとる．$\theta_m = \theta_c$ ($\beta = n_2 k_0$) は，後述するカットオフに該当する（10.4.4 項参照）．

図 (c) に示すように，導波モードの電磁界分布は，コアで有限値をとり，クラッドの $|x| = \infty$ でゼロに収束する（10.4.1 項参照）．一方，放射モードの界分布は，全領域で振動し，$|x| = \infty$ でも有限値をとる．

10.3.3 グース‐ヘンヒェンシフトの意義

グース‐ヘンヒェンシフトによる，クラッドへの電界しみ込み量 x_g は，伝搬角 θ_m が微小という近似を用いると，P, S 成分ともに次式で近似できる（図 10.2 参照）．

$$x_g \fallingdotseq \frac{\lambda_0}{2\pi n_1 \sqrt{\sin^2 \theta_c - \sin^2 \theta_m}} \tag{10.9}$$

電界しみ込み量 x_g は波長 λ_0 に比例しており，その大きさは波長と同程度である．

光導波路では，電界がクラッドにもしみ込んでいるので，光導波路は**開放形導波路**ともよばれる．このことは，電波領域での導波管では，電界が管壁でゼロとなっていることと対照的である．この電界のしみ込みは，平行光導波路（方向性結合器ともいう）のコア間の間隔を波長程度に保持することにより，光エネルギーの移行に利用されている（図 10.1(e) 参照）．

x_g の逆数，すなわち

$$\gamma = n_1 k_0 \sqrt{\sin^2 \theta_c - \sin^2 \theta_m} \tag{10.10}$$

は，後述するクラッドでの電界減衰率に対応する（式 (10.15) 参照）．

10.3.4 開口数

図 10.4 に示すように，光導波路内で臨界角 θ_c をなす光線の，光導波路外（通常，

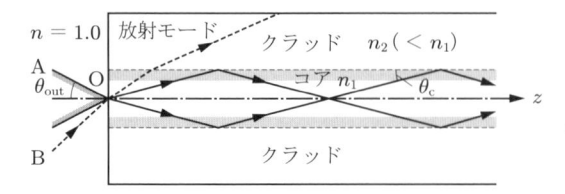

10. 光導波路

図 10.4 開口数（NA）の定義

θ_{out}：導波路内で臨界角 θ_c をなす光線が，導波路外で光軸となす角度

$n = 1.0$ の空気）での部分を，光軸と角度 θ_{out} をなす光線（AO）とする．θ_{out} の正弦を**開口数**とよび，NA で表記されることが多い（2.7 節参照）．これはスネルの法則を利用して

$$NA \equiv \sin\theta_{\text{out}}|_{\theta_m = \theta_c} = n_1 \sin\theta_c = \sqrt{n_1^2 - n_2^2} = n_1\sqrt{2\Delta} \qquad (10.11)$$

で表される．ここで，$n_1(n_2)$ はコア（クラッド）の屈折率，Δ は比屈折率差である．

開口数（NA）の定義より，図 10.4 における導波路外のグレー領域内に入射した光線は，すべて光導波路内に入射できることになり，その大きさは光導波路への入射光量に関係する．同図の点線のように，グレー領域外から入射した光線（BO）は放射モードに対応し，コア・クラッド境界で屈折してクラッドへ漏れていく．

例題 10.2 コア屈折率 $n_1 = 1.45$，比屈折率差 $\Delta = 1.0\%$ の三層スラブ導波路での開口数を求めよ．

解 式 (10.11) を用いて，開口数は $NA = 1.45\sqrt{2 \cdot 0.01} = 0.205$．

10.4 三層スラブ導波路に対する波動的扱い

三層スラブ導波路の伝搬特性は，マクスウェル方程式を利用すれば，前節より厳密に求めることができる．しかしここでは，厳密な理論展開を避けて，主な結果を与えることにする．ここでもデカルト座標 (x, y, z) をとり，構造が z および y 方向に対して均一であるとし，光の伝搬方向を z 軸にとる（図 10.2 参照）．コア屈折率を n_1，クラッド屈折率を n_2，コア厚を d とする．

10.4.1 固有値方程式と電磁界分布

スラブ導波路での導波モードは，TE モード（transverse electric mode）と TM モード（transverse magnetic mode）に分類される．TE（TM）モードとは，伝搬方向の電界（磁界）成分，すなわち $E_z(H_z)$ をもたないモードをいう．

10.4 三層スラブ導波路に対する波動的扱い

マクスウェル方程式を用いて、各モードの電磁界に対する微分方程式が

$$\frac{d^2\psi}{dx^2} + \left\{[n(x)k_0]^2 - \beta^2\right\}\psi = 0, \qquad \psi = \begin{cases} E_y & : \text{TE モード} \\ H_y & : \text{TM モード} \end{cases} \quad (10.12)$$

で得られる。ただし、β は伝搬定数、$k_0 = \omega/c$ は真空中の波数、ω は角周波数、c は真空中の光速である。他の電磁界成分は ψ を利用して、次式で求められる。

$$H_x = -\frac{\beta}{\omega\mu_0}E_y, \quad H_z = \frac{i}{\omega\mu_0}\frac{dE_y}{dx}, \quad E_x = E_z = H_y = 0 \qquad : \text{TE モード}$$
$$(10.13\text{a})$$

$$E_x = \frac{\beta}{\omega\varepsilon\varepsilon_0}H_y, \quad E_z = -\frac{i}{\omega\varepsilon\varepsilon_0}\frac{dH_y}{dx}, \quad H_x = H_z = E_y = 0 \qquad : \text{TM モード}$$
$$(10.13\text{b})$$

ただし、μ_0 は真空の透磁率、ε_0 は真空の誘電率、ε は媒質の比誘電率である。

数学的な形式解のうち、光波が長距離にわたってコアに閉じ込められる、物理的に実現可能な解は、次の条件を満たす必要がある。

（ⅰ）コアおよびクラッドの全領域で電磁界が有界であり、コア中心から十分離れたクラッド部分では電磁界が限りなくゼロに近づいている。

（ⅱ）コア・クラッド境界で境界条件を満たす（3.1.4 項参照）。

上記条件を満たす解は、三層スラブ導波路の TE モードに対して次のように書ける。

$$E_y = \begin{cases} A_\text{e}\cos(\kappa x) + A_\text{o}\sin(\kappa x) & : |x| \leq d/2 \text{（コア）} \\ C\exp(\gamma x) & : x \leq -d/2 \text{（クラッド）} \\ D\exp(-\gamma x) & : d/2 \leq x \text{（クラッド）} \end{cases} \quad (10.14)$$

$$\kappa = \sqrt{(n_1 k_0)^2 - \beta^2}, \qquad \gamma = \sqrt{\beta^2 - (n_2 k_0)^2} \quad (10.15)$$

ここで、$A_\text{e}, A_\text{o}, C, D$ は電界振幅係数であり、境界条件から決定される。κ と γ はそれぞれ、コアとクラッドでの横方向伝搬定数である。

式 (10.14), (10.13a) から求めた各電磁界成分に境界条件を適用すると、三層スラブ導波路での固有値方程式と電界振幅係数が求められる。まず、波動的に求めた**固有値方程式**は次式で得られる。

$$w = \begin{cases} u\tan u & : \text{TE}_{2m}\text{モード} \\ -u\cot u & : \text{TE}_{2m+1}\text{モード} \end{cases} \quad (10.16)$$

ここで、

$$u \equiv \kappa d/2 = \sqrt{(n_1 k_0)^2 - \beta^2}(d/2) \tag{10.17a}$$

$$w \equiv \gamma d/2 = \sqrt{\beta^2 - (n_2 k_0)^2}(d/2) \tag{10.17b}$$

は,それぞれコア,クラッドでの**横方向規格化伝搬定数**であり,電磁界の各領域での横方向座標に対する変化率を意味する.

固有値方程式 (10.16) において右辺が三角関数なので,これは u についての多価関数となる.そこで解のうち小さな u 値から順序づけて各導波モードを区別し,式 (10.16) での上 (下) 段を TE_{2m} (TE_{2m+1}) モードと書き表し ($m : 0, 1, 2, \ldots$),添字を**モード次数**という.適切な置き換えをすると,波動的に求めた固有値方程式 (10.16) と光線理論から求めた式 (10.7) が一致する.

電界振幅係数として

$$D = C = A_e \exp w \cos u, \qquad A_o = 0 \qquad : TE_{2m} モード \tag{10.18a}$$

$$D = -C = A_o \exp w \sin u, \qquad A_e = 0 \qquad : TE_{2m+1} モード \tag{10.18b}$$

を得る.

三層スラブ導波路での TE_m モードの電界分布の概略を図 10.5 に示し,その特徴を以下にまとめる.

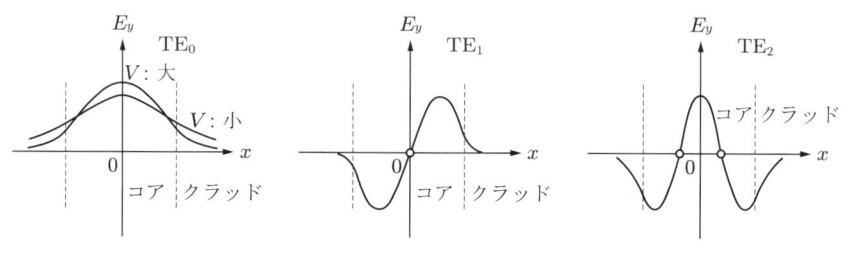

図 10.5 三層スラブ導波路における TE_m モードの電界分布概略
破線はコア・クラッド境界,白丸は電界の節.

(i) モード次数 m が偶 (奇) 数のモードは,偶 (奇) 対称モードといわれ,前者 (後者) では,電界分布が原点に対して対称 (反対称) となっている.

(ii) 高次モード (次数 m が大) ほど,コアでの電磁界の振動が激しく,モード次数 m はコア内での電界分布の節の数に対応している.

(iii) 電磁界分布が,わずかながらもクラッドまで広がっている.この広がりはエバネッセント成分に対応している.

三層スラブ導波路では式 (10.12) からわかるように,TM モードの波動方程式は

TE モードと形式的に同じである．よって，TM モードの場合，TE モードにおける式 (10.12) での E_y 成分の代わりに，基本磁界として H_y 成分をとれば，コアとクラッドにおける形式解が式 (10.14) と同じ形に設定できる．これらを式 (10.13b) に代入して，他の電磁界成分が求められる．それらを境界条件に適用すると，TE モードと同様にして，固有値方程式と電磁界分布が求められる．それらの結果を次に示す．

TM モードに対する固有値方程式は

$$w = \begin{cases} (n_2/n_1)^2 u \tan u & : \text{TM}_{2m} \text{モード} \\ -(n_2/n_1)^2 u \cot u & : \text{TM}_{2m+1} \text{モード} \end{cases} \tag{10.19}$$

で，磁界振幅係数は

$$D = C = A_\text{e} \exp w \cos u, \qquad A_\text{o} = 0 \qquad : \text{TM}_{2m} \text{モード} \tag{10.20a}$$
$$D = -C = A_\text{o} \exp w \sin u, \qquad A_\text{e} = 0 \qquad : \text{TM}_{2m+1} \text{モード} \tag{10.20b}$$

で得られる．

10.4.2　V パラメータ

固有値方程式は，導波構造中の特性を規定する伝搬定数 β を求めるための基本式である．伝搬定数 β は，コア・クラッドでの横方向規格化伝搬定数 u, w を通じて，固有値方程式 (10.16)，(10.19) に陰に含まれている．しかし既述のように，固有値方程式は u の多価関数なので，これだけでは u と w を一義的に決めることができない．

そこで，横軸に u，縦軸に w をとり，原点から座標 (u,w) までの距離

$$V = \sqrt{u^2 + w^2} \tag{10.21}$$

を考える．この V は **V パラメータ** (V parameter) あるいは**規格化周波数** (normalized frequency) といわれ，導波路特性を決めるうえで最も重要な値となる．これは，式 (10.17a, b) を代入して

$$V = \frac{k_0 d}{2}\sqrt{n_1^2 - n_2^2} = \frac{\pi d}{\lambda_0}\sqrt{n_1^2 - n_2^2} = \frac{\pi d}{\lambda_0} n_1 \sqrt{2\Delta} \tag{10.22}$$

と書き直せる．ここで，d はコア幅，n_1 (n_2) はコア（クラッド）屈折率，Δ はコアとクラッド間の比屈折率差，k_0 は真空中の波数，λ_0 は真空中の波長である．

式 (10.22) は，V パラメータ V が導波路パラメータ (d, n_1, n_2) および動作波長 λ_0 で決まることを示している．V が決まった後は，各パラメータの個々の値ではなく，V パラメータだけで動作点が決まる．式 (10.21) からただちに

$$V^2 = u^2 + w^2 \tag{10.23}$$

が得られる．これは，(u, w) 平面上で半径 V の円を表す．

式 (10.23) と固有値方程式を連立させて解くことにより，各 V パラメータに対する $u \cdot w$ 値が決定できる．これに導波路パラメータ (d, n_1, n_2) を代入して，伝搬定数 β を得る．これらの値が決まれば，電磁界の振幅係数は式 (10.18)，(10.20) から求められて，TE（TM）モードに対する電界 E_y（磁界 H_y）が決まる．これらを式 (10.13a, b) に適用して，他の電磁界成分が得られる．

10.4.3 弱導波近似

現実の光導波路では，コアとクラッド間の比屈折率差 Δ が 1 に比べて十分微小なとき（$\Delta \ll 1$）が多く，この条件を用いた近似を**弱導波近似**という．この近似のもとでの比屈折率差は式 (10.1) の括弧内に示した．これより，コア屈折率は

$$n_1 \fallingdotseq n_2(1 + \Delta) \tag{10.24}$$

で近似できる．また，伝搬定数は次式で近似できる．

$$\beta \fallingdotseq n_2 k_0 [1 + b(V)\Delta] \tag{10.25a}$$

$$b(V) \equiv \frac{\beta^2 - (n_2 k_0)^2}{(n_1 k_0)^2 - (n_2 k_0)^2} \fallingdotseq \frac{(\beta/k_0) - n_2}{n_1 - n_2} = \left(\frac{w}{V}\right)^2 \tag{10.25b}$$

ここで，b は**規格化伝搬定数**とよばれ，弱導波近似の範囲では V のみの関数となる．

TE・TM モードに対する規格化伝搬定数 b の V パラメータ依存性を図 10.6 に示

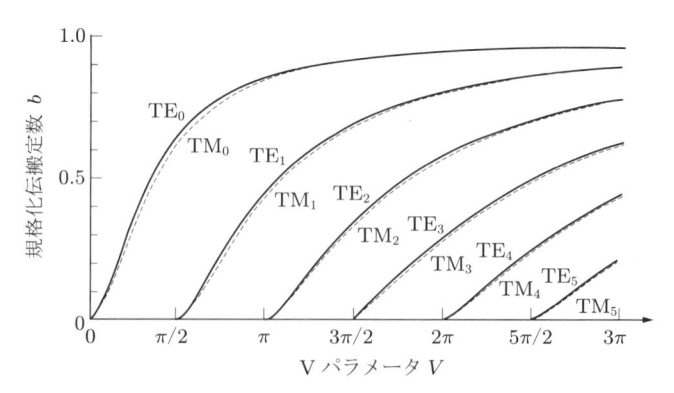

図 10.6 三層スラブ導波路における規格化伝搬定数
$b(V)$ の定義は式 (10.25b)．$n_2/n_1 = 0.95$，$\Delta = 0.05$．
実線（破線）は TE（TM）モード．

す．どのモードも $0 \leqq b < 1$ を満たしている．Vパラメータが大きくなるほど，b が 1 に近づいている．これは，V が大きくなるほど，光のコアへの閉じ込めがよくなり，実効屈折率が $\beta/k_0 \fallingdotseq n_1$（コア屈折率）となるためである．一方，$V$ が小さくなると，$b \fallingdotseq 0$ となる．これは，V が小さくなるほど，光のクラッドへの広がりが大きくなり，$\beta/k_0 \fallingdotseq n_2$（クラッド屈折率）となるためである．

10.4.4 カットオフ

クラッドの横方向規格化伝搬定数が $w = 0$（$\gamma = 0$ または $\beta = n_2 k_0$）のとき，式 (10.14) より，クラッドでの電磁界が $|x| = \infty$ でもゼロに収束することなく，電磁界が無限遠まで広がっていることがわかる．これはそのモードが，設定された V のもとではもはや導波されないことを意味し，この状態を**遮断**（cut-off）または**カットオフ**とよぶ．ちょうど遮断になる周波数を**遮断周波数**（cut-off frequency）または**カットオフ周波数**といい，V_c で表す．カットオフでは，$V_c = u$ と表せる．

カットオフ周波数 V_c は，式 (10.16)，(10.19) から求めることができ，$TE_m \cdot TM_m$ 両モードに対して

$$V_c = m\frac{\pi}{2} \quad : TE \cdot TM モード \tag{10.26}$$

で得られる．式 (10.26) の結果は，図 10.6 からもわかる．

V パラメータが $V < \pi/2$ を満たすとき，最低次モードである $TE_0 \cdot TM_0$ モードだけが導波される．これらのモードは，対称屈折率分布の場合，V がいかに小さくてもカットオフをもたない．これは，コア幅 d がいかに薄くなっても必ず導波されることを意味する．$TE_0 \cdot TM_0$ モードはつねに導波モードとなるので，**基本モード**（fundamental mode）ともいわれる．一つのモードのみを伝搬させるものを**単一モード光導波路**という．これは，対称分布の三層スラブ導波路では実現できず，空気・コア・基板構造（図 10.1(a) 参照）などの非対称光導波路で実現できる．複数のモードを同時に伝搬させる導波路を多モード光導波路という．

例題 10.3 コア屈折率 $n_1 = 3.5$，比屈折率差 $\Delta = 6.0\%$ の三層スラブ導波路において，波長 $0.85\,\mu m$ で基本モードのみを伝搬させる場合，コア幅をどのように設定すればよいか．

解 基本モードのみを伝搬させるため，$V < \pi/2$ に設定する．式 (10.22) を利用すると，$(\pi d/\lambda) n_1 \sqrt{2\Delta} < \pi/2$ より $d < \lambda/2n_1\sqrt{2\Delta} = 0.85/(2 \cdot 3.5\sqrt{2 \cdot 0.06})\,\mu m = 0.35\,\mu m$．これは AlGaAs 半導体レーザの活性層厚に関する値である（8.3 節参照）．

10.5 光導波路の諸特性

伝搬定数 β が既知になれば，これを用いて他の重要な伝搬特性を求めることができる．横方向規格化伝搬定数 u と w は，ともに陰に V パラメータ V の関数であるといえる．よって，$u(V)$ と $w(V)$ と考えられる．したがって，各種特性が u や w の形で記述されるときは，結局 V パラメータの関数であると考えて差し支えない．このような観点からも，V パラメータは導波路特性において重要なパラメータであるといえる．

10.5.1 電磁界分布

三層スラブ導波路における電界分布の概略をすでに図 10.5 で示した．ここでは，電界分布の V パラメータ依存性を定性的に考える．どのモードでも，電磁界が V の低下とともにクラッド側に広がる．つまり，V パラメータが大きいほど，電磁界のコアへの閉じ込めがよくなる．この特性は次のようにして説明できる．

V パラメータの式 (10.22) で，屈折率に関係するパラメータを固定すると，V は d/λ_0 に比例する．V が大きくなるということは，波長 λ_0 がコア幅 d に比べて短くなることを意味する．このとき，電磁界はコア・クラッド間の屈折率差を感じやすくなり，光が屈折率の高いコアに集中する．逆に V が小さくなると，波長 λ_0 が相対的に長くなるため，電磁界はコア・クラッド間の屈折率差に影響されにくくなり，光がクラッドにも広がる．

10.5.2 伝搬光パワ

光導波路を伝搬する光パワ P_g は，ポインティングベクトルの式 (3.25) を，光波の伝搬方向（z 軸）に垂直な断面内で積分することによって求められる．スラブ導波路での伝搬光パワは，式 (10.13a, b) を利用して，次式で求められる．

$$P_\mathrm{g} = \frac{1}{2}\int_{-\infty}^{\infty}(E_x H_y^* - E_y H_x^*)dx = \begin{cases} \dfrac{\beta}{2\omega\mu_0}\displaystyle\int_{-\infty}^{\infty}|E_y|^2 dx & :\text{TE モード} \\ \dfrac{\beta}{2\omega\varepsilon_0}\displaystyle\int_{-\infty}^{\infty}\dfrac{1}{n^2(x)}|H_y|^2 dx & :\text{TM モード} \end{cases}$$

(10.27)

三層スラブ導波路における各モードの伝搬光パワ P_g は，各値を式 (10.27) に代入して，偶・奇対称によらず，次式のように実効値の形で表せる．

$$P_\mathrm{g} = \frac{1}{2}E_\mathrm{eff} H_\mathrm{eff} T_\mathrm{eff} \tag{10.28}$$

$$E_{\text{eff}} = \begin{cases} A_1/\sqrt{2} & : \text{TE} \\ (\beta/\omega\varepsilon_0 n_1^2)H_{\text{eff}} & : \text{TM} \end{cases}, \quad H_{\text{eff}} = \begin{cases} YE_{\text{eff}} & : \text{TE} \\ A_1/\sqrt{2} & : \text{TM} \end{cases} \quad (10.29\text{a})$$

$$T_{\text{eff}} = \begin{cases} d + 2/\gamma & : \text{TE} \\ d + 2q_2/\gamma & : \text{TM} \end{cases}, \quad q_2 \equiv \frac{(n_1 n_2)^2 V^2}{(n_2^4 u^2 + n_1^4 w^2)} \quad (10.29\text{b})$$

ここで,E_{eff}(H_{eff})は実効電界(磁界)であり,ピーク電界(磁界)の$1/\sqrt{2}$にとっている(図10.7).T_{eff}を実効導波層厚とよぶ.T_{eff}に含まれる$(1/\gamma)$は,電界が境界値の$1/e$になるクラッド厚に対応し,これはまた式(10.9)で示した電界しみ込み量x_{g}にも一致する.TMモードでのq_2は,TMモードのE_x成分がコア・クラッド境界でわずかに不連続になっていることを反映している.$Y = n_1\sqrt{\varepsilon_0/\mu_0}$は特性アドミタンスである.

(a)伝搬光パワと実効値の関係
(TEモードの場合)

(b)閉じ込め係数 Γ

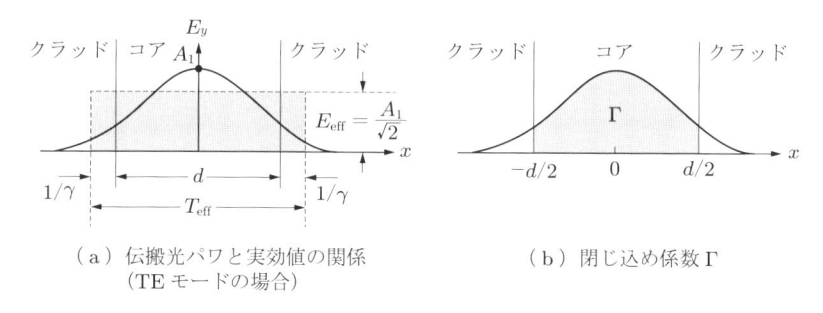

図10.7 三層スラブ導波路における光パワ

式(10.28)は,導波モードの光エネルギーが,あたかも一定電界強度E_{eff},厚さT_{eff}の導波路で伝送されるかの如く考えることができることを意味する.E_{eff},T_{eff}の具体値はモードごとに異なる.

10.5.3 閉じ込め係数

光導波路は,光パワがクラッドまで分布しているので,開放形導波路ともよばれる.半導体レーザや光増幅器のように,コアに利得のある媒質が用いられている場合には,活性層であるコアに閉じ込められる光パワの割合が重要となる.

コアを伝搬する光パワP_{co}の,全領域での伝搬光パワP_{g}に対する割合Γは,**閉じ込め係数**(confinement factor)とよばれる(図10.7(b)参照).三層スラブ導波路の各モードに対する値は,前項の結果を利用して,次式で求められる.

$$\Gamma \equiv \frac{P_{\mathrm{co}}}{P_{\mathrm{g}}} = \begin{cases} \dfrac{w + \sin^2 u}{w + 1} & : \mathrm{TE}_{2m}\text{モード} \\ \dfrac{w + \cos^2 u}{w + 1} & : \mathrm{TE}_{2m+1}\text{モード} \end{cases} \quad (10.30)$$

コア・クラッドでの横方向規格化伝搬定数 u と w は，弱導波近似のもとで，V パラメータのみの関数だから，閉じ込め係数 Γ も V だけの関数となる．

閉じ込め係数 Γ は，V パラメータが大きくなるほど増大し，$V=0$ で $\Gamma \to 0$，$V=\infty$ で $\Gamma \to 1$ となる．この傾向は 10.5.1 項と同様にして説明できる．単一モード光導波路では，V パラメータが最大で $V=\pi/2$ であり，このとき Γ は約 80% である．つまり，三層スラブ導波路を単一モードで使用する場合，約 20% の光パワがクラッドに漏れている．

演習問題

10.1 コア屈折率 $n_1 = 1.5$，比屈折率差 $\Delta = 1.0\%$，コア幅 $d = 3.0\,\mu\mathrm{m}$ の三層スラブ導波路について，次の数値を求めよ．
① クラッドの屈折率 n_2，② 開口数，③ 波長 $\lambda_0 = 1.55\,\mu\mathrm{m}$ で動作させるときの V パラメータ．

10.2 石英材料を用いた三層スラブ導波路で $n_1 = 1.45$，$\Delta = 1.0\%$，$\lambda_0 = 1.0\,\mu\mathrm{m}$ のとき，次の各値を求めよ．
① 臨界角，② 光線の伝搬角が $\theta_m = 2.0°$（$6.0°$）のときのクラッドへの電界しみ込み量．

10.3 グース - ヘンヒェンシフトは光導波路特性でどのような役割を果しているかを説明せよ．

10.4 伝搬光パワにおける実効電・磁界，実効導波層厚の物理的意味を説明せよ．

10.5 カットオフについて，次の問いに答えよ．
① カットオフの定義とその物理的意味を説明せよ．
② カットオフの実用的意味を説明せよ．

10.6 光導波路特性における V パラメータの有用性を説明せよ．とくに，弱導波近似が果たす役割についても言及せよ．

10.7 次の用語の内容と意義を説明せよ．
(1) 固有値方程式　(2) 伝搬定数　(3) 開口数

11 光ファイバ

　光ファイバは導波構造を円筒状にしたもので，その導波原理は光導波路と類似している．石英を材料にした光ファイバでは，0.2 dB/km 以下という理論限界の極低損失値が達成されている．光ファイバは，光エネルギーを安定に長距離伝搬させることができるので，通信，計測，センサ，制御などに利用されている．本章では，光ファイバの概要を説明した後，最も基本的な構造であるステップ形光ファイバにおける電磁界分布などの基本特性を述べる．その後，光ファイバの応用上重要な特性である，損失・分散・光非線形特性などを説明する．

11.1 光ファイバの概要

　光ファイバ（optical fiber）は円筒対称な導波構造であり，その材料には誘電体が用いられている（図 11.1）．屈折率 n_1 を高くした中心部分を**コア**，その周辺で屈折率 n_2 の低い部分を**クラッド**という．通常，屈折率は光の伝搬方向に対して均一となっており，コアとクラッド境界で全反射を繰り返して，光エネルギーがコアに閉じ込められる．

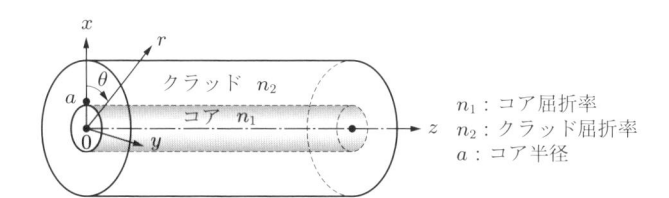

図 11.1 光ファイバ構造と座標系

　光ファイバの断面内屈折率分布は，用途により異なる（図 11.2）．代表的な**ステップ形**（step-index）**光ファイバ**では，屈折率がコアとクラッドの境目で階段状に変化し，各領域では一定値となっている．ステップ形は，広帯域な単一モード光ファイバとしてよく使用される．この光ファイバはコア径が微小なために，開発当初は光ファイバどうしの接続が困難であったが，「必要は発明の母」の言葉の通り，放電を用いた融着接続技術などにより，この困難が克服された．

　他の屈折率分布として，屈折率がコア中心からクラッドに向かって徐々に減少し，クラッドの屈折率が一定な**グレーデッド形**（graded-index）**光ファイバ**がある．とくに，屈折率が半径座標の 2 乗に比例して減少する **2 乗分布形**（square-law index）**光**

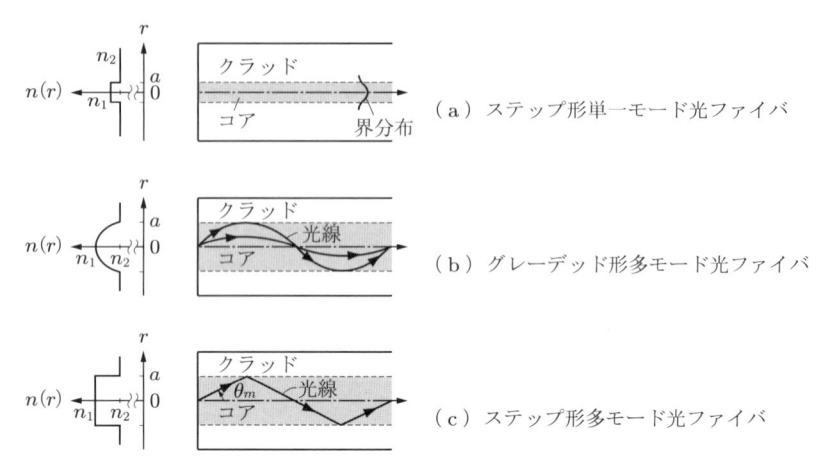

図 11.2　光ファイバの屈折率分布と光波（光線）伝搬の様子
(b), (c) での曲線，折れ線はそれぞれ光伝搬を表す．

ファイバは，多くのモードが同時に伝搬する，中容量の多モード光ファイバとして用いられている．多モード光ファイバのコア直径は 50 ないし 80 μm である．

光ファイバ材料としては，石英やプラスチックが用いられている．**石英系光ファイバ**の主成分は石英（SiO_2）であり，極低損失なため長距離で使用できる利点がある．ケイ素（Si）は**クラーク数**（地球表層部に存在する元素の推定重量％）が酸素に次いで 2 位であり，原材料には事欠かない．一方，**プラスチックファイバ**の特徴は，低価格，大きな開口数，石英に比べるとかなり大きな損失値，などである．

光ファイバの特徴は，細径・軽量，低損失，可撓性などである（表 11.1）．細径なので高い光パワ密度が実現でき，曲げることが容易なので，長尺の伝送路として利用しやすい．光ファイバの最も重要な用途は光ファイバ通信（13.2 節参照）であり，そ

表 11.1　光ファイバの特徴と応用

特　徴	応　用
（ⅰ）細径	導光路，導光路とセンサ機能の同時利用
（ⅱ）低損失	光通信での伝送路，光遅延線
（ⅲ）高いパワ密度	光非線形応用，ファイバレーザ，ファイバラマン増幅器
（ⅳ）長い相互作用長	光ファイバ増幅器，光ファイバセンサ，ファイバブラッググレーティング，光非線形効果の応用
（ⅴ）軽量	移動物体（自動車・航空機等）への搭載
（ⅵ）可撓性（光路の曲げ）	多用途，建物内
（ⅶ）コア間の相互作用	光ファイバカプラ，光スイッチ

の実現は光ファイバが今日のように注目を浴びるきっかけとなった．このほか，計測，レーザ加工・医療での導光路（13.4節参照）などがある．光ファイバの応用で特徴的なのは，導光路とセンサの機能を同時に担える点である．光ファイバ材料の屈折率が，波長だけでなく温度や応力などに依存する性質を用いて，環境計測用の温度・応力センサにも利用されている．

11.2 ステップ形光ファイバの固有値方程式と電磁界

　ステップ形光ファイバの形状は円筒対称であるが，導波特性に対する考え方は光導波路と類似している．円筒座標系 (r, θ, z) をとり，光の伝搬方向を z 軸，伝搬定数を β とする（図11.1 参照）．コア屈折率を n_1，クラッド屈折率を n_2，**コア半径**（core radius）を a とおく．導波構造での当面の目標は，伝搬定数 β を求めることである．

　光ファイバでの電磁界は，コア中心 $(r = 0)$ で有界となり，無限遠 $(r = \infty)$ でゼロに収束する関数を用いて，次式で書ける．

$$\begin{Bmatrix} E_z \\ H_z \end{Bmatrix} = \begin{cases} \begin{Bmatrix} A \\ B \end{Bmatrix} J_\nu \left(u \frac{r}{a} \right) \begin{Bmatrix} \cos(\nu\theta) \\ \sin(\nu\theta) \end{Bmatrix} & : 0 \leq r \leq a \, (\text{コア}) \\ \begin{Bmatrix} C \\ D \end{Bmatrix} K_\nu \left(w \frac{r}{a} \right) \begin{Bmatrix} \cos(\nu\theta) \\ \sin(\nu\theta) \end{Bmatrix} & : r \geq a \, (\text{クラッド}) \end{cases} \tag{11.1}$$

{ } 内の上下は，それぞれ E_z, H_z 成分に対応している．J_ν は ν 次ベッセル関数，K_ν は ν 次変形ベッセル関数であり，ν は**方位角モード次数**である．ベッセル関数は円筒座標系で現れる関数であり，式 (10.14) における三角関数が J_ν に，指数関数が K_ν に置き換わったと考えればよい．$A \sim D$ は境界条件から決定される係数である．

　また，u と w は，

$$u \equiv \kappa a = \sqrt{(n_1 k_0)^2 - \beta^2} \, a \tag{11.2a}$$

$$w \equiv \gamma a = \sqrt{\beta^2 - (n_2 k_0)^2} \, a \tag{11.2b}$$

で定義される**横方向規格化伝搬定数**（無次元）で，それぞれコア，クラッドにおける電磁界の半径方向減衰率に対応する．式 (11.1) で二つの三角関数は，円筒対称性により，断面内での直交成分の縮退効果を表す．

　式 (11.1) から横方向電磁界成分を求め，コア・クラッド境界 $(r = a)$ で電磁界の接線成分 $(E_z, E_\theta, H_z, H_\theta)$ が連続であるという境界条件（3.1.4 項参照）を適用すると，

$$\left[\frac{J'_\nu(u)}{uJ_\nu(u)} + \frac{K'_\nu(w)}{wK_\nu(w)}\right]\left[\frac{n_1^2 J'_\nu(u)}{uJ_\nu(u)} + \frac{n_2^2 K'_\nu(w)}{wK_\nu(w)}\right] = \nu^2\left(\frac{1}{u^2} + \frac{1}{w^2}\right)\left[\left(\frac{n_1}{u}\right)^2 + \left(\frac{n_2}{w}\right)^2\right] \tag{11.3}$$

が得られる．上式で，′ は引数に対する微分を表す．式 (11.3) はステップ形光ファイバの特性を特徴づける式であり，**固有値方程式**または特性方程式とよばれる．

ところで，式 (11.2a, b) より次式が成立する．

$$V \equiv \sqrt{u^2 + w^2} = \frac{2\pi a}{\lambda}\sqrt{n_1^2 - n_2^2} = \frac{2\pi a n_1}{\lambda}\sqrt{2\Delta} \tag{11.4}$$

ただし，Δ はコアとクラッド間の**比屈折率差**であり，

$$\Delta \equiv \frac{n_1^2 - n_2^2}{2n_1^2} \quad \left(\fallingdotseq \frac{n_1 - n_2}{n_1} \ : \Delta \ll 1\right) \tag{11.5}$$

で表される．式 (11.4) における V は，**V パラメータ**または**規格化周波数**とよばれ，光ファイバの動作波長 λ，コア半径 a，屈折率 n_1, n_2 の個々の値によらず，特性を包括的に表すうえで重要なパラメータである．

式 (11.3) と式 (11.4) を連立させて解くことにより，ある特定の V に対する u, w の組み合わせ，すなわち光ファイバの伝搬特性を知るうえでの基本パラメータである，伝搬定数 β が求められる．伝搬定数が決定されると，式 (11.1) より電磁界分布が決まり，これらから，他の各種伝搬特性を求めることができる．

11.3 ステップ形光ファイバの導波特性

11.3.1 導波モードと放射モード

ステップ形光ファイバでは，光導波路と同じように，伝搬定数 β が $n_2 k_0 \leqq \beta \leqq n_1 k_0$ を満たすものを**導波モード**または**伝搬モード**という．このとき u と w がともに実数である．$w = 0$ すなわち $\beta = n_2 k_0$ のとき，そのモードは光ファイバ中に閉じ込められず，この状態を**遮断**または**カットオフ**という．そのときの V パラメータ V_c を遮断（カットオフ）周波数，波長 λ_c を遮断（カットオフ）波長という．$|\beta| \leqq n_2 k_0$ を満たすものを**放射モード**という．導波モードの β の分布は離散的であり，放射モードの β は連続的である．

ステップ形光ファイバにおける導波モードの分類は，固有値方程式を用いてできる．固有値方程式 (11.3) は異なる u, ν 値に対しても成立するため，解は ν に対して多値特性を示す．そこで，特定の方位角モード次数 ν に対し，カットオフ周波数 V_c が小

さなモードから順に**半径方向モード次数** μ で区別し，二つのパラメータ μ と ν を用いて導波モードを分類する．

方位角モード次数が $\nu = 0$ のとき，式 (11.1) より $E_z = 0$ または $H_z = 0$ である．$E_z = 0$ ($H_z = 0$) のものを $\text{TE}_{0\mu}$ ($\text{TM}_{0\mu}$) モードとよび，固有値方程式は式 (11.3) の左辺第 1 (2) 項目 $= 0$ から得られる．$\nu \neq 0$ のとき，軸方向成分 E_z, H_z をもち，これを**ハイブリッドモード** (hybrid mode) とよぶ．これには $\text{HE}_{\nu\mu}$ モードと $\text{EH}_{\nu\mu}$ モードがある．両モードを区別するため，

$$p \equiv \frac{H_z}{Y E_z} \tag{11.6}$$

のように，E_z と H_z の規格化した成分比を利用する．$Y = n\sqrt{\varepsilon_0/\mu_0}$ は特性アドミタンスである．$\nu \geq 1$ のとき $p < 0$ ($p > 0$) となる方を HE (EH) モードと名づける．ハイブリッドモードでは，軸方向 E_z・H_z 成分の大きさは，横方向成分に比べて微小である．

ステップ形光ファイバに対する伝搬定数と規格化伝搬定数の数値例を，図 11.3 に示す．ステップ形の場合，最低次の HE_{11} モードはカットオフをもたないので，どのような動作条件のもとでも伝搬可能であり，**基本モード** (fundamental mode) ともよばれる．$V = 2.405$（ベッセル関数 J_0 の最初の零点）で第 1 高次モードである TE_{01} モードがカットオフとなる．したがって，$V < 2.405$ では基本モードだけが伝搬する**単一モード光ファイバ** (single-mode fiber) となり，コア半径 a や比屈折率差 Δ を一定値より小さくする必要がある（図 11.2(a) 参照）．$V > 2.405$ では複数モードが伝搬する**多モード光ファイバ** (multimode fiber) となる（図 11.2(c) 参照）．

伝搬可能なモード数は，式 (11.3) から得られる解曲線群と，式 (11.4) の交点の数を数え，縮退を考慮すると，V が十分大きなとき，

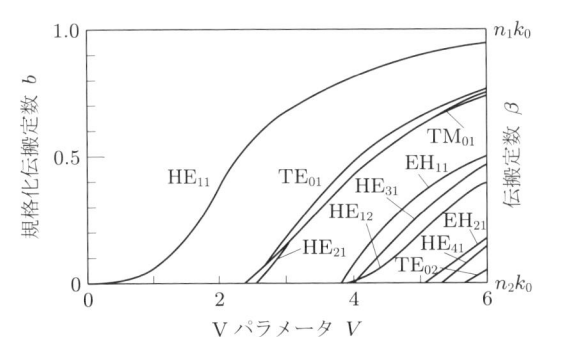

図 11.3 ステップ形光ファイバにおける各モードの規格化伝搬定数と伝搬定数

$$N_s \simeq \frac{V^2}{2} \tag{11.7}$$

で与えられる．式 (11.7) は，V パラメータの増加とともに，伝搬モード数が急激に増えることを示している．

例題 11.1 石英系材料 ($n_1 = 1.45$) を用いて単一モード光ファイバを実現したい．波長が $\lambda = 1.55\,\mu\mathrm{m}$，比屈折率差が $\Delta = 0.2\%$ のとき，コア直径に対する条件を求めよ．

解 V パラメータが $V < 2.405$ を満たせばよい．上記値を式 (11.4) に代入すると，$2\pi a n_1 \sqrt{2\Delta}/\lambda < 2.405$ よりコア直径に対して，$2a < 2.405\lambda/(\pi n_1 \sqrt{2\Delta}) = 2.405 \cdot 1.55/(\pi \cdot 1.45\sqrt{0.004})\,\mu\mathrm{m} = 12.9\,\mu\mathrm{m}$ が得られる．

11.3.2 開口数

ステップ形光ファイバで伝搬モード数が非常に多い場合，光線近似が使え，各モードを伝搬角 θ_m で特徴づけることができる（図 11.2(c) 参照）．コア・クラッド境界で反射を繰り返して，コア軸を含む面内を伝搬する光線を**子午光線**（meridional ray）といい，これはスラブ導波路内の光線と類似の性質をもつ．

光ファイバへ入射する光量の目安となる尺度に開口数（NA）がある（図 10.4 参照）．これは，光軸と臨界角 θ_c をなす光線が，光ファイバの外で光軸となす角度 θ_out の正弦であり，式 (10.11) と同じ表式で書ける．光線近似からわかるように，光ファイバ中で多くの光量を伝搬させるには，開口数の大きな光ファイバが望ましい．このような理由からプラスチック光ファイバが利用されている．

例題 11.2 次の各場合の子午光線について，臨界角と開口数を求めよ．
① 石英系光ファイバで $\Delta = 1.0\%$, $n_1 = 1.45$．
② プラスチック光ファイバで，コア材がポリメチルメタクリレート（PMMA, $n_1 = 1.5$），クラッド材がフルオロアクリレート（$n_2 = 1.385$）．

解 ① 式 (10.2) に上記値を代入して，臨界角 $\theta_c = \sin^{-1}\sqrt{2\Delta} = 8.1°$，式 (10.11) に上記値を代入して，開口数 $NA = n_1\sqrt{2\Delta} = 0.21$．
② 式 (11.5) の第 1 式より，比屈折率差 $\Delta = (1.5^2 - 1.385^2)/(2 \cdot 1.5^2) = 0.074 = 7.4\%$，また $\theta_c = 22.6°$，$NA = 0.58$ を得る．これより，プラスチックファイバの開口数が石英系よりも大きいことがわかる．

11.4 光ファイバの損失特性

光ファイバでは光をコアに閉じ込めているので，空間をあまり占有せず，光を長距

離伝搬させるのに有効である．現実にどの程度使えるかは**損失** (loss) に依存する．損失は光ファイバ通信における中継間隔や，光非線形応用での相互作用長に関係する．

光ファイバの実用化への端緒は 1970 年にさかのぼる．当時の技術水準では光ファイバの最良損失値が数千 dB/km であったが，20 dB/km (1 km 当たりの透過率 1%) という，破格に低損失の石英系光ファイバがコーニング社（米国）から発表された．

石英系光ファイバでは，コアに GeO_2 や P_2O_5 などを添加することにより，屈折率を純粋石英より高くしている．開発当初は，銅，鉄などの遷移金属や水 (OH 基) などが不純物として混入していたため，吸収損失が多かった．これらの不純物を除去するため，原料や製法に改良が加えられた結果，その後約 10 年で，損失の理論的な限界値である，波長 1.55 μm で 0.2 dB/km 以下 (1 km 当たりの透過率 95.5%以上) という極低損失が達成された．波長帯も，当初の 0.85 μm 帯から，近赤外領域でもより長波長側にまで広げられた．

石英系光ファイバの損失波長特性の概略を図 11.4 に示す．短波長側は主にレイリー散乱と紫外の電子遷移に基づく基礎吸収による損失であり，一方，長波長側の損失は SiO_2 の赤外の分子振動による吸収で決定されており，その上に OH 基による吸収損失が加算されたものとなっている．これらの損失の谷間が，ちょうど波長 1.55 μm に相当しており，この波長帯が現在では石英系光ファイバで使用される主流の波長域となっている．

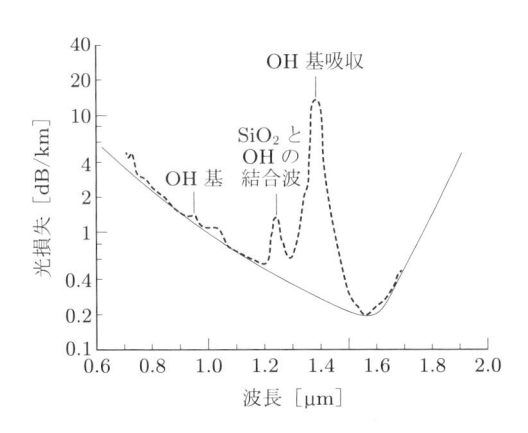

図 11.4 低損失石英系光ファイバの損失波長特性
損失の主要因は短波長側がレイリー散乱損失，長波長側が赤外吸収損失である．実線（破線）は OH 基吸収を除去した（除去前の）光ファイバ．

一方，**プラスチックファイバ**では，コア材としてポリメチルメタクリレート (PMMA) 樹脂が用いられている．主な伝送損失要因は，炭素‐水素の分子振動の高調波成分による吸収損失と，レイリー散乱であり，最低損失波長は可視域にある．この損失値は

石英系に比べて2桁以上大きいので，短距離用途に限定される．

光ファイバの損失は，上記の要因に加え，製造技術や布設条件などで決まる（図11.5）．損失要因として，光源と光ファイバとの結合損失，構造不完全性損失などがある．光ファイバ布設時に損失増加が生じないように，光ファイバの構造パラメータを適切に設定する必要がある．比屈折率差Δの値は曲げ損失で決定される．

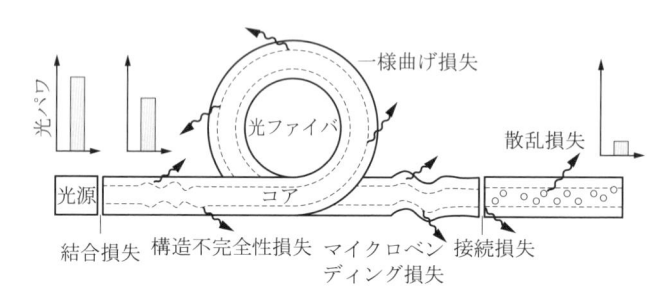

図11.5 光損失の発生要因模式図

光ファイバが曲げ半径Rで一様に曲がっているとき，クラッドで曲げ中心と反対側で生じる振動電界が放射されることにより，**曲げ損失**（bending loss）が発生する．光ファイバの各モードに対する曲げ損失α_Bは，次式で表される．

$$\alpha_B \propto \exp\left(-\frac{4w^3}{3V^2}\frac{R\Delta}{a}\right) \tag{11.8}$$

ただし，Rは曲げ半径，Δは比屈折率差，aはコア半径である．曲げ損失α_BはRに対して指数関数的に大きく変化するのが特徴で，曲げ損失の影響が出るのは，曲げ半径Rが数mm〜cmのオーダのときである．石英系で$\Delta = 0.2\%$の単一モード光ファイバとほぼ等しい曲げ損失を与えるのは，2乗分布形多モード光ファイバでは$\Delta = 1\%$近傍となる．

11.5 光ファイバの分散特性

光パルスが光ファイバに入射すると，出射端での光パルス幅が入射端よりも広がる（図11.6）．このように，光パルス幅が伝搬により広がる性質を**分散**という．分散が生じるのは，媒質中に存在できる状態がそれぞれに固有の群速度で伝搬し，出射端では異なる時間に到達するためである．

光ファイバ中での分散は，伝搬定数βが光の角周波数ωに依存することにより生じている．このときの**群速度**（group velocity）は

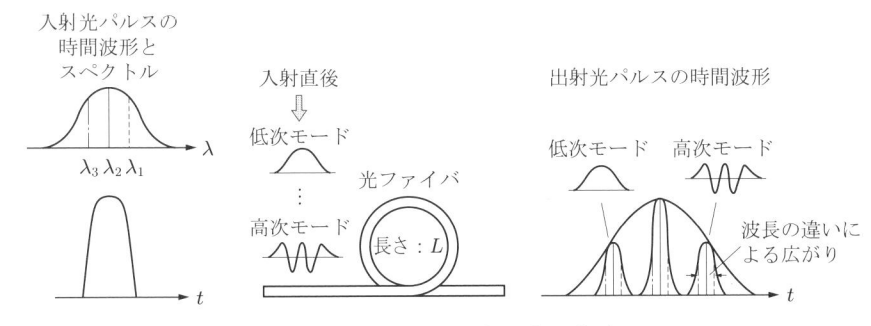

図 11.6 分散による光パルス幅の広がり
光ファイバ入射直後には,励振され得る全モードが入射して,各モードが固有の群速度で伝搬し,出射端に到達する.

$$v_{\mathrm{g}} \equiv \frac{1}{d\beta/d\omega} \tag{11.9}$$

で表される [演習問題 11.4 参照].実用的には,単位距離当たりの遅延時間の方がわかりやすいので,群速度の逆数である**群遅延**(group delay)τ_{g},つまり信号の単位長さ当たりの伝搬遅延時間がよく使用される.群遅延は,

$$\tau_{\mathrm{g}} \equiv \frac{1}{v_{\mathrm{g}}} = \frac{1}{c}\frac{d\beta}{dk_0} \; [\mathrm{ps/km}] \tag{11.10}$$

で表される.ただし,c は真空中の光速,k_0 は真空中の波数であり,[ ] 内は実用的によく使用される単位を表す.

光エレクトロニクスの分野における分散特性の重要性として,次のものがある.
(ⅰ) 光ファイバ通信では,光パルス列を符号化して送信する.送信パルスが分散で広がり過ぎると,隣接パルス間で重なりを生じ,符号誤りを生ずる.そのため,中継間隔あるいは符号伝送速度(単位時間当たりの送信信号量)が,分散によって制限を受ける.
(ⅱ) 光ソリトン(伝搬しても波形が不変の光パルス)は,光カー効果(光非線形効果の一種)と分散の均衡で形成されるため,分散の存在が不可欠である.
(ⅲ) 非線形光学では,導波路による分散が位相整合条件に利用できる.

光ファイバでの分散を要因別に分類すると,① モード分散,② 材料分散,③ 導波路分散,④ 偏波分散がある.次に,これらを個々に説明する.

11.5.1 モード分散

多モード光ファイバでは複数のモードが伝搬する.それらの伝搬定数が異なり,各モードの群速度の違いで生じる分散を,**モード分散**(mode dispersion)という.多数

のモードが伝搬する場合には光線近似が使え，モードと光線の対応づけができる．ここでは，直感的なわかりやすさのため，光線近似を用いて群遅延を求める（図 11.2(b, c) 参照）．

多モード光ファイバのモード分散では，導波モード間の**群遅延差** $\delta\tau_\mathrm{g}$ を求めればよい．ステップ形と 2 乗分布形に対する結果は

$$\delta\tau_\mathrm{g} = \begin{cases} \left(\dfrac{1}{\cos\theta_\mathrm{c}} - 1\right) L \dfrac{1}{c/n_1} \dfrac{1}{L} = \dfrac{n_1}{c}\Delta & \text{：ステップ形} \\ \dfrac{1}{L_\mathrm{p}} \displaystyle\int \dfrac{\sqrt{1+(dz/dr)^2}\,dr}{c/n(r)} - \dfrac{n_1}{c} \fallingdotseq \dfrac{n_1}{c}\dfrac{\Delta^2}{2} & \text{：2 乗分布形} \end{cases} \quad (11.11)$$

で書ける．ここで，n_1 は，ステップ形ではコア屈折率，2 乗分布形ではコア中心の屈折率，Δ は比屈折率差，θ_c は臨界角，c は真空中の光速である．

式 (11.11) は，群遅延差がステップ形光ファイバでは Δ に比例し，2 乗分布形光ファイバでは Δ の 2 乗に比例することを示している．通常 $\Delta \ll 1$ であるから，多モード光ファイバの場合，2 乗分布形の方がステップ形よりもモード分散が少ないことがわかり，その比率はほぼ比屈折率差 Δ ぶんである．

次に，式 (11.11) の結果を定性的に説明する．ステップ形ではコアの屈折率 n_1 が均一なので（図 11.2(c) 参照），群遅延差は各光線の伝搬距離の違いで生じる．最大伝搬距離の光線は，コア・クラッド境界で臨界角 θ_c をなして全反射しながら伝搬する光線である．この光線とコア中心を直進する最短距離の光線との伝搬距離差から，群遅延差が得られる．

2 乗分布形での屈折率分布 $n(r)$ は，コア中心では高く，周辺にいくほど低くなっており（図 11.2(b) 参照），これはコア中心での伝搬速度の方が周辺よりも遅いことを意味する．そのため，光ファイバのコア内を蛇行する光線と，コア中心を直進する光線の間での伝搬遅延時間差は，ステップ形の場合よりも減少する．蛇行光線と直進光線の光路長差を Δ の 2 次の微小量まで考慮することにより，群遅延差が式 (11.11) の 2 行目で得られる．

11.5.2　色分散：材料分散と導波路分散

レーザはスペクトル幅をもつため，各モード内での伝搬遅延時間は波長に依存して変化する．この要因による波動の広がりを**色分散**（chromatic dispersion）または**波長分散**という．色分散は，単一モード光ファイバにおけるパルス広がりの主要因である．

光源が中心波長 λ で波長幅 $\delta\lambda$ をもつとき，ステップ形光ファイバにおける単位波長幅当たりの群遅延量 S は，式 (10.25a) を式 (11.10) に適用して，次式で得られる．

11.5 光ファイバの分散特性

$$S \equiv \frac{\delta \tau_g}{\delta \lambda} = \frac{1}{c\lambda}\left[\lambda^2 \frac{d^2 n_1}{d\lambda^2}\Gamma + \lambda^2 \frac{d^2 n_2}{d\lambda^2}(1-\Gamma) + \Delta n_1 V \frac{d^2(Vb)}{dV^2}\right] \text{ [ps/(km·nm)]} \tag{11.12}$$

$$b(V) = \left(\frac{w}{V}\right)^2, \quad \Gamma(V) = b + \frac{1}{2}V\frac{db}{dV} \tag{11.13}$$

式 (11.12) 第 1・2 項目での $\lambda^2(d^2 n_j/d\lambda^2)$ は，光ファイバ材料の屈折率分散から決まる値で**材料分散** (material dispersion) といい，これは無限媒質でも生じる．Γ は閉じ込め係数 (10.5.3 項参照) である．第 3 項目は導波路構造に起因する効果で，**導波路分散** (waveguide dispersion) または**構造分散**という．導波路分散は比屈折率差 Δ に比例している．

式 (11.12) は，色分散が材料分散と導波路分散の和で決まることを表している．材料分散は使用材料で決まるが，導波路分散は光ファイバ構造で変化する．したがって，構造を変えて導波路分散を変化させることにより，色分散が制御できる．

石英系単一モード光ファイバに対する色分散の数値例を図 11.7 に示す．ステップ形光ファイバでは，通常 1.3 μm 近傍で色分散がゼロとなり，この波長を**零分散波長**という．この零分散波長は光ファイバへの屈折率分布形成用添加剤，導波路構造に強く依存している．導波路分散を制御することにより，石英系光ファイバでの零分散波長を，最低損失である波長 1.5 μm 近傍にシフトさせたファイバを**分散シフト光ファイバ** (dispersion-shifted fiber，屈折率分布は図 11.7 の挿入図を参照) という．図 11.7 にこの光ファイバの色分散例も示す．

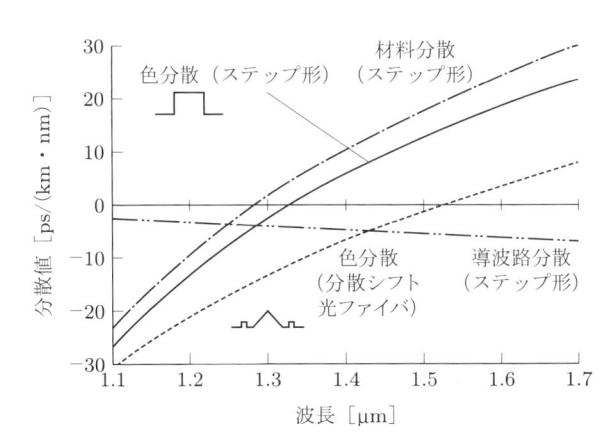

図 11.7 石英系単一モード光ファイバの分散特性
ステップ形光ファイバと分散シフト光ファイバ．

11.5.3 偏波分散

通常，単一モード光ファイバのコアとクラッドはともに円形であり，そのため直交する二つの最低次モードが縮退している．光ファイバ断面内の形状が軸対称からずれると縮退が解けて，水晶や方解石での複屈折と同じように，光ファイバ中で二つの固有偏光モードが伝搬可能となる．これらのモードの伝搬定数の違いで生じる群遅延時間差を**偏波分散**（polarization dispersion）という．

偏波分散の光ファイバ伝搬特性への影響は，光強度だけを用いる光ファイバ通信ではあまり問題にならなかったが，近年の高度に制御された光ファイバ通信では重要となってきている．

例題 11.3 石英系多モード光ファイバ（$n_1 = 1.45$）で比屈折率差 $\Delta = 1.0\%$ に対するモード分散値を，次の各場合について求めよ．① ステップ形，② 2乗分布形．

解 式 (11.11) を用いて，① ステップ形の群遅延差は $\delta\tau_g = 1.45 \cdot 0.01/(3.0 \times 10^8)$ s/m $= 4.83 \times 10^{-11}$ s/m $= 48.3$ ns/km，② 2乗分布形の群遅延差は $\delta\tau_g = 1.45 \cdot (0.01)^2/(2 \cdot 3.0 \times 10^8)$ s/m $= 2.42 \times 10^{-13}$ s/m $= 242$ ps/km．この結果は，同じ Δ 値の多モード光ファイバの場合，2乗分布形のモード分散の方がステップ形よりも小さいことを示している．

分散値の大小関係は，概ね以下のようになる．

$$\text{偏波分散} \ll \text{色分散} \ll \text{モード分散（2乗分布形）} \ll \text{モード分散（ステップ形）}$$

このように，単一モード光ファイバでは分散値が小さく，広帯域伝送が可能となる．

11.6 光ファイバ中の光非線形特性

光非線形特性に入る前に，これと密接な関係にある実効コア断面積をまず説明する．

11.6.1 実効コア断面積

光ファイバ断面内での光は，コアを中心としてクラッドにも広がっている．この光の広がりの程度を表すため，**実効コア断面積**（effective mode area）が用いられ，

$$A_{\text{eff}} = \frac{\left(\iint |E|^2 dS\right)^2}{\iint |E|^4 dS} \quad (E：光電界) \tag{11.14}$$

で定義されている．これは実効断面積ともよばれ，積分は光ファイバ断面全体で行う．

全反射を導波原理とする単一モード光ファイバの電磁界分布は，ガウス関数で精度よく近似できることが知られている．式 (3.29) でスポットサイズを w_s とし，これを式 (11.14) に代入すると，実効コア断面積は

$$A_{\mathrm{eff}} = \pi w_s^2 \tag{11.15}$$

で記述できる．式 (11.15) は，A_{eff} が w_s を半径とした円の面積で得られることを示している．

実効コア断面積は，光非線形応用や光パワ密度の利用，曲げ損失の低減の観点からは小さい方が望ましく，光パワ伝送や光非線形効果の抑圧の観点からは大きい方が望ましい．

11.6.2　光非線形特性

媒質に入射した光が，非線形な光出力応答を示す現象を光非線形効果という．光ファイバの微小なコア径・スポットサイズにより，光ファイバ中での光パワ密度が上昇し，また低損失特性とコアへの光閉じ込めで長い相互作用長が得られる．そのため，光ファイバは光非線形効果を実現するのに都合がよい．

光ファイバを用いて光非線形効果を生じさせる場合，光パルスを入射させる．その振幅を A，伝搬方向を z で表すと，光非線形項が

$$\frac{\partial A}{\partial z} \propto \gamma_{\mathrm{NL}} |A|^2 A \tag{11.16}$$

の形で寄与することが多い．γ_{NL} は**非線形定数**（nonlinear coefficient）とよばれ，光ファイバ中での光非線形効果の生じやすさを評価する尺度で，次式で定義される．

$$\gamma_{\mathrm{NL}} = \frac{n_2 k_0}{A_{\mathrm{eff}}} \tag{11.17a}$$

$$n = n_0 + n_2 I, \qquad I = \frac{n_0 c \varepsilon_0 |E|^2}{2} \quad (I：光強度, E：電界) \tag{11.17b}$$

ここでの n_2 は**非線形屈折率**（nonlinear index）または非線形屈折率係数といわれ，光強度がとくに強くなったときに有意な屈折率変化を示す比例係数である．n_0 は線形屈折率で，光強度がそれほど強くないときの通常の屈折率である．また，A_{eff} は実効コア断面積であり，k_0, ε_0, c はそれぞれ真空中の波数，誘電率，光速である．

非線形定数 γ_{NL} の決定因子のうち，n_2 の値は媒質によってほぼ決まり，純粋石英では $n_2 = 2.16 \times 10^{-20}\,\mathrm{m^2/W}$ である．一方，実効コア断面積 A_{eff} は光ファイバの断面構造に依存するので，γ_{NL} を高めるには，ファイバ構造を工夫して A_{eff} を小さくすればよい．

演習問題

11.1 コア半径 $a = 25\,\mu\mathrm{m}$, コア屈折率 $n_1 = 1.45$, $\Delta = 1.0\%$ のステップ形光ファイバが $\lambda = 1.55\,\mu\mathrm{m}$ で使用される場合，次の特性値を求めよ．
① コア・クラッド境界における臨界角，② 開口数，③ V パラメータ，④ 伝搬モード数．

11.2 ステップ形光ファイバの基本特性を決めるうえで，境界条件の果たす役割を説明せよ．

11.3 導波モードと放射モードについて，伝搬定数や屈折率分布と関連させて，その物理的内容を説明せよ．

11.4 角周波数を ω_j, 伝搬定数を β_j として，二つの等振幅の波動 $u_j = \cos(\omega_j t - \beta_j z)\,(j = 1, 2)$ があるとき，これらの和からなる合成波を考える．2 周波数が近接しているとき，合成波の包絡線で最大振幅の伝搬速度を求め，差分を微分に置き換えることにより，これが群速度の表現式 (11.9) に一致することを示せ．

11.5 比屈折率差 $\Delta = 1.0\%$ のステップ形と 2 乗分布形多モード光ファイバが，$50\,\mathrm{km}$ 伝搬するときの群遅延時間差を求めよ．ただし，コア中心の屈折率を $n_1 = 1.45$ とする．

11.6 パルス幅 $10\,\mathrm{ps}$, スペクトル幅 $5\,\mathrm{nm}$ の光を単一モード光ファイバ（色分散：$5\,\mathrm{ps}/(\mathrm{km\cdot nm})$）で伝搬させるとき，符号伝送速度が $1\,\mathrm{Gbps}$ と $500\,\mathrm{Mbps}$ のときについて，分散制限による中継間隔を求めよ．ただし，ある距離伝搬後のパルス幅は，もとのパルス幅と分散による広がりの 2 乗平均で与えられるものとする．

11.7 スポットサイズが $w_s = 5.0\,\mu\mathrm{m}$ の石英系単一モード光ファイバ（非線形屈折率 $n_2 = 2.16 \times 10^{-20}\,\mathrm{m^2/W}$）に，波長 $1.55\,\mu\mathrm{m}$, 光パワ $1.0\,\mathrm{W}$ の光が入射しているとき，次の諸量を求めよ．
① 実効コア断面積，② 光強度，③ 非線形定数．

11.8 プラスチック光ファイバの特徴を挙げ，特徴と用途との関係を述べよ．

12 光制御素子

　光波を光エレクトロニクスに応用する際には，用途に応じて光波を制御する必要がある．各種用途を要素技術に分解すると，特定の波長を選択的に取り出す光フィルタ，光ビームの偏向と走査のためのミラー，光の変調器，片方向の伝搬だけを可能にする光非相反素子などがある．これらを実現するため，分散，偏光，干渉，回折など，古くから知られている光学現象だけでなく，電気光学効果，音響光学効果，磁気光学効果など，レーザの利用により活きてくる現象も利用されている．本章では，これら光の制御に関連した内容を紹介する．

12.1 偏光素子

　光の属性の一つに偏光がある（3.2節参照）．これを利用すると，より詳しい光学情報が得られたり，より複雑な機能が達成できたりする．そのためには，特定の偏光を取り出したり，偏光を変換したりすることが必要になる．その目的のために使用される光学素子を，**偏光素子**という．偏光素子には偏光子と位相板がある．

　屈折率などの光学的特性が，光の伝搬方向や振動方向によって変化することを光学的異方性といい，これを示す媒質を異方性媒質という．そこでは特定の許容される状態の光波（これを**固有偏光**とよぶ）のみが存在できる．任意の入射光波は媒質中ではこれらの固有偏光に分かれて伝搬し，出射端ではこれらの合成波の形で出射される．このような性質を**複屈折**（birefringence）という．複屈折を示す代表的な物質は，方解石や水晶である．

　光波（横波）が異方性媒質中を z 方向に伝搬しているとき，その電界の x, y 方向振動成分の屈折率をそれぞれ n_x, n_y とおくと，電界成分は次式で書ける．

$$E_x = A_{x0}\cos(\omega t - n_x k_0 z + \delta_{x0}),$$
$$E_y = A_{y0}\cos(\omega t - n_y k_0 z + \delta_{y0}), \qquad E_z = 0 \tag{12.1a}$$

$$\delta_0 = \delta_{y0} - \delta_{x0} \tag{12.1b}$$

ここで，$A_{j0}(j=x,y)$ は各方向成分の振幅，ω は角周波数，k_0 は真空中の波数，δ_{j0} は初期位相である．δ_0 は x, y 成分間の相対位相差である．媒質の対称性に応じて，複数の屈折率が存在する場合がある．光の伝搬方向に依存しない（依存する）屈折率を，常光線（異常光線）に対する屈折率といい，n_o（n_e）で表す．

偏光子（polarizer）とは，どのような偏光が入射したとしても，特定方向に振動する直線偏光のみを取り出すものである．これには，偏光により屈折率が異なることが利用されている．偏光子として最も一般的なのは，**グラントムソンプリズム**（Glan-Thompson prism）であり，単に偏光子といったときにはこれを指すことが多い．偏光子を出射側で偏光測定に使用するとき，とくに**検光子**（analyzer）とよばれる．グラントムソンプリズムは，頂角 α のくさび形の向きを逆にして貼り合わせたもので，特定の直線偏光が入射方向と一致した方向から出射される（図 12.1(a)）．**ウォラストン**（Wollaston）**プリズム**は，光学軸が直交するくさび形を貼り合わせたもので，直交する直線偏光を空間的に異なる 2 方向に分離して出射させる（図 (b) 参照）．

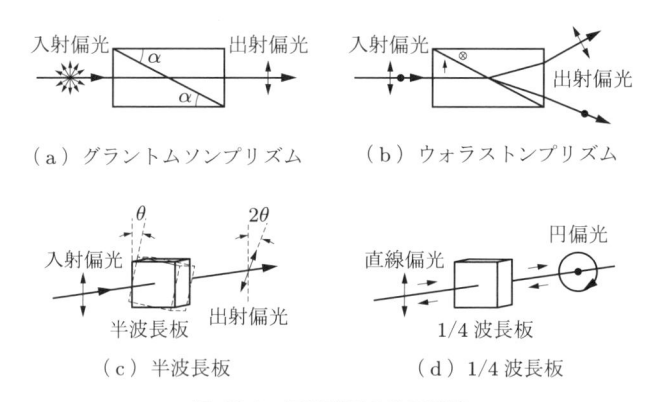

図 12.1　偏光素子の作用概略
(a) で二つのくさび形の結晶の頂角を α とする．
(b) で二つのくさび形の結晶の光学軸は直交している．

光波が異方性媒質を通過すると，媒質の厚さ L に応じた相対位相差

$$\delta = (n_x - n_y)k_0 L = \frac{2\pi}{\lambda_0}(n_x - n_y)L \tag{12.2}$$

が生じる．式 (12.2) で与えられる相対位相差 δ が所望の値になるように，媒質と媒質厚を定めた素子を**位相板**（retarder）という．$\delta = \pi$ の位相板は半波長に相当するので**半波長板**（half-wave plate），$\delta = \pi/2$ のものを **1/4 波長板**（quarter-wave plate）という．半波長板は，直線偏光に限らず，あらゆる偏光の方位角を，位相板の回転角の 2 倍だけ回転させる作用がある（図 (c) 参照）．1/4 波長板は，直線偏光と円偏光を相互に変換する作用がある（図 (d) 参照）．式 (12.2) からわかるように，位相板では，相対位相差が波長 λ_0 に依存するので，波長を指定して使用する必要がある．

光電界の二つの直交成分間に，任意の相対位相差を与える偏光素子として，バビネ - ソレイユ補償板（Babinet–Soleil compensator）がある．

例題 12.1 方解石を用いてグラントムソンプリズムを作製したい．方解石の屈折率は，NaのD線（$\lambda = 589.3\,\mathrm{nm}$）で，常光線に対して $n_\mathrm{o} = 1.658$，異常光線に対して $n_\mathrm{e} = 1.486$ である．垂直入射光を対象とする場合，くさび形の頂角 α をどの範囲に設定すればよいか．

解 垂直入射のとき，くさび形の斜辺に対する入射角は $\phi = \pi/2 - \alpha$ となる（図 12.1(a) 参照）．方解石から空気に入射するときの臨界角 θ_c を，式 (2.15) を用いて求めると，常光線に対して $\theta_\mathrm{c} = \sin^{-1}(1/1.6584) = 37.08°$，異常光線に対して $\theta_\mathrm{c} = \sin^{-1}(1/1.486) = 42.30°$ を得る．よって，$37.08° < \phi < 42.30°$ に設定すればよい．これより $47.70° < \alpha < 52.92°$．

12.2 光フィルタ

さまざまな波長を含む光から特定波長の光を取り出すことは，古来，分光器で行われてきた．その際には，分散，干渉や回折などが利用された．このような特定波長の光を分離して取り出すことを**分波**，分波する光学素子を**光フィルタ**（optical filter）とよぶ．光フィルタを使用形態で大別すると，透過型と反射型がある．用途により，狭い波長選択性，波長可変性，波長無依存性などが要求される．

12.2.1 分散を利用した光フィルタ

プリズムは，分散（屈折率 n が波長 λ に依存して変化すること）作用をもつため，波長の違いによって光を空間的に分離することが可能となり，波長選択性をもつ．この場合，空間的な分解はプリズム材料に依存する．これは空間分解能があまりよくないので，簡易な透過型光フィルタとして利用される．

12.2.2 干渉を利用した光フィルタ

光の多重反射による干渉を利用するものとして，ファブリ-ペロー干渉計がある（4.3.1 項，図 4.3 参照）．この干渉計において特定波長 λ_m で透過光強度を最大とするには，間隙媒質の屈折率 n と媒質長 L を固定する場合，光線の屈折角 θ_t あるいは入射角 θ_i を，式 (4.11) に応じて設定すればよい．このようにして，特定波長 λ_m の光だけを透過させる波長選択性が生まれ，透過型光フィルタが実現できる．

単層薄膜を利用した場合，透過波長幅に限界がある．透過波長幅をさらに狭くした光フィルタを作製するには，屈折率と厚さの異なる多層薄膜を塗布した，多層膜干渉フィルタが使用される．

12.2.3 回折を利用した光フィルタ

（a） 平面回折格子

平面回折格子を反射型で用いる場合（5.4.1 項参照），回折格子の式は式 (5.11b) で与えられる．格子周期 Λ，光線の入射角 θ_1 を固定すれば，回折次数 m に応じて，波長 λ の光が回折角 θ_2 の方向から出射される．つまり，異なる波長の光が異なる方向から出射されるという波長選択性をもつため，反射型光フィルタとして作用する．

（b） 周期構造からの回折

図 12.2(a) に示すように，周期 Λ，平均屈折率 n_av，屈折率変動の振幅 n_p（$\ll n_\mathrm{av}$）の周期構造があるとする．この周期構造に光が左側から入射すると，光は屈折率が異なる境界面で反射する性質があるので，入射光の一部は各境界面で反射され，入射側に戻る．1 周期ぶん離れた層からの反射光の光路長差は $\varphi = 2n_\mathrm{av}\Lambda$ で表せ，この光路長差が使用波長 λ の整数倍であれば，つまり

$$\lambda_\mathrm{B} = \frac{2n_\mathrm{av}\Lambda}{m} \quad (m：回折次数) \tag{12.3}$$

を満足していれば，隣接層からの反射光は干渉して入射端で互いに強め合い，結果として光は周期構造を透過しなくなる．このように，光が回折格子で反射されることを**ブラッグ反射**（Bragg reflection），そのときの波長 λ_B を**ブラッグ波長**とよぶ．これは波長選択性をもっているので，反射型光フィルタとして使用できる．

波長 λ の光波が媒質長 L の上記周期構造に入射する場合，より詳しい議論をするためにモード結合理論（導波構造中に複数のモードが存在するとき，モード間の相互作用を考慮して，各モードの電磁界分布を求める近似理論）を用いると，周期構造の強

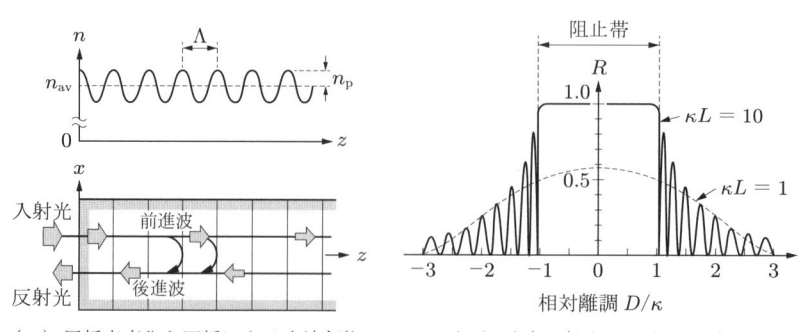

（a）屈折率変化と回折による光波伝搬　　（b）強度反射率 R の離調依存性

Λ：周期，L：媒質長，κ：モード結合係数，D：離調パラメータ

図 12.2　周期構造導波路における回折

度反射率（入射端での反射光強度の入射光強度に対する比）R が次式で得られる．

$$R = \begin{cases} \dfrac{\kappa^2 \sinh^2(bL)}{\kappa^2 \cosh^2(bL) - D^2} & : \kappa \geqq |D| \\ \dfrac{\kappa^2 \sin^2(b'L)}{D^2 - \kappa^2 \cos^2(b'L)} & : |D| \geqq \kappa \end{cases} \tag{12.4a}$$

$$\kappa = \frac{\pi n_\mathrm{p}}{\lambda_\mathrm{B}}, \qquad D = \frac{\pi}{2 n_\mathrm{av} \Lambda^2}(\lambda - \lambda_\mathrm{B}) \tag{12.4b}$$

ここで，κ はモード結合係数，D はブラッグ条件からのずれを表す離調パラメータ，$b = (\kappa^2 - D^2)^{1/2}$, $b' = (D^2 - \kappa^2)^{1/2}$ である．

周期構造による強度反射率 R の離調依存性を図 (b) に示す．式 (12.4a) より，強度反射率の最大値は，$D = 0$ すなわちブラッグ波長 λ_B で得られる．そのときの最大値は $R_\mathrm{max} = \tanh^2(\kappa L)$ と書け，R_max は κL とともに増加し，$\kappa L \gg 1$ で $R_\mathrm{max} \to 1$ となる．$\kappa L \gg 1$ のとき，波長 $\lambda = \lambda_\mathrm{B}$ を中心として，ある波長幅内の光がほとんど反射して透過しない様子がよくわかる．この領域を**阻止帯**とよぶ．阻止帯幅 $\delta\lambda$ とブラッグ波長 λ_B の比は，

$$\frac{\delta\lambda}{\lambda_\mathrm{B}} = \frac{n_\mathrm{p}}{n_\mathrm{av}} \tag{12.5}$$

で得られる．

周期構造からの回折の実例を次に説明する．Ge が添加された石英系光ファイバに，側方の 2 方向から紫外線を照射すると，干渉に伴う屈折率変化により，光ファイバの光軸方向に周期構造（回折格子）が形成される（図 4.1 参照）．これは**ファイバブラッググレーティング**（fiber Bragg grating）とよばれ，反射型フィルタに利用されている．

この型の動作原理は，半導体レーザのスペクトル狭窄化にも利用されている．活性層の側面に周期構造を設置すると，周期に依存した波長のみが発振する．このような構造は，**分布帰還形**（DFB: distributed feed back）**半導体レーザ**とよばれる．これは厳密には縦単一モードとならず，2 モード発振となる．

例題 12.2 石英材料（平均屈折率 $n_\mathrm{av} = 1.45$）の周期構造を用いて，波長 1.55 μm で反射型光フィルタを作製したい．回折次数 $m = 1$ で使用するのに必要な周期 Λ を求めよ．

解 このとき，波長 1.55 μm をブラッグ波長に設定する．式 (12.3) より，周期は $\Lambda = m\lambda_B / 2n_\mathrm{av} = 1 \cdot 1.55 \times 10^{-6}/(2 \cdot 1.45)\,\mathrm{m} = 5.34 \times 10^{-7}\,\mathrm{m} = 534\,\mathrm{nm}$．

(c) 音響光学効果による回折

媒質中で機械的歪みにより屈折率が変化する現象を**光弾性効果**（photoelastic effect）

という．とくに，音波によりもたらされる歪みを介して屈折率が変化する現象を**音響光学効果**（acousto-optic effect）という．可聴周波数 20〜20 kHz を超える音波を超音波といい，音響光学効果では MHz〜GHz の周波数帯が使用される．

超音波によって形成される回折格子の周期 Λ は，次式で与えられる．

$$\Lambda = \frac{v_{\rm ac}}{f_{\rm ac}} \tag{12.6}$$

ここで，$v_{\rm ac}$ は音速，$f_{\rm ac}$ は超音波周波数である．固体中の音速 $v_{\rm ac}$ は 10^3 m/s 程度だから，超音波周波数を数百 MHz にすると，回折格子の周期 Λ が数 μm となり，近赤外光や可視光の波長に近くなる．そのため，光波と超音波の相互作用が起こりやすくなる．

図 12.3 に示すように，TeO_2（二酸化テルル）や $LiNbO_3$（ニオブ酸リチウム）などの音響光学結晶に電極を取り付け，超音波を発生させると，音響光学効果に基づく屈折率変化によって，結晶内に超音波波面による回折格子が形成される．これに光波（媒質内での波長 λ，波数 k）を入射角 $\theta_{\rm in}$ で入射させると，光波が回折角 $\theta_{\rm dif}$ で出射される．式 (5.11b) より，回折の様子は次式で表せる．

$$\Lambda(\sin\theta_{\rm in} + \sin\theta_{\rm dif}) = m\lambda \quad (m：回折次数) \tag{12.7}$$

式 (12.7) は，回折光が回折次数と波長に依存して異なる方向から現れることを示している．この原理に基づき，光を波長ごとに分解する素子を**音響光学フィルタ**（acousto-optic filter）という．応用上重要なパラメータとして，回折光強度の入射光強度に対する比 η があり，これを**回折効率**（diffraction efficiency）とよぶ．

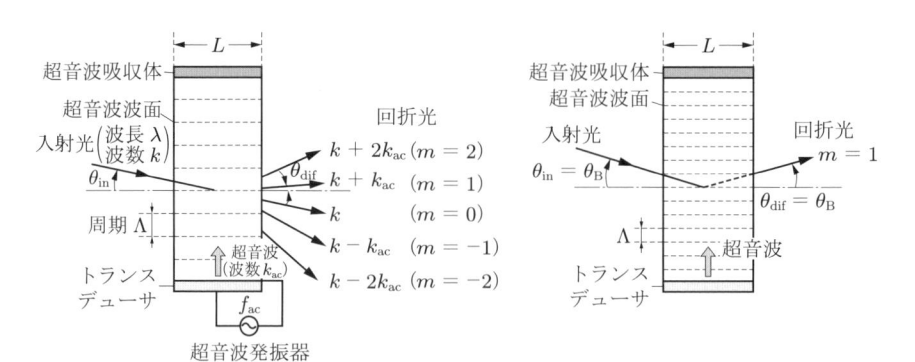

（a）ラマン - ナス回折（$k_{\rm ac} \ll k$）　　　（b）ブラッグ回折（$k_{\rm ac}$ と k が同程度）

Λ：周期，$f_{\rm ac}$：超音波周波数，$\theta_{\rm in}$：入射角（媒質内），$\theta_{\rm dif}$：回折角（媒質内），$\theta_{\rm B}$：ブラッグ角

図 12.3　音響光学効果を利用した超音波偏向器での光波の回折
周期 Λ は (b) の場合の方が短い．

超音波周波数 f_{ac} が低く，超音波波数 k_{ac} が光の媒質内での波数 k に比べて十分小さい場合（$k_{\mathrm{ac}} \ll k$），回折格子の周期が光の波長に比べて長すぎて，光波と超音波の相互作用が不十分となる．これをラマン‐ナス（Raman–Nath）回折またはデバイ‐シアース（Debye–Sears）回折とよぶ．この場合，最大の回折効率は，1次の回折光に対して高々 34% となる．

一方，超音波周波数 f_{ac} が高くなり，その波数 k_{ac} が光の媒質内での波数 k と同程度になると，光波と超音波の相互作用が十分に生じ，**ブラッグ回折**となる（図 (b) 参照）．このときのブラッグ角 θ_{B} は，式 (12.7) で $\theta_{\mathrm{in}} = \theta_{\mathrm{dif}} = \theta_{\mathrm{B}}$ とおいて，式 (5.10) と同じ表現で得られる．回折次数 m の回折光に対するブラッグ角 θ_{B} は，これに $k_{\mathrm{ac}} = 2\pi/\Lambda$，$k = 2\pi/\lambda$ を代入すると，

$$\sin\theta_{\mathrm{B}} = \frac{m\lambda}{2\Lambda} = \frac{mk_{\mathrm{ac}}}{2k} \tag{12.8}$$

を満たす．ブラッグ回折では，光波は超音波波面に対して鏡面反射となる．

入射角 θ_{in} がブラッグ角 θ_{B} に一致する（$\theta_{\mathrm{in}} = \theta_{\mathrm{B}}$）とき，1次の回折光（$m = 1$）に対する回折効率が，

$$\eta = \sin^2\left(\frac{\pi L}{\sqrt{2}\lambda_0 \cos\theta_{\mathrm{in}}}\sqrt{\frac{MP_{\mathrm{ac}}}{A_{\mathrm{ac}}}}\right) \tag{12.9}$$

で書ける．ここで，L は光波と超音波の相互作用長，P_{ac} は超音波パワー，A_{ac} は超音波ビームの断面積，λ_0 は光波の真空中の波長である．M は**回折性能指数**（diffraction figure of merit）であり，

$$M \equiv \frac{n_{\mathrm{av}}^6 p^2}{\rho v_{\mathrm{ac}}^3} \tag{12.10}$$

で定義されている．ここで，n_{av} は媒質の平均屈折率，p は光弾性定数，ρ は音波密度である．

式 (12.9)，(12.10) から，次のことがわかる．
（ⅰ）ブラッグの回折条件を満たす場合には，100%の回折効率が達成可能である．
（ⅱ）回折性能指数 M の値が大きいほど，小さな超音波パワー，短い相互作用長で大きな回折効率を得ることができる．
（ⅲ）M は材料パラメータのみを含んでおり，音響光学効果を利用する際の材料選択の指針となる．

音響光学フィルタにおいて，超音波の波数は $k_{\mathrm{ac}} = 2\pi f_{\mathrm{ac}}/v_{\mathrm{ac}}$ と表される．したがって，印加する超音波周波数 f_{ac} を変化させると，回折角が変わるので，これは波長可

変フィルタとして使用することもできる．音響光学材料として，TeO_2，$PbMoO_4$（モリブデン酸鉛），$LiNbO_3$，溶融石英，GaAs などが利用される．

12.3 光ビームの偏向と走査

　レーザ光は，伝搬による空間的な広がりが少なく，指向性に優れているので，光ビームとして扱える．そのため，離れた位置に非接触で光ビームを照射することができる．光の向きを変えることを**偏向**（deflection），空間で細分化された要素の信号を時系列的に変換する操作を**走査**（scanning）という．このような性質は光計測，レーザプリンタやバーコードリーダなどに利用されており，日常生活でも目にすることができる．これらの操作を行うために，機械的方式，音響光学効果，電気光学効果などが利用されている．光偏向器で重要な因子は，回折効率，応答時間，解像点数などである．

12.3.1　機械的方式による偏向・走査
（a）　ガルバノミラー

　ガルバノミラー（galvanometer mirror）は，回転軸に平面反射鏡を取り付け，軸の回転角に応じてミラーからの反射光の向きを連続的に変化させるものである（図 12.4(a)）．反射面が角度 θ だけ回転すれば，反射光は角度 2θ ぶん偏向される．偏向角は，コイルを流れる電流に比例して変化するようになっている．偏向角 2θ と像面での光ビームの移動距離 x を比例させるため，意図的に収差を与えた fθ レンズが挿入される．

　ガルバノミラーは空間の分解点数が多く，ランダムアクセスにも対応できる利点がある．しかし，光ビームを一定速度で一方向に走査した後，三角波を用いて短時間でもとの位置に戻す必要があるが，反射鏡の質量による慣性のため，高速の角度制御は

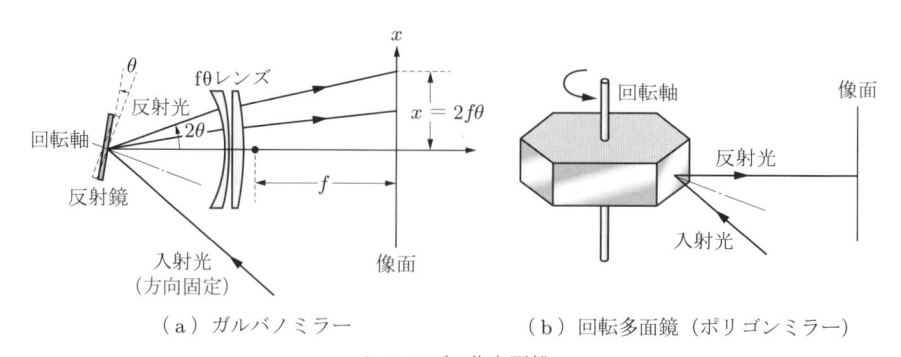

（a）ガルバノミラー　　　　（b）回転多面鏡（ポリゴンミラー）

f：レンズの焦点距離

図 12.4　光ビームの機械的偏向

難しい．

ガルバノミラーは，レーザ加工，レーザ造形，レーザ共焦点顕微鏡などでの光偏向に用いられている．

（b） 回転多面鏡

中心軸の周りに多数の反射面をつけ，角柱形や角錐形プリズムを回転させて，光ビームを偏向させる装置を，**回転多面鏡**（rotating polygon mirror）または**ポリゴンミラー**という（図 (b) 参照）．回転多面鏡は 1 方向の回転だけを利用するので，ガルバノミラーよりも高速回転ができ，1000 回転/分以上が可能である．

回転多面鏡は通常 6～24 面をもっており，面の大きさはビーム径の数倍程度である．反射面が回転軸に対して傾くことを面倒れといい，これがあると反射ビーム位置が像面でずれてしまう．このずれを防止するために，面倒れ補正光学系が必要となる．

回転多面鏡はレーザプリンタ，バーコードリーダ，レーザプロジェクタなどでの光偏向に利用されている．

12.3.2 音響光学効果による偏向・走査

音響光学効果を利用すると，12.2.3 項 (c) で示したように，光の伝搬方向を変えることができる．波長 λ の光ビームが，周期 Λ の回折格子に入射するとき，入射角を θ_{in}，回折角を θ_{dif} とすると，回折の様子は式 (12.7) で表せる．超音波周波数 f_{ac} を変化させると，式 (12.6) より，格子周期 Λ が変化して，光ビームを偏向，あるいは走査させることができる．これを**音響光学偏向器**（acousto-optic deflector）とよぶ．音響光学偏向器の特徴は，大きな偏向角が得られることである．

次に解像点数を調べる．超音波周波数 f_{ac} を，ブラッグの回折条件を満たす周波数 f_{B} から δf だけ変化させると，回折角がブラッグ角 θ_{B} から変化する．この偏向角の変化量 $\delta\theta_{\text{d}}$ は，式 (12.7)，(12.6) を利用して，次式で表せる［演習問題 12.6 参照］．

$$\delta\theta_{\text{d}} = \frac{m\lambda}{v_{\text{ac}}}\delta f \quad (m：回折次数) \tag{12.11}$$

ところで，直径 D の光ビームの回折角 θ_{dif} は，式 (5.4) より $\theta_{\text{dif}} = \tan^{-1}(\lambda/D)$ で与えられる．$m = 1$，回折角が微小とすると，解像点数 N は

$$N = \frac{\delta\theta_{\text{d}}}{\theta_{\text{dif}}} \fallingdotseq \frac{D\delta f}{v_{\text{ac}}} = t_{\text{ac}}\delta f \tag{12.12}$$

で評価できる．ここで，t_{ac} は超音波が光ビームを横断するのに要する時間である．

式 (12.12) から，次のことがわかる．

（ⅰ）空間分解能は，超音波の変化周波数 δf と超音波の横断時間 $t_{\rm ac}$ の積で決まる．
（ⅱ）横断時間 $t_{\rm ac}$ が大きくなるほど空間分解能が向上するが，$t_{\rm ac}$ の増加は動作時間の上昇を招く．よって，空間分解能の向上と動作時間の減少は両立しない．

12.4 光の変調

変調（modulation）とは，波源から出た搬送波に時間的な操作を加えて，信号として扱えるようにすることである．**光変調**とは，光源から出たレーザ光などに，光の属性である振幅，強度や周波数，位相などを時間的に変化させることで，光に情報をのせることである．振幅，強度，周波数，位相に対して変調を加えることを，それぞれ振幅変調（AM: amplitude modulation），強度変調（IM: intensity –），周波数変調（FM: frequency –），位相変調（PM: phase –）という．

光の標準的な変調方法として，搬送波発生用の光源とは別の変調器を利用する**外部変調**と，光源で搬送波発生と変調を同時に行う**直接変調**がある．外部変調では，機械式変調や，電気光学効果，音響光学効果がよく用いられる．直接変調の代表例として半導体レーザがあり，この場合は印加する電流を変化させている．半導体レーザの直接変調では，半導体での緩和振動周波数で高周波変調の限界が決まるため，数 10 Gbps のオーダまでしか使用できない．外部変調器の一種である，半導体の光吸収を利用した電界吸収形光変調器では，数 10 GHz まで変調が可能なことが確認されている．

以下では，電気光学効果を利用した光変調を主に説明する．

12.4.1 機械式光変調

光の領域でも使用されている簡単な変調方法は，機械式光変調である．これは，チョッパ（円周の周辺に断続的な透過部分を作製した円盤）を用いて，光を機械的に on, off する方式であり，光強度変調の一種と考えることができる．ロックインアンプを併用することで，チョッパと同期した信号のみを取り出して雑音を低減できるので，微弱光の検出など，計測によく利用される．

12.4.2 バルク形電気光学変調器

媒質に強い外部電界を印加すると，その光学的性質が変化することを，広義の**電気光学効果**（electro-optic effect）という．屈折率が印加電界に比例して変化する現象を，**1 次の電気光学効果**（**ポッケルス効果**）といい，これは外部変調によく利用されている．光の伝搬方向と電界の印加方向が直交（一致）する構造を横型（縦型）動作とよぶ．ここでは，LiNbO$_3$ を例にとって，光強度変調を説明する．

12.4 光の変調

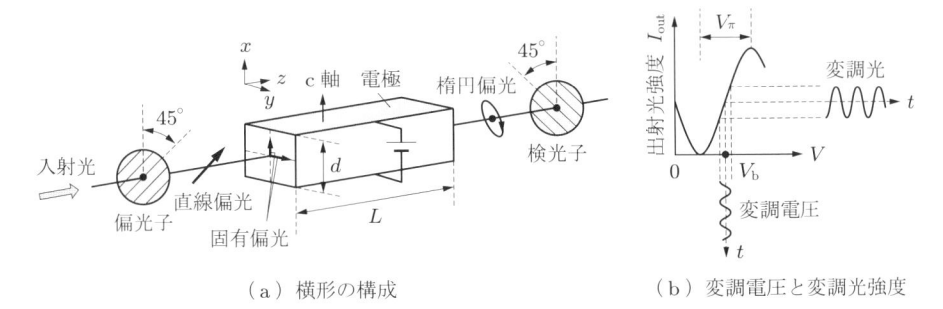

(a) 横形の構成　　　(b) 変調電圧と変調光強度

図 12.5　光変調器の構成と動作特性

図 12.5(a) に示すように，LiNbO$_3$ 結晶の c 軸を x 軸に向けて設置し，結晶の上下に電極を取り付け，電圧 V を x 軸方向に印加する．光の伝搬方向を z 軸にとり，横型構造とする．結晶の電極方向の厚さを d，光の伝搬方向の長さを L とする．いまの場合の結晶のように，3 次元的広がりをもつ塊の状態をバルクという．

この配置における結晶中の固有偏光（結晶中で存在可能な偏光状態）は，x 偏光と y 偏光となる．それぞれに対する屈折率は，

$$n_x = \left(\frac{1}{n_e^2} + \frac{r_{33}V}{d}\right)^{-1/2} \fallingdotseq n_e - \frac{n_e^3 r_{33} V}{2d} \tag{12.13a}$$

$$n_y = \left(\frac{1}{n_o^2} + \frac{r_{13}V}{d}\right)^{-1/2} \fallingdotseq n_o - \frac{n_o^3 r_{13} V}{2d} \tag{12.13b}$$

で得られる．ただし，n_o, n_e は常光線，異常光線に対する屈折率，r_{ij} は電気光学係数である．非零の r_{ij} 値は結晶の対称性に依存し，よく使用される電気光学結晶での大きさは $10^{-11} \sim 10^{-12}$ m/V 程度である．

図 (a) で結晶への入・出射側に偏光子を置き，入（出）射側を x 軸に対して 45°（−45°）傾いた直線偏光だけが通過できるように設定する．

偏光子透過後の光（光電界振幅 $E_{\rm in}$）は，x 軸と 45° をなす直線偏光なので，結晶内では x・y 両偏光を等振幅で励振する．この 2 偏光に対する屈折率は式 (12.13) で表されるように異なるため，結晶通過直後の出射光の偏光成分は

$$E_x = \frac{E_{\rm in}}{\sqrt{2}} \cos(\omega t - n_x k_0 L), \quad E_y = \frac{E_{\rm in}}{\sqrt{2}} \cos(\omega t - n_x k_0 L - \delta) \tag{12.14a}$$

$$\delta \equiv (n_y - n_x) k_0 L = (n_o - n_e) k_0 L + \frac{k_0 L V}{2d} \left(n_e^3 r_{33} - n_o^3 r_{13}\right) \tag{12.14b}$$

で表される．ここで，δ は x・y 偏光間の位相差，k_0 は真空中波数である．式 (12.14a) で表される偏光状態は，一般には楕円偏光となっている．

横型配置での検光子通過後の出射光強度 I_{out} は

$$I_{\text{out}} = I_{\text{in}} \sin^2\left[\frac{\pi(n_o - n_e)L}{\lambda_0} + \frac{\pi}{2}\frac{V}{V_\pi}\right] \tag{12.15}$$

$$V_\pi \equiv \frac{\lambda_0 d}{L}\frac{1}{n_e^3 r_{33} - n_o^3 r_{13}} \tag{12.16}$$

で書ける．ただし，$I_{\text{in}} = |E_{\text{in}}|^2$ は入射光強度，λ_0 は入射光の真空中波長である．式 (12.15) の三角関数内第 1 項目は，電圧を印加しなくても，媒質が常光線と異常光線で屈折率が異なることで生じる**自然複屈折**（$n_e - n_o$）による項である．また，V_π は**半波長電圧**（half-wave voltage）とよばれ，$V_{\lambda/2}$ とも書かれる．これは，位相差が $\delta = \pi$ つまり半波長ぶんの位相差を与える電圧であり，結晶に印加する電圧の目安を与える．

式 (12.15) は出射光強度を印加電圧の値に応じて変化できることを示し，このような変調方法を**光強度変調**という．式 (12.15) の意味するところは，次の通りである．

（ⅰ）半波長電圧 V_π が，結晶の厚さ d と長さ L の比で決まっている．V_π を減少させるには結晶厚 d を小さくすればよい．一方，L を長くすると伝搬損失が増加し，また素子が大きくなるので，L の増加による V_π の低下には限界がある．

（ⅱ）変調度も結晶厚 d と長さ L の比で調整できる．

（ⅲ）自然複屈折の項が残っているため，$V = 0$ で出射光強度がゼロにならない．

横型強度光変調器での出射光強度の電圧依存性を，図 12.5(b) に示す．光変調器として用いるときは，バイアス電圧 V_b を強度変化が大きな位置に設定し，その近傍で電圧を小さく変化させると，変調が効率よくかかる．

横型光変調器の欠点は，式 (12.15) の第 1 項目から予測できるように，温度変動があれば自然複屈折が変化し，動作特性がドリフトすることである．そこで，温度による自然複屈折の影響を低下させるため，二つの同形式の変調器の c 軸を直交させて縦列に配置することで温度補償を行う．

電気光学結晶として，KDP（KH_2PO_4）や ADP（$NH_4H_2PO_4$）は大形のものが得やすいので古くから使用されている．$LiNbO_3$ や $LiTaO_3$（タンタル酸リチウム）は半波長電圧が比較的小さくできるので，よく用いられる．

例題 12.3 $LiNbO_3$ を用いた横型バルク光変調器（長さ 5.0 cm，厚さ 5 mm）を He-Ne レーザ光（$\lambda_0 = 633$ nm）で用いる場合の半波長電圧 V_π を求めよ．ただし，$n_o = 2.286$，$n_e = 2.2$，$r_{13} = 8.6 \times 10^{-12}$ m/V，$r_{33} = 30.8 \times 10^{-12}$ m/V とする．

解 これらの値を式 (12.16) に代入して，$V_\pi = [633 \times 10^{-9} \cdot 5 \times 10^{-3}/(5 \times 10^{-2})]/[(2.2)^3 \cdot 30.8 \times 10^{-12} - (2.286)^3 \cdot 8.6 \times 10^{-12}]$ V = 281 V を得る．

12.4.3　導波路形電気光学変調器

電気光学変調器での半波長電圧 V_π に対する表式は，バルク形と導波路形で，構造パラメータ依存性 d/L が類似している．よって，V_π を小さくするには，式 (12.16) より，結晶厚 d を小さくし，結晶長 L を長くすることが望ましい．導波路形では電極間隔 d がバルク形に比べて大幅に減少できるため，印加電圧がバルク形より極度に小さくできる利点がある．また，V_π の低下は，低消費電力や高速変調にとっても好ましい．

12.5　光非相反素子

光がある方向には伝搬するが，その逆向きには伝搬しない素子を**光非相反素子**という．光非相反素子として光アイソレータや光サーキュレータがあり，この非可逆性にファラデー効果が利用されている．

12.5.1　ファラデー効果

砂糖水に直線偏光が入射すると，出射後の光も直線偏光となるが，その偏光面が回転している．このように，偏光面が回転する性質を**旋光性**（optical rotation）という．

透明の磁性体で，静磁界 H_0 が光の伝搬方向と平行に印加されているときに生じる旋光性を**ファラデー効果**（Faraday effect）またはファラデー回転といい，これは**磁気光学効果**（magneto-optic effect：媒質の光学的性質に対して磁場が及ぼす効果の総称）の一種である．このときの回転角度は，媒質長を L として，

$$\phi = V H_0 L \tag{12.17}$$

で表される．回転角 ϕ は積 $H_0 L$ に比例し，その比例定数 V を**ベルデ定数**（Verdet constant）とよぶ．ファラデー回転の特徴は，光伝搬の向きによらず偏光面の回転方向が変わらないことである．

偏光面の回転は次のようにして説明される．入射した直線偏光は，磁性体内では右回りと左回りの円偏光に分離される．両円偏光に対する屈折率が異なるため，光の伝搬につれて両円偏光の間で位相差を生じる．出射されるとき，両円偏光が合成されて直線偏光となるが，上記の位相差により，その偏光面は入射時の面から回転したものとなる．

ファラデー回転素子として，光通信で重要な近赤外域では YIG（$Y_3Fe_5O_{12}$）がよ

く使われる．YIGの透明波長域は赤外の$1\sim10\,\mu\mathrm{m}$である．これは強磁性体なので式 (12.17) のように，回転角が磁界に比例した形で表せないが，飽和磁化のもとで大きなファラデー回転角（$280°/\mathrm{cm}$，$\lambda=1.06\,\mu\mathrm{m}$）を示す．可視域用ファラデー回転素子としては重フリントガラスが用いられる．

12.5.2　光アイソレータと光サーキュレータ

　レーザから出た光は光強度が高いので，他の光学素子からの反射率が低い場合でも，光源側に戻ると有意な影響を及ぼし，レーザ動作が不安定となることがある．このような場合，光源と他の素子との間で光学的分離を行うと，光源の動作が安定化する．

　光学的分離は二つに大別できる．一つは，上記レーザ光源のように，入・出力ポートが一つずつあり，入力側から出力側には光が通過するが，その逆向きには通過を妨げる素子であり，これを**光アイソレータ**（optical isolator）という．二つ目は，入・出力ポートが合わせて3カ所以上あり，第1（2）ポートから入射した光が隣の第2（3）ポートから出射するというように，入・出力ポートが順に回転する素子であり，これを**光サーキュレータ**（optical circulator）とよぶ．これらと類似の素子は電波領域でもあるため，光領域の素子であることを明確にするため，先頭に"光"が付加されている．ここでは，光アイソレータの動作原理のみを説明する．

　光アイソレータの構成例を図12.6に示す．ファラデー回転子（媒質長L）の入・出射側に偏光子（12.1節参照）を設置する．ファラデー回転子の周辺に永久磁石を設置して，静磁界H_0を光の伝搬方向に一致させる．ファラデー回転方向は磁界の向きだけで決まるので，光がこの媒質を往復伝搬すると，光の偏光面がファラデー回転角ϕ

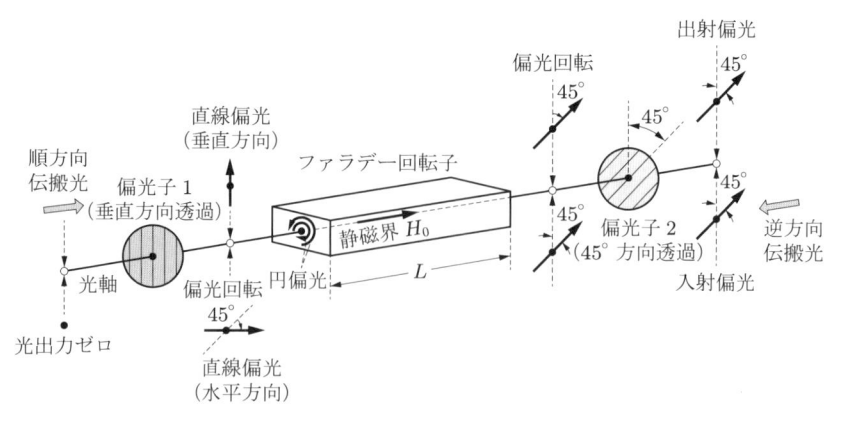

図12.6　光アイソレータの構成と動作
光軸より上（下）側が順（逆）方向伝搬光の丸印位置での偏光状態．

の2倍変化する．そこで，順方向伝搬光のみを通過させ，逆方向伝搬光が遮断されるように，偏光子1と2の透過偏光面を45°傾ける．そして積 H_0L の大きさを，ファラデー回転角 ϕ が順方向伝搬光の進行方向に対して，時計回りに45°になるように設定する．

このようにすると，同図の左側からの順方向伝搬光は，偏光子1を透過後は直線偏光となる．この光が媒質を伝搬すると，ファラデー効果により偏光面が45°回転して，偏光子2をそのまま通過する．一方，右側からの逆方向伝搬光は，右の偏光子2で決まる45°だけ傾いた直線偏光で媒質に入射する．これは媒質伝搬により，進行方向に対して反時計回りに45°回転するため，逆方向伝搬光が偏光子1で遮断される．

演習問題

12.1 方解石を用いてグラントムソンプリズムを作製したい．空気中にあるプリズムで，入射面での入射角 $|\theta_1| \leq 3°$ の光線まで許容する場合，くさび形の頂角 α をどの範囲に設定すればよいか（図12.1(a) 参照）．ただし，方解石の屈折率は，Na の D 線（$\lambda = 589.3$ nm）で，常光線に対して $n_\mathrm{o} = 1.658$，異常光線に対して $n_\mathrm{e} = 1.486$ とする．

12.2 分布帰還形 AlGaAs レーザで，活性層に沿った周期構造の平均屈折率が $n_\mathrm{av} = 3.5$，周期が 365 nm，回折次数が 3 のとき，レーザの発振波長を求めよ．

12.3 光フィルタに利用されている物理現象，波長選択性を得るための原理，分解能をまとめよ．

12.4 LiNbO$_3$（$n = 2.20$，音速 6.57×10^3 m/s）からなる音響光学偏向器に周波数 600 MHz の超音波を印加し，He-Ne レーザ光（真空中での波長 $\lambda_0 = 633$ nm）を入射させる．このとき，次の各値を求めよ．
① 超音波で形成される回折格子の周期，② 1 次の回折光に対するブラッグ角．

12.5 TeO$_2$ を用いた超音波光偏向器で He-Ne レーザ（$\lambda_0 = 633$ nm）ビームを偏向させる場合，超音波パワが 1.0 W，音波のビーム径が 1×1 mm^2，光と音波の相互作用長が 1.0 mm のとき，ブラッグ回折での回折効率を求めよ．ただし，TeO$_2$ の回折性能指数 $M = 3.45 \times 10^{-14}$ s^3/kg，音速 $v_\mathrm{ac} = 4.20 \times 10^3$ m/s である．

12.6 光ビームに対する偏向角の変化量 $\delta\theta_\mathrm{d}$ を表す式 (12.11) を導け．

12.7 次の用語の内容とその用途を説明せよ．
(1) 半波長板　(2) 回転多面鏡　(3) 光アイソレータ

13 光産業への応用

　光エレクトロニクスの産業への応用では，レーザがその中心をなしている．とくに民生用では半導体レーザがもつ小型・軽量という性質が有効に使われている．本章では，最初に応用の概要を述べた後，光産業への寄与が大きいものとして，主として光ファイバ通信，光記録，レーザ加工，光計測を取り上げ，これらについて説明する．

13.1 応用の概要と分類

　光エレクトロニクスにおいて，レーザは中心的な役割を担っている．それは，レーザが従来の光にはない，固有の性質をもっているためである．そこで，本節ではレーザのもつさまざまな特徴が，それぞれどのように活かされているかに着目して，光エレクトロニクス分野での各種応用を眺める．

　レーザの特徴は，① 単色性，② 高い光出力，③ 可干渉性，④ 指向性，⑤ 高エネルギー密度と高輝度，⑥ パルス動作，などである（1.5 節と 6.8 節参照）．これらの特徴と応用の関係を**表** 13.1 に示す．

　レーザの特徴と適用領域の関係を次に示す．
① の単色性は，スペクトル幅が極度に狭いことであり，これによりレーザは波長また

表 13.1　レーザの特徴と応用

レーザの特徴	応用上の着眼点	応用分野
単色性	波長または長さの基準	光計測，光ファイバ通信，分光分析
高出力		光ファイバ通信，光計測，植物工場
可干渉性	干渉縞の計測， 光ヘテロダイン干渉法	屈折率・厚さ測定，変位・振動計測，速度計測（レーザドップラー），光ジャイロ，ホログラフィ
指向性，直進性	非接触での物体への光照射， 正確な照準， ビーム広がりが小	光ディスク，レーザプリンタ，バーコードリーダ，距離測定（測距），レーザドップラー，レーザレーダ，光偏向器，宇宙利用
集光性	微小箇所への集光	光ディスク，レーザプリンタ，マイクロプローブ
高エネルギー密度，高輝度		レーザ加工，レーザ医療（レーザメス），物質の表面処理（アニーリング），光リソグラフィ，光化学反応
パルス動作	光パルス	光計測，分光分析（時間分解）

は長さの基準として使用できる．また，レンズでの色収差の軽減に役立つ．分光分析ではスペクトル領域での分解能が向上する．

② の高い光出力は，光入力を大きく保てるので，長距離での使用を可能とし，光ファイバ通信での基幹回線に役立っている．これはエネルギーとしての利用と密接な関係をもつ．

③ の可干渉性は，干渉計測に適するとともに，微小箇所への集光にも役立つ．波長の長いマイクロ波などの電波領域では，可干渉性を前提としていくつかの応用がすでに実用化されていた．波長の短いレーザ光も可干渉性をもつことにより，同じ考え方がスケールダウンの形で適用可能となる．代表例はヘテロダイン干渉計測である．

④ の指向性は，レーザを光ビームとして扱うことが可能となり，非接触での物体への光照射，正確な照準，微小箇所への集光ができるようになる．ビーム広がりが少ないので，遠方への伝搬にも使用でき，宇宙利用もされている．指向性により特定の場所に光が集中するから，これは集光性ともいえる．集光性により，適度な光出力でも光パワ密度を上げることができる．

⑤ の高エネルギー密度と高輝度は，高エネルギー利用を可能とする．

⑥ のパルス動作は，高いピークパワを得るのに役立っている．これは，エネルギー利用の他，時間領域での分光分析に有用となる．

13.2 光ファイバ通信

光ファイバ通信（optical fiber communication）は，光ファイバを伝送路とした，音声・文字・データ・画像情報などを送受する情報インフラを支える通信システムである．これは光産業としての市場規模が大きく，日本では1978年に商用化された．本節では，光ファイバ通信の概要，システムの基本構成や，各種応用などを説明する．

13.2.1 光ファイバ通信の概要と特徴

光ファイバ通信では，伝送路として用いられる石英系光ファイバの低損失・広帯域特性により，従来の銅線を用いた通信システムよりも中継間隔を約1桁以上長くできる．高価な中継器の数を減らすことで，とくに長距離でのシステムコストを下げることにつながったため，その経済的優位性により，光ファイバ通信網が全国津々浦々に張り巡らされている．

光ファイバ材料は，石英（SiO_2）またはプラスチックである．石英系光ファイバは極低損失でかつ化学的にも安定なので，長・中距離通信に適している．プラスチックファイバは，高い開口数，低コスト，損失は石英系に比べると大きいこと，などの特

徴をもち，LANなどの短距離用に使われることが多い．

　光ファイバ通信が公衆通信に初めて導入されたのは，1973年の米国である．開発初期には，光ファイバ接続が容易な，コア径が大きな多モード光ファイバが用いられた．接続問題が解決されてからは，より広帯域特性をもつ，コア径が小さな単一モード光ファイバが使用されるようになり，現在に至っている．

　光ファイバ通信は実用化されてから，今に至るまで進化を遂げ続けている．初期には波長 $0.85\,\mu m$ が使用されたが，その後，石英系光ファイバの零分散波長である $1.3\,\mu m$ 帯，石英系光ファイバの低損失域である $1.55\,\mu m$ 帯が使用されるようになった．光源には，初期から半導体レーザが使用されているが，波長帯の変遷に応じて，半導体の組成が AlGaAs/GaAs から InGaAsP/InP に変化している．

　1990年代には，高性能な希土類添加光ファイバ増幅器（8.8.1項参照）が実用化され，光通信システムに大きな変革をもたらした．光ファイバ増幅器により，減衰した光信号を増幅することが可能となり，長距離システムでの光直接増幅，光分岐回路での多段接続が行えるようになった．

　光ファイバ通信は，その導入初期には，主として中・長距離で使用されていた．最近では，光ファイバ通信が各家庭やオフィスまで導入されている．このほか，波長分割多重通信，光無線などが進展している．

　光ファイバ通信の特徴は，以下の通りである．

（ⅰ）光ファイバは広帯域なので，文書・音声・データはもちろん，情報量の多い画像の通信に適している．ベースバンドでの伝送帯域 B は，光ファイバの群遅延差（11.5節参照）を $\delta\tau_g$ で表すと，次式で記述できる．

$$B \equiv \frac{C_m}{|\delta\tau_g|} \tag{13.1}$$

ただし，C_m は変調方式に依存した定数である．

（ⅱ）光ファイバは低損失（$0.2\,dB/km$ 以下）なので，中継間隔を $50\,km$ 以上にでき，システムコストが低下する．

（ⅲ）光源に用いる半導体レーザは，直接変調が可能なため，部品点数が減少し，低価格・信頼性の向上に役立つ．

（ⅳ）光ファイバ増幅器の利用により，光での直接増幅が可能となった．これにより，再生中継の間隔を延ばすことが可能となり，システムコストが下がった．また，光の分岐・挿入が多段に行えるようになり，応用範囲が広がった．

（ⅴ）光ファイバがもつ細径・軽量という特徴は，船舶や航空機などの移動物体への搭載，銅線用の既設管路の利用，布設工事の負担軽減，などの利点をもたらす．

（vi）光ファイバは銅線と異なり，電磁誘導の影響を受けない．そのため，電力会社など大電流を使用する施設では便利であり，また無漏話（通話中に受話器を通じて通話者以外の声が混じらないこと）となる．

例題 13.1 光強度変調 ($C_m = 0.5$) で次の光ファイバを伝送させるとき，ベースバンド伝送帯域を求めよ．① 単一モード光ファイバで群遅延差 $\delta\tau_g = 2.0\,\mathrm{ps/km}$，② 2乗分布形多モード光ファイバで $\delta\tau_g = 250\,\mathrm{ps/km}$，③ ステップ形多モード光ファイバで $\delta\tau_g = 50\,\mathrm{ns/km}$．

解 式 (13.1) を用いて，① $B = 0.5/(2.0 \times 10^{-12})\,\mathrm{Hz\cdot km} = 2.5 \times 10^{11}\,\mathrm{Hz\cdot km} = 250\,\mathrm{GHz\cdot km}$，② $B = 2.0\,\mathrm{GHz\cdot km}$，③ $B = 10\,\mathrm{MHz\cdot km}$．

13.2.2 光ファイバ通信システムの基本構成

光ファイバ通信では，ディジタル信号が採用されており，光短パルスの有無を"1"と"0"の符号に対応させている．その基本構成と光パルス波形変動の概略を図 13.1 に示す．構成要素は，光源，変調器，伝送路，受光素子，復調回路，光増幅器である．以下で各構成要素について簡単な説明を順に行う．

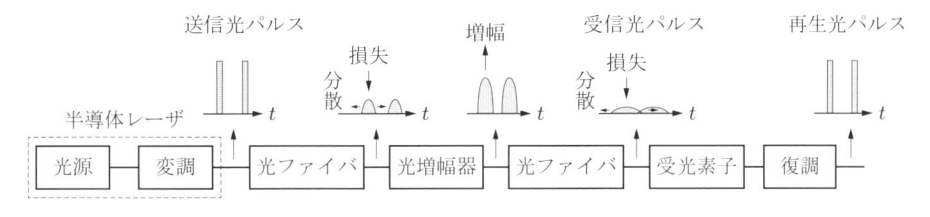

図 13.1 光ファイバ通信の基本構成と光パルス波形変動の概略

搬送波の発生光源として，半導体レーザが用いられている．半導体レーザは注入電流で駆動されるため，電流変化により信号を直接変化させることができる．このように別の変調器を用いることなく，搬送波に変調をかけることを**直接変調**という．半導体レーザでは，数 10 Gbps（bit/s）程度の符号伝送速度まで，直接変調が可能である．

光源から送出された光短パルスは，光ファイバ伝搬後，損失によりピークパワが減衰し（11.4 節参照），また分散によりその幅が広がる（11.5 節参照）．光パワが減衰し過ぎると，受光素子の受光レベル以下になって，信号として認識されなくなる．また，幅が広がり過ぎると，隣接パルスと重なり合って，符号誤りの原因となる．そこで，送信信号が誤りなく伝達できる適切な距離以内で，新しい光パルスを送出する必要がある．このような機能を行う装置を**中継器**（repeater）という．

光パワの減衰に比べて，パルス幅の広がりが少ない場合，光増幅器を用いて，光信号のままで直接増幅できる．光増幅器には，希土類添加光ファイバ増幅器（8.8.1 項参

照）が使用される．光増幅器では光パワを増幅することができるが，分散で広がった波形を整形できないことに注意を要する．

広がったパルス波形を解消するには，pin フォトダイオードや APD などの受光素子（9.3 節参照）を用いて光電変換する．電気領域では，微弱信号の増幅だけでなく，パルス列から時間軸でのタイミングを抽出して，"1" と "0" の識別をした後，半導体レーザで新たに光短パルスを再生・送出する．受信パルスを整形・識別し，新光パルスを送出する方式を，再生中継という．

中継器には，図 13.1 における光ファイバ以外の機能が含まれている．光中継器の価格が光ファイバに比べて高価なので，経済的視点から，中継器間隔を長くして，中継器数を減少させることが望まれる．そのため，通信用光ファイバには，低損失・低分散特性が要求される．

13.2.3 各種光ファイバ通信

光ファイバ通信は，情報の発生量により，長距離から短距離まで，低速から高速の符号伝送速度までをカバーしている．各種回線が，距離や通信需要，用途に応じて使い分けられている（図 13.2）．本項では公衆通信，LAN，光海底ケーブル通信など，いくつかの使用例を紹介する．

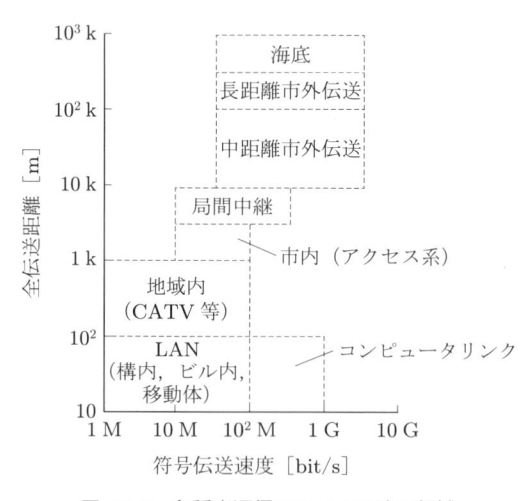

図 13.2 各種光通信システムの適用領域

（a） 公衆通信：中・長距離中継伝送

公衆通信では音声，データ，FAX（文書，図面）など各種情報が扱われている．光ファイバ通信は，最初，通信会社内の局間中継や大都市間の市外回線など，基幹回線

(局間通信)を中心として中・長距離用として導入された．現在では，基幹回線網として光ファイバ通信が採用されており，全国に石英系光ファイバが張り巡らされている．

国内初の商用化システムは，1978年のF-6M方式（符号伝送速度：6.3 Mbps，電話換算：96チャネル）であり，波長1.2/1.3 μmの双方向多重，石英系グレーデッド形多モード光ファイバ，InGaAsP半導体レーザ，Ge-APDが使用された．その後1983年に初めて，ステップ形単一モード光ファイバ（11.2・11.3節参照）が導入された．

石英系光ファイバでの低損失波長域が1.55 μm近傍にあることがわかってからは，使用波長帯が1.3 μm帯から1.55 μm帯に移動した．そのため，1980年代後半から分散シフト光ファイバ（11.5.2項参照）が用いられるようになった．分散シフト光ファイバは，低分散波長領域が1.55 μm近傍となるように，屈折率分布を変えることにより導波路分散を変化させた光ファイバであり，これにより1.55 μmで極低損失と低分散を同時に実現できるようになった．

単一モード光ファイバを用いた通信では，色分散の影響を抑えるため，狭帯域スペクトルの半導体レーザ（8.6節参照）が要求される．また，光ファイバ増幅器の進展によりGbpsオーダの符号伝送速度が実現され，波長多重技術の進展により10 Gbpsを超える符号伝送速度までもが可能となった．

(b)　公衆通信：光アクセス系

光ファイバ通信が，家庭や小規模オフィスなどのユーザと，通信会社のセンタを結ぶ光アクセス網にも導入されており，これはFTTH (fiber to the home) とよばれている．FTTHは距離が5～20 km程度であり，既存の銅線網を利用したADSLに比べて高速アクセスが可能となり，画像情報などで光ファイバがもつ広帯域性が活きてくる．

FTTHでは，一本の光ファイバを用いて，センタとユーザとの間で双方向通信を行う．センタ（ユーザ）からユーザ（センタ）への通信では，波長1.55（1.3）μm帯が用いられている．センタからユーザへの通信速度の方が速く，通信速度の公称値は100 Mbpsが多いが，最近では1 Gbpsのものもある．

光ファイバは低損失・広帯域なので，センタとユーザの間に光分岐回路（たとえば，スターカプラ）を設置して，センタからの光信号を分岐して，複数のユーザで高価な設備を共用することが可能となる．このようなシステムはPON (passive optical network) とよばれる．

(c)　LAN

LAN (local area network) とは，企業や学校内などの閉じた組織内で，複数の通信機器やコンピュータ機器間で通信を行うためのネットワークである．これは通信回

線やケーブルも利用者が自ら所有するもので，インターネット（LAN と LAN を接続したコンピュータネットワーク）にとって不可欠である．

LAN は通常，距離が 0.1～1 km 程度，符号伝送速度が 0.1～100 Mbps 程度の範囲で利用される．伝送路として，プラスチックファイバだけでなく，同軸ケーブルや撚り対線もよく用いられている他，無線 LAN もある．

（d）　光海底ケーブル通信

単一モード光ファイバにより中継間隔が伸びたことは，中継器の数を減らすことで信頼性の向上につながり，これはとくに海洋横断にとって好都合である．光海底ケーブル通信は，国際通信でまず実用化され，1985 年に初めてカナリー諸島に布設された．国内の離島用では，霧による無線通信の途絶を避けるため，この通信は島国である日本では有用である．

光海底ケーブル通信では，中継間隔を伸ばすために 1.55 μm 帯が利用され，エルビウム添加光ファイバ増幅器（EDFA，8.8.1 項参照）が採用されている．近年では，通信容量のさらなる増加のため，後述する波長多重通信が用いられている．

光海底通信システムでは，船を用いて光ケーブルと中継器を海底に布設している．この特殊性により，以下に示すように，陸上通信システムよりも厳しい特性が要求される．

（ⅰ）故障に対して即応できず，また修理に膨大な経費がかかる．そのため，高信頼部品の採用，高強度光ケーブルの使用などにより，方式寿命（25 年）内での故障を極力抑えている．

（ⅱ）光ケーブルが最大水深 8000 m（800 気圧）の海底に布設されるため，高耐水圧・高耐張力が必須である．

（e）　光無線

光無線という用語は，2 種類の使われ方をしている．一つは，無線通信の一種として電波の代わりに赤外線や可視光線を用いるものを指し，これは短距離用途に限られるが，免許が不要，簡易という利点をもつ．もう一つは，以下に説明する無線と光ファイバ通信の融合技術としての光無線である．

携帯電話などの移動端末の普及により，通信を無線で行うことへの需要が増加している．無線では混信を避けるため，同一地域内では異なる周波数を用いる必要がある．無線周波数は有限資源であり，電波領域は国により管理されている．

そこで，移動端末間の通信では，一つのサービス単位を複数のセルに分割し，一サービス単位に移動通信制御局，セル内に基地局を配置するという**セルラー方式**が採用さ

れている．この際，あるセルで用いた無線周波数を，一定距離離れた別のセルで再利用し，周波数の利用効率を上げている．移動端末からのベース信号は，ミリ波やマイクロ波で変調して無線に変換し，無線基地局を経由して移動通信制御局に送る．

無線基地局で受信した無線信号を，光の搬送波でさらに変調して，ちょうど「親亀の上に子亀，子亀の上に孫亀」状態にして，光ファイバで移動通信制御局まで伝送する，無線と光の融合技術を**光無線**（ROF: $\underline{r}$adio $\underline{o}$ver/on $\underline{f}$iber）という．光無線を用いると，以下に述べる利点が生まれる．

（ⅰ）無線基地局と移動通信制御局との距離が長くとれるため，ユーザ収容能力が向上する．
（ⅱ）光ファイバ通信がもつ大容量伝送が可能となる．

（f）波長分割多重通信とフォトニックネットワーク

半導体レーザにおける直接変調で，高速変調限界である数 10 Gbps が達成された．さらに伝送容量を増加させるためには，次の 2 方法が考えられる．① 半導体レーザを搬送波発生に使用し，変調には別の高速変調が可能な外部変調器の使用，② 半導体レーザの直接変調をそのまま使用して，複数の搬送波長の使用．① は実用化されていないので，ここでは ② を紹介する．

光ファイバの低損失波長帯における広い周波数帯域幅を活かして，1 本の光ファイバで多くの搬送波長を同時に伝送させる方法を，**波長分割多重**（**WDM**: $\underline{w}$avelength $\underline{d}$ivision $\underline{m}$ultiplexing）**通信**または波長多重通信という．これにより，異なる 2 点間での伝送容量を増加させることができる．単一モード光ファイバで，たとえば 10 波の多重化をすれば，数 10 GHz·km～数 THz·km の超広帯域通信が可能となる．数波長の多重化は 1990 年代後半で実現している．

WDM の使用波長は石英の極低損失帯の 1.55 μm 近傍であり，C バンド（conventional: 1530～1565 nm），S バンド（short wavelength: 1460～1530 nm），L バンド（long wavelength: 1565～1610 nm）などがある．WDM で光ファイバ増幅器を用いる場合，波長帯に応じて，EDFA 以外の希土類添加光ファイバ増幅器が必要となる．また，広帯域増幅用にラマン増幅器も研究されている．

WDM では，多波長の半導体レーザの光を光ファイバに入射させる光合波器と，光ファイバから各搬送波長を取り出す光分波器が，新たに必要となる．WDM 用伝送路には，波長 1.55 μm 近傍で零分散と極低損失を同時に実現した，石英系分散シフト光ファイバが用いられる．この場合，1.55 μm 帯の広い波長範囲にわたって広帯域特性が実現できる光ファイバ構造が望ましい．

光波長にインターネットにおける IP アドレスの機能をもたせ，WDM を 2 点間通

信からネットワークまで拡張させた通信網を**フォトニックネットワーク**という．これにより，大量の情報を経済的に送受し，多様なサービスを柔軟に取り入れることが可能となる．

フォトニックネットワークでは，従来の光通信で行われていた ① 伝送機能に加えて，従来電気レベルで行われていた，② 多重・分離機能，③ スイッチング機能，④ 転送（ルーティング）機能など，中継機能や信頼性の高いデータ転送の管理も光技術で行う必要がある．

13.3 光記録

光ディスクを用いた光記録は，民生品として定着し発展を遂げており，市場規模も大きい．本節では，この光記録について，光ディスクや再生光学系の概要，情報書き込みのしくみなどを説明する．

13.3.1 光記録の概要

光ディスク（optical disk）は，音楽や画像，文書などの情報を，ディジタル信号の形でディスク上に保存した，プラスチックの円盤状記録媒体である．一般によく使用されている光ディスクのうち，**コンパクトディスク**（**CD**: compact disk）が初めて発売されたのは 1982 年である．その後，高密度化のため，**DVD**（digital versatile disk，ディジタル多用途ディスク）や**ブルーレイディスク**（**BD**: blu-ray disc）が発売された．

光記録では，光ディスクからの情報の読み出しや書き込みに，レーザのもつ指向性や集光性が利用されている．情報の読み出しや書き込みには，専用の装置（光ピックアップ）を使用する．光ディスクを記録方式で分類すると，再生のみを行う再生専用型光ディスクと，情報の書き込みが可能な光ディスクに分けられる．前者は，プレス加工により，工場であらかじめ情報が書き込まれた媒体であり，ROM（read only memory）とよばれている．後者は利用者が自ら情報を書き込める媒体であり，一度だけ書き込める追記型と，多数回書き換えることができる書き換え型がある．

再生専用型記録媒体では，微小な楕円形の凸状ピット列（これは**トラック**とよばれる）が渦巻き状に配置されている（図 13.3）．ピットのない部分を反射層（**ランド**）とよぶ．情報をピットの長さで判別して，高密度に記録している．トラック間隔は CD の場合，約 1.6 μm であり，これは眼の空間分解能（約 0.1 mm）よりもはるかに微小なので視認できない．追記型や書き換え型では，案内溝（グルーブ）があらかじめ渦巻き状に刻まれており，これがトラックの役割をする．

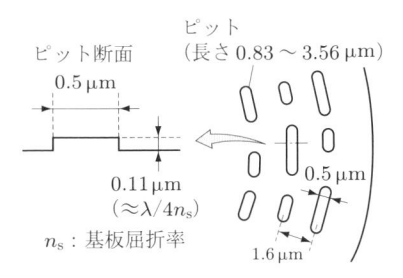

図 13.3 CD でのピットの配置と断面

光ディスクを利用した光記録は，次のような利点をもっている．
（ⅰ）レーザを使用しているため，光ビームを小さなスポットに絞ることが可能となり，高密度の情報記録・再生が可能となる．
（ⅱ）レーザがもつ指向性により，光ディスクへの非接触操作が可能となる．そのため，レコードのような溝が不要で，摩耗による劣化がなく，高信頼性・長寿命が確保される．
（ⅲ）"0" と "1" の 2 値で情報が扱われているため，画質・音質の劣化や情報誤りが起きにくく，情報の永年保存が可能となる．また，コンピュータとの親和性が高く，外部メモリとして使用できる．
（ⅳ）任意の位置への自由なアクセスが可能となるため，磁気テープやレコードに比べてアクセスが速い．
（ⅴ）表面についた傷やほこり，指紋の付着による情報への影響がほとんどない．

13.3.2 再生用光ピックアップ光学系

光ディスクから情報を読み取る部分を**光ピックアップ**という．CD の再生用光ピックアップの概略を図 13.4 に示す．半導体レーザから出た光ビームを，まずコリメートレンズで幅の広い平行ビームにする．その後，対物レンズを用いて，光ビームを記録媒体面上でピット幅より少し大きなスポット（ビーム直径が 1 μm 程度）に絞る．記録媒体面からの反射光は，ビームスプリッタを介して受光素子に導かれる．

光ピックアップでの主な機能は次の三つである．① ピットの有無の判別，② **トラッキング**（光ピックアップを渦巻き状ピット列に沿って追随させ，レコードにおける溝の役割をさせること），③ 焦点検出（光ディスクと対物レンズの距離を適正に保つため）．

ピットの有無は次のようにして判別される．ピットの高さは，空気中換算で 4 分の 1 波長程度に設定されている［演習問題 13.5，図 13.3 参照］．ポリカーボネート基板の屈折率は $n_s = 1.55$ であり，ピット高さは 110 nm［≒ $780/(4 \cdot 1.55)$］である．ピット面とランドからの戻り光の位相は，ほぼ半波長ぶん異なる．そのため，ピットがあ

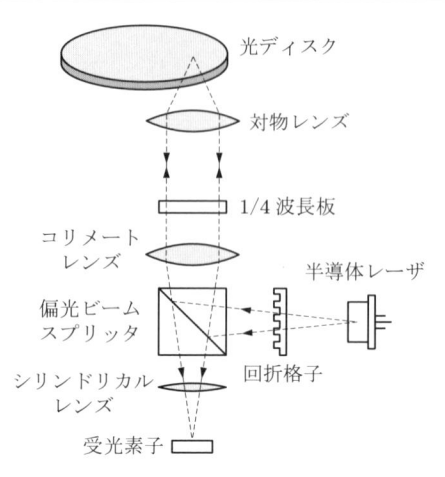

図 13.4 光ディスクのピックアップ概略

る部分で，半分のビーム光量がピットに入射すれば，干渉で戻り光はゼロとなるはずである．実際上は，戻り光が，ピット無しでの反射光量の約 1/10 となる．このような反射光強度の違いでピットの有無を判別し，光ディスクに記録されたディジタル情報を再生する．

トラッキングと焦点検出用に，回折格子が設置されている（図 13.4 参照）．光源からの光が回折格子を通過すると，透過光は 0 次回折光と ±1 次回折光の 3 ビームに分離される（5.4.2 項参照）．

トラッキングのため，±1 次回折光をピット列に対して逆方向に結像させる．光ビームがピット列からずれた場合，その方向からの反射光量が増加することを利用して，ピット列からのずれを防止する．焦点検出のため，0 次回折光をトラック中心に結像させ，1 方向にのみ集束作用のあるシリンドリカルレンズを介して，4 分割受光素子に導く．受光素子上でのスポット形状が円形となって，4 電極からの電流が等しくなるように，対物レンズの上下位置を制御する．

13.3.3 CD・DVD・BD の光学的仕様

本節では，CD・DVD・BD の光学的仕様がどのようにして決まっているかを，光ディスクにおけるビームスポットサイズ，焦点深度（焦点が合っているとみなせる，光軸方向の距離の許容範囲），収差（像の歪要因）などの光学特性を通じて説明する．波長と開口数が重要因子である．

高密度とするには，単位面積当たりに多くのピットを詰め込む必要がある．そのためには，レーザビームを小さく絞れることが必須となり，集束後のスポットサイズが

日安となる．一方，光ビームの集束状態を制限するものとして，回折限界や収差がある．焦点検出のためには，ある程度の焦点深度が必要となる．よって，これら多方面から光学系を考察する必要がある．

レーザの断面分布はガウス関数で記述され（3.5節参照），波長 λ のガウスビームの，回折限界でのスポットサイズは，

$$w_0 = \frac{\lambda}{\pi NA} \tag{13.2}$$

で，焦点深度は

$$D_\mathrm{F} = \frac{2\lambda}{\pi NA^2} \tag{13.3}$$

で表せる．ただし，NA は開口数である（2.7節参照）．光ディスクでの収差としてはコマ収差が重要で，その量は基板厚を d として，次式で表される．

$$\text{コマ収差} \propto d\frac{NA^3}{\lambda} \tag{13.4}$$

式 (13.2) より，高密度化で小さなスポットサイズを得るには，
（ⅰ）使用波長 λ の短波長化
（ⅱ）大きな開口数 NA をもつ光学系の利用
が望ましいように思われる．しかし，これらを同時に実行すると，式 (13.3)，(13.4) より，① 焦点深度が浅くなり，かつ ② コマ収差が増大する．① に関しては，トラッキングや焦点検出で，光ピックアップのアクチュエータ制御への負担が増すので，NAをあまり大きくできない．② に関しては，基板厚 d を薄くする必要がある．

これらの要素を加味して，CD・DVD・BD の光学的仕様が決められている（表 13.2）．CD・DVD・BD における光ビームの集束の概略を図 13.5 に示す．これらの概要は次の通りである．

表 13.2　各種光ディスクの主な仕様

種別	単位	CD	DVD	BD
記録容量	Gbytes	0.7	4.7	25
ディスクの大きさ		直径：120 mm，厚さ：1.2 mm（共通）		
基板厚（d）	mm	1.2	0.6	0.1
トラック間隔	μm	1.6	0.74	0.32
読み取り波長	nm	780	650（赤）	405（青紫）
対物レンズ NA		0.45	0.6	0.85

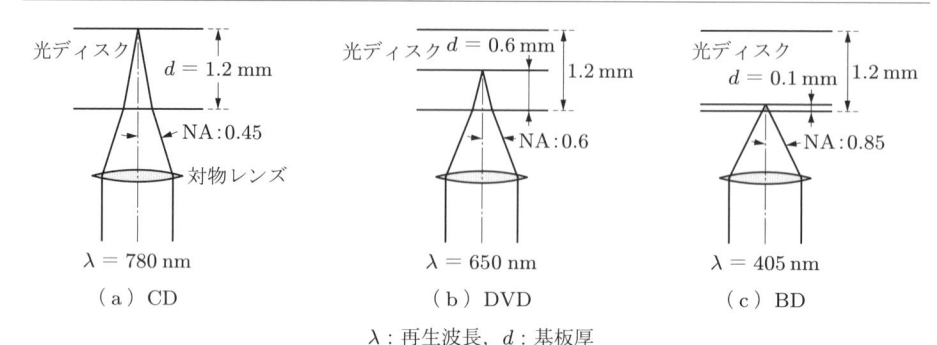

図 13.5 光ディスクにおける光ビームの集束の様子

λ：再生波長，d：基板厚

（ⅰ）CD・DVD・BD の順に再生波長 λ が短くなっている．

（ⅱ）適度な焦点深度を保持しつつ，DVD, BD でのスポットサイズを小さくするため，対物レンズの NA を CD, DVD, BD の順に大きくしている．

（ⅲ）DVD, BD でのコマ収差を低減するため，基板厚 d を CD, DVD, BD の順に薄くしている．BD の d は極度に薄くなっている．

再生光学系でのレーザとして，小型・軽量，長寿命な半導体レーザが用いられている．CD には $\lambda = 780$ nm（例：AlGaAs レーザ），DVD には $\lambda = 630 \sim 650$ nm（例：AlGaInP レーザ），BD には $\lambda = 405$ nm（GaN 系レーザ）が用いられている．光ディスクからの戻り光による雑音を防止するため，多モード発振のレーザが用いられている．

13.3.4 光ディスクへの情報記録

追記型や書き換え型光ディスクには，あらかじめ案内溝（グルーブ）が刻まれており，情報はそのトラックに沿って記録される．情報の記録方法には，光による物質の相変化を利用するものと光磁気効果を利用するものがある．書き込み回数が一回か多数回かによって，使用される物質が異なる．

光磁気効果を利用するものとして，光磁気（MO）ディスクやミニディスク（MD）があるが，ここでは近年，主流となっている相変化型光ディスクのみを説明する．

（a） 追記型光ディスク

情報の書き込みが一度だけ可能なものを**追記型**（R: recordable）**光ディスク**という（図 13.6(a)）．CD-R や DVD-R では，記録層にシアニン系などの有機色素を用い，これにレーザ光を，再生時よりも高い光パワで照射すると，色素が熱分解されて，照射部の反射率が低下する．その結果，非照射の反射層（ランド）と反射率の差が生じ，光照射部がピットの役割をする．基板にはポリカーボネートがよく用いられる．

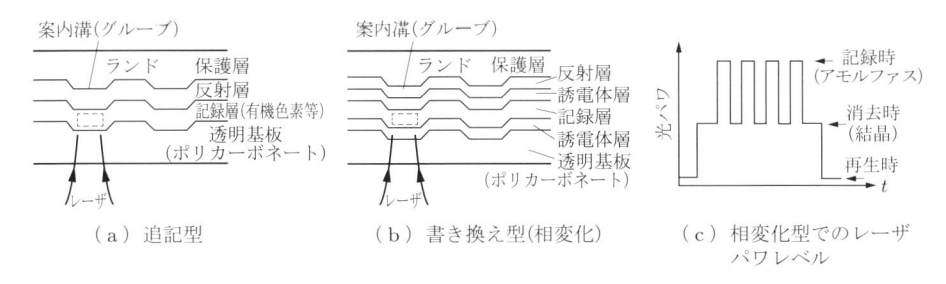

図 13.6 光ディスクへの情報記録

いったん相変化を起こした有機色素は不可逆性なので，以降の書き込みができなくなる．BD-R では記録層に無機系色素が用いられている場合がある．

(b) 書き換え型光ディスク

情報の書き換えが多数回（1000 回程度）可能なものを**書き換え型**（rewritable）**光ディスク**といい，-RW（rewritable）や-RAM（random access memory）がある．例として CD-RW，DVD-RW，BD-RE，DVD-RAM などがある．

書き換え型では，記録層に GeSbTe 系や銀 - インジウムアンチモンテルル（Ag-InSbTe）の合金が利用されている（図 13.6(b) 参照）．情報の記録時には，この合金に高出力のレーザ光（CD の場合，波長 780 nm，光出力 30 mW 程度）を融点以上に照射し，急冷すると，照射部が金属からアモルファス相に変化して，反射率が低下する（図 (c) 参照）．つまり，この光照射部がピットに相当するようになる．

情報の消去時には，中程度の出力のレーザ光を照射後に，結晶化温度以下までゆっくり冷却すると，合金が結晶状態に戻り，反射率が高くなる．これは記録された情報が消去されて反射層（ランド）に戻ったことに相当し，再度の書き込みが可能となる．

再生時には，書き換えに支障をきたさないように，レーザ光を低パワーにして利用する．

例題 13.2 光ディスクではピットが渦巻き状に配置されており，トラック間隔 Λ は一定値なので，これは放射方向で反射形回折格子とみなせる（図 5.5 参照）．ペンライト（白色）を光ディスクに入射角 θ_1（> 0）で照射して回折角 θ_2 で回折光を観測する．
① CD で $\theta_2 = -60°$ をなす方向から $\lambda = 633$ nm の赤色光を取り出したい．どの方向からペンライトを照射すればよいか，そのときの回折次数とともに答えよ．
② BD に対してペンライトを $\theta_1 = 30°$ で照射したとき，$\theta_2 > 0$ で可視の回折光が観測される方向があれば，求めよ．また，$\theta_2 < 0$ ではどうなるか．
ただし，CD の場合 $\Lambda = 1.6$ μm，BD の場合 $\Lambda = 0.32$ μm であり，鏡面反射を除く．

解 CD（BD）の回折次数を m_C（m_B）とおく．

① 式 (5.11b) より，CD に対して $\sin\theta_1 = m_\mathrm{C}(0.633/1.6) - \sin(-60°) = 0.396 m_\mathrm{C} + 0.866$ を得る．$m_\mathrm{C} = -1$ に対して $\theta_1 = 28.0°$，$m_\mathrm{C} = -2$ に対して $\theta_1 = 4.2°$ を得る．

② $\theta_2 > 0$ のとき $380 \leqq 320(\sin 30° + \sin\theta_2)/m_\mathrm{B} \leqq 780$ を満たす θ_2 の範囲を求める．$m_\mathrm{B} = 1$ のとき $\sin^{-1}(380/320 - \sin 30°) = 43.4°$，$780/320 - \sin 30° = 1.94$ で，$43.4° \leqq \theta_2 \leqq 90°$ となる．$m_\mathrm{B} = 2$ 以上では観測できない．BD ではペンライトなどの白色光を背にして BD を傾けたときに色づいて見える．$\theta_2 < 0$ では，可視の回折光は観測されない．

13.4　レーザ加工

レーザのもつ指向性や高光出力特性を利用すると，光学系で集光することにより，高い光エネルギー密度を実現できる．この光エネルギーを熱エネルギーに変換して，金属や半導体材料の溶接，切断など，通常の機械加工に利用する技術を**レーザ加工**（laser machining）という．レーザ加工は 1980 年代から実用例が徐々に増加し，電機・自動車・建設業界などへの産業応用が進んでいる．

13.4.1　レーザ加工の概要と特徴

通常の機械加工に使用される酸素・アセチレン炎のパワ密度は $10^2 \sim 10^3\,\mathrm{W/cm^2}$，電子ビーム溶接機のパワ密度は $10^9\,\mathrm{W/cm^2}$ 程度である．一方，加工用レーザとして，連続動作で $10\,\mathrm{kW}$，パルス動作で $100\,\mathrm{kW} \sim 1\,\mathrm{MW}$ 程度の高出力レーザが実用化されており，この場合，$10^9 \sim 10^{10}\,\mathrm{W/cm^2}$ 程度の光パワ密度が容易に達成できる．このようなパワ密度の比較から，加工用熱源としてのレーザの有用性がよくわかる．

レーザ加工を分類すると，穴あけ，切断，溶接，微細加工，薄膜加工などがある．レーザ加工の作業を大別すると，物質の加熱，溶融，蒸発，不要部の除去に分けられる．加工に対する物理的要求条件に関わって重要なのは，物質の加熱・溶融である．高い熱エネルギーを得るためには，高光出力レーザや集光光学系を備えた固有の加工装置が必要になる．高光エネルギー密度を得るために光ビームを細く絞るには，光学系のみならず，レーザに対しても特有の要求条件が課せられる．加工用レーザでは，光出力だけでなく，ビーム品質も重要となる場合がある．また，加工材料に対する光学的・熱的特性も重要となる．

レーザ加工の特徴を，次に列挙する．

（ⅰ）レーザビームがもつ指向性により，微小スポットに絞れ，それに伴い高い光エネルギー密度が達成できる．

（ⅱ）微小スポットに絞れることより，微細加工が容易となり，また加工精度が向上

する.

(iii) 高い光エネルギー密度が達成できることより,従来法の機械加工では困難な,高硬度や高融点の難加工材料にも適用できる.
(iv) レーザビームがもつ指向性により,非接触加工ができる.そのため,加工物を汚染しない,真空やガス雰囲気中の加工も透明窓を通しての加工が可能,などの利点が生まれる.
(v) パルスレーザでは,低エネルギーでしかも短時間に加工できるので,加工点以外への影響が少なくなる.
(vi) コンピュータ制御により,加工の自動化が容易となる.

以上の特徴を活かして,レーザ加工は,アニーリング(試料全体あるいは一部の温度を上昇させて,熱的に加工する方法),電子部品の加工,電子回路のスポット溶接,集積回路作製でのトリミング,自動車の車体組立での3次元溶接など,大きな対象物から微細な対象物までに応用されている.

13.4.2 レーザビームでのビーム品質と集光パワ

本項では,レーザビームがガウス関数で記述できる場合の特性を説明する.

(a) ビームパラメータ積

光ビーム(波長 λ)品質に関係するのは,ビームウェストでのスポットサイズを w_0,ビーム広がり角を θ として,積 $w_0\theta$ である.ビーム径を無収差光学系で変換しても,焦点面でこの積が不変であり,式 (3.36) や式 (3.37) を考慮すると,この積は λ/π で表せるので,積 $w_0\theta$ はレーザビーム固有の値と考えることができる.

実際の加工用レーザでは,積 $w_0\theta$ は光出力や高次モードの影響などにより,λ/π より大きな値を示す.そこで,理想的なガウスビームからのずれを反映させた,**ビームパラメータ積**(BPP: beam parameter product)

$$\mathrm{BPP} = w_0\theta = M^2\frac{\lambda}{\pi} \tag{13.5}$$

が用いられている.BPP [mm·mrad] や M^2 (≥ 1) はレーザのビーム品質を表すパラメータとなる.

(b) 集光パワ

レーザ加工では物質の加熱・溶融が重要であり,そのために光エネルギー密度が問題となる.実用上は,光パワを,物質内で熱エネルギーに効率よく変換することも重

要となる．

　波長 λ のレーザビーム（入射スポットサイズ w_{01}，広がり角 θ_1）を，無収差光学系（焦点距離 f）に入射させた場合，後側焦点面でのスポットサイズは式 (3.37) で得られた．加工用レーザでは，ビーム品質を考慮して，集光後のスポットサイズは

$$w_{02} = \frac{\lambda f}{\pi w_{01}} M^2 = \frac{f}{w_{01}} \text{BPP} \tag{13.6}$$

で表せる．式 (13.6) は，小さなスポットサイズを得るには，短焦点光学系，小さな M^2 や BPP が望ましいことを示している．短焦点光学系の場合，レンズでは集束レーザによる熱破損があるので，凹面鏡を用いる方がよい．

　レーザのパワを P，スポットサイズを w_{02} とする．ビームの実効断面積は $\pi w_{02}{}^2$ で書けるから（式 (11.15) 参照），光パワ密度は，

$$F = \frac{P}{\pi w_{02}{}^2} \tag{13.7}$$

で表せる．光パワ密度を上げるには，小さなスポットサイズが望ましい．

13.4.3　加工装置とレーザ

　レーザを加工に応用する場合，固有の加工装置が必要となり，レーザにもいくつかの条件が要求される．これらを以下の項で説明する．

（a）加工装置

　レーザ加工では，光源から出たレーザビームを加工材料のところまで伝送させ，集光させるための光学系が必要となる．レーザ加工の代表的な光学系を図 13.7 に示す．図 (a) はビームの固定光学系で，光を導くためにミラーによる反射を利用している．図 (b) は光ファイバを導光路とした光学系である．

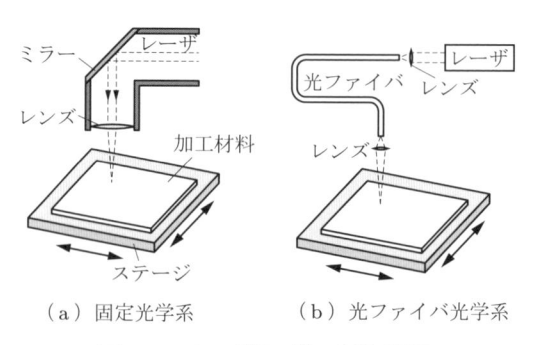

図 13.7　レーザ加工機の光学系概略

図 (a) では，加工ビーム位置を固定して，加工材料を移動させる．これの特徴は，加工精度が比較的高いことと，結像レンズを幅広く選択できることである．図 (b) の利点は，光を加工点まで柔軟に導けることである．しかし，導光路として石英系光ファイバを用いるので，（ⅰ）熱損傷を受けない範囲内での光パワ利用，（ⅱ）石英系光ファイバの損失に波長依存性があるので（図 11.4 参照），使用波長がファイバの透過波長域に限定される，などの制約がある．

（b） 加工用レーザ

加工用高出力レーザとして，CO_2 レーザ（$\lambda = 10.6\,\mu m$），Nd:YAG レーザ（$1.06\,\mu m$），イッテルビウム（Yb）ファイバレーザ（$1.08\,\mu m$），AlGaAs 半導体レーザ（$0.80\,\mu m$ 前後）などの赤外レーザが多く用いられるが，用途によってはエキシマレーザも使用される．CO_2 レーザでは $M^2 = 1$ に近いものが得られており，主として穴あけ，切断加工に用いられている．Nd:YAG レーザの場合，ランプや LD のいずれの光励起であっても，M^2 は 5 前後の値であり，各種用途に用いられている．これに対して，Yb ファイバレーザは $M^2 = 1$ に近く，ビーム品質のよい加工用レーザとして，近年重用されている．

例題 13.3 広がり角 $\theta_1 = 1.0\,\mathrm{mrad}$ の理想的レーザビーム（$M^2 = 1$）を，焦点距離 $f = 50\,\mathrm{mm}$ の凸レンズで集光する場合，得られるスポットサイズを求めよ．そのとき，レーザパワが $1.0\,\mathrm{kW}$ であれば，得られる光パワ密度はいくらになるか．

解 式 (3.37) より，スポットサイズは $w_{02} = f\theta_1 = 50 \cdot 10^{-3}\,\mathrm{mm} = 50\,\mu\mathrm{m}$ となる．いまの結果を式 (13.7) に代入すると，光パワ密度が $F = P/\pi w_{02}{}^2 = 10^3/[\pi \cdot (50 \cdot 10^{-3})^2]\,\mathrm{W/mm^2} = 1.27 \times 10^7\,\mathrm{W/cm^2}$ で得られる．

13.5 光計測

レーザがもつ各種性質は，従来の光にない特徴をもつので，光計測にとっても有用であり，その特徴を活かしてさまざまな分野に応用されている．また，光ファイバは長距離計測に役立っている．本節では，これらの特徴的な光計測使用法を紹介する．

13.5.1 光計測の概要

光計測（optical measurement）は，干渉，回折，散乱，偏光などの光学現象を利用した測定技術であり，レーザ誕生以前から存在していた．レーザや光ファイバなどの新規技術の出現により，従来技術を超える測定精度の向上，新規測定方法の確立，な

どがもたらされている．

レーザの特徴をすでに 13.1 節で示した．これらの特徴は，レーザの光計測への応用という観点からは，次のような意味をもつ．

（ⅰ）レーザがもつ単色性は，スペクトル幅が狭いことと等価である．これは狭い周波数幅に高エネルギーが集中することを意味し，光と物質の相互作用に寄与する．また，高分解能でのスペクトル測定を可能にする．
（ⅱ）高光出力は，長距離測定が可能，高い SN 比での測定，などにつながる．
（ⅲ）可干渉性を利用した場合，干渉縞は波長オーダの距離差で変化する．したがって，光波を干渉計測に利用すると，波長オーダの高精度計測が可能となり，距離や速度の測定精度が向上する．また，光源の安定性も精度向上に寄与している．
（ⅳ）指向性は直進性と関係しており，トンネルでの距離測定（測距）や三角測量などにとって都合がよい．また，非接触測定を可能にする．
（ⅴ）高輝度レーザを使用すると，高い SN 比での測定が可能となる．
（ⅵ）光短パルスを利用すると，超高速現象の観測が可能となり，高い時間分解能での測定ができる．

光ファイバを光計測に導入する意義は，次のようにまとめられる．

（ⅰ）光が光ファイバの中を伝搬するので，可撓性の光路をもつ測定装置が構成できる．この性質は光ジャイロ（サニャック効果を利用した回転角速度計測装置）に利用されている．
（ⅱ）低損失であるため，光路を長くとっても光量の減衰が少ないので，長距離測定が可能となる．これは干渉計測に導入されている．
（ⅲ）光路長は長さと屈折率の積なので，空気中よりも長い光路長がとれる．石英系ファイバの屈折率は約 1.5 なので，空気中より約 5 割増しの光路長となる．
（ⅳ）光ファイバの屈折率が温度や応力で変化するので，光ファイバ自体をセンサとして利用できる．

レーザの性質と応用分野の関係は，すでに表 13.1 に示した．その中で，レーザの光計測への応用では，物理，化学などに関する科学計測で新しい知見を得るのに役立っている．また，産業への応用では，計測での精度向上，光ヘテロダイン計測の導入，新分野への適用などにより，工業生産に直接結びついた工業計測が可能となっている．医療関係では，レーザを用いた無侵襲あるいは非破壊生体計測，光 CT (computer tomography) などに応用されている．

13.5.2 測距技術

レーザの光計測への応用で，基本的なものは距離測定（測距）である．測距技術に

は，パルス伝搬法や光変調法がある．

(a) 光パルス伝搬法

光パルス伝搬法は，送信部から光短パルスレーザを測定対象に向けて発射させ，測定対象から反射・散乱された光パルスを受信して，光パルスの往復時間から測定対象までの距離を計測する方法である（図 13.8）．これには，レーザがもつ指向性とパルス特性が利用されている．

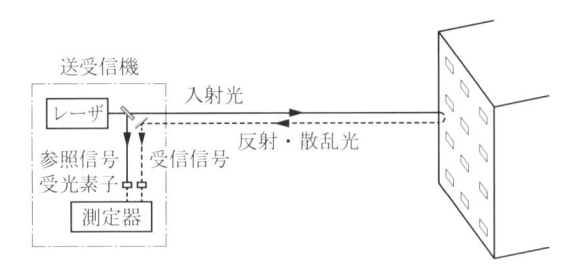

図 13.8 レーザを用いた距離測定の概略
送受信機内の測定器は，光パルス伝搬法では時間測定，光変調法では位相差測定を行う．

光パルスの往復時間を τ，光路の平均屈折率を n とすると，測定対象までの距離は，

$$L = \frac{c}{2n}\tau \tag{13.8}$$

で求められる．ただし，c は真空中の光速である．上記のような簡便な方式でも距離を測定できるが，測定精度を上げるため，送信パルスの一部を送受信機内部で反射させて，これを参照信号とし，放射された測距用の受信信号パルスとの時間差を上記の τ として，距離を測定する方法もある．

光パルス伝搬法は時間を直接計測する手法なので，光速が速いことにより，距離分解能を高くするためには，パルス幅の狭いレーザが要求される［例題 13.4 参照］．光源として，パルス幅が ns オーダあるいはそれ以下の値をもつ，Nd:YAG レーザや半導体レーザが主に使用されている．また，電気光学効果を利用したシャッタで切り出した光パルスも使用される．

光パルス伝搬法の原理はレーザレーダにも応用されている．**レーザレーダ**（laser radar）は，光パルスを，微小粒子を含む媒質や大気汚染物質に向けて発射し，対象物からの散乱光を検出・分析するものである．レーザレーダの応用として，近赤外半導体レーザなどを用いた自動車の衝突防止用の車間距離測定がある．

> **例題 13.4** 光パルス伝搬法で空気中にある対象物までの距離を測定する場合,時間測定の誤差 $\Delta\tau$ が次の各値のとき,距離測定の誤差 ΔL を求めよ.① 1.0 ns,② 10 ps.

解 式 (13.8) の両辺を微分して,$\Delta L = (c/2n)\Delta\tau$ が得られる.$\Delta\tau$ をパルス幅と考えてもよい.① $\Delta L = [3.0\times 10^8/(2\cdot 1.0)]\cdot 1.0\times 10^{-9}\,\mathrm{m} = 1.5\times 10^{-1}\,\mathrm{m} = 15\,\mathrm{cm}$.② $\Delta L = 1.5\times 10^{-3}\,\mathrm{m} = 1.5\,\mathrm{mm}$.

(b) 光変調法

光パルス伝搬法は簡便ではあるが,光短パルスが必須である.この制約を解消するため,光ビームに変調をかけて送信し,測定対象からの反射ビームとの位相差を検出・比較して,距離測定を行うのが**光変調法**である.

光源からの光ビームを周波数 f_m で正弦波変調し,送信前に参照信号として,送受信機内部で受ける(図 13.8 参照).測定対象までの光の往復時間を τ とすると,参照信号 (I_r) と反射ビームの受信信号光強度 I_s は,

$$I_\mathrm{r} = I_\mathrm{in}[1 + m\sin(2\pi f_\mathrm{m}t)], \quad I_\mathrm{s} = \alpha I_\mathrm{in}\{1 + m\sin[2\pi f_\mathrm{m}(t-\tau)]\} \tag{13.9}$$

で書ける.ここで,I_in は送信光強度,m は変調度,α は光の減衰率である.参照信号と受信信号の位相差 φ は,位相には 2π の整数倍だけ不確定さがあることを考慮して,$2\pi f_\mathrm{m}\tau = \varphi + 2\pi q$($q$:整数)で得られる.

測定対象までの距離 L は,式 (13.8) を利用して,次式で求めることができる.

$$L = \frac{c}{2nf_\mathrm{m}}\left(\frac{\varphi}{2\pi} + q\right) \quad (q:\text{整数}) \tag{13.10}$$

式 (13.10) は変調周波数 f_m を高めることにより,距離分解能が上がることを示す.また,この式は整数ぶんだけ不確定さをもつので,次のような使用法がなされている.

(ⅰ) 大体の距離が既知であり,それをさらに高精度にする際に利用する.

(ⅱ) 変調周波数 f_m を可変にしたり,あるいは複数の変調周波数を用いたりして,不確定さを除去し,高精度の距離測定をする.

光源にはレーザだけでなく,比較的短距離ならば LED を用いることもできる.位相差測定には,次項で述べる光ヘテロダイン干渉法も用いられる.

13.5.3 光ヘテロダイン検波

周波数がわずかに異なる波動を重ね合せると,サイレンのように,差の周波数のうなりを生じる.レーザの出現により,スペクトル幅が極度に狭い準単色光が得られる

ようになったので，光のうなりが容易に検出できるようになり，計測精度向上に貢献している．

(a) 測定原理

角周波数 ω_s の信号光と，これに近い角周波数 ω_r をもち，かつ信号光より光パワの十分大きい**局部発振光** (local oscillator) を，同時に受光素子に入射させる（図 13.9）．このとき，光源には周波数が安定化されたレーザを用いる．

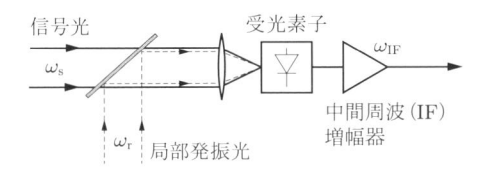

図 13.9 光ヘテロダイン検波の構成

信号光と局部発振光の瞬時複素振幅を

$$u_s = E_s(t)\exp(i\omega_s t + \varphi_s), \qquad u_r = E_r \exp(i\omega_r t + \varphi_r) \tag{13.11}$$

で表す．ただし，$E_s(t)$ は信号電界，E_r は一定振幅の局部発振光の電界であり，$|E_s(t)| \ll |E_r|$ を満たすようにする．また，φ_j (j = s, r) は位相である．両光波を受光素子に入射後，2 乗検波すると，光電流 I_{pc} は

$$I_{pc} \propto |u_s + u_r|^2 = |E_s(t)|^2 + |E_r|^2 + 2\mathrm{Re}\{E_s(t)E_r^*\}\cos[(\omega_s - \omega_r)t + (\varphi_s - \varphi_r)] \tag{13.12}$$

で表せる．式 (13.12) で第 1・2 項目が直流項，第 3 項目が干渉項に相当する．2 周波数が等しいとき，式 (13.12) は通常の干渉縞（式 (4.3) 参照）と形式的に同じとなる．

式 (13.12) 第 3 項目で，光領域で近い角周波数にある ω_r と ω_s を，**中間周波数**（ビート周波数）$\omega_{IF} = |\omega_s - \omega_r|$ が電気領域で処理できるほど小さな値に設定する．そうすると，受光素子で電気信号に変換後，低域濾過フィルタで中間周波数成分だけを取り出せば，ビート信号の電気的位相として検出できる．また，局部発振光の電界 E_r を増大させることにより，ビート信号を大きくできる．このように，二つの高周波信号から低周波のビート信号を得て，中間周波数で測定する技術を**ヘテロダイン検波**という．

ヘテロダイン検波は電波領域ですでに確立されていたが，可干渉性をもつレーザが発明されて初めて，光領域でも可能となった．もとの信号が光波であるとき，とくに**光ヘテロダイン検波** (optical heterodyne detection) とよぶ．

(b) 光ヘテロダイン検波の特徴と応用

光ヘテロダイン検波の特徴は，以下の通りである．

(ⅰ) 局部発振光の強度 $|E_r|$ を大きくすることにより，ビート信号を大きくすることが可能になるので，微弱光の検出が可能となる．

(ⅱ) 技術的に成熟した電気信号で扱えるので，これらの周波数や位相を高精度で検出すれば，高い分解能での測定が可能となる．

(ⅲ) 局部発振光と信号光の波面が一致する部分のみを取り出せる（高い伝搬方向選択性）．

光ヘテロダイン検波は，上記のように多くの利点をもつので，高精度測定法として多方面で使用されている．例として，レーザドップラ速度計（流速計），ヘテロダイン分光法（分子などで散乱された光の周波数偏移を解析して，物質の構造解明），微小変位の計測（従来法の高精度化），光ヘテロダインレーザ顕微鏡，などがある．

13.5.4 レーザドップラ速度計

波源と観測者が相対的に移動しているとき，観測周波数が速度や方向で変化する現象は，**ドップラー効果**（Doppler effect）とよばれ，これは緊急自動車のサイレンなどで経験している．光が移動物体に照射されると，物体からの反射・散乱光の周波数が変化する．このドップラーシフトを計測することにより，移動物体の速度や移動方向を知ることができる．これにはレーザがもつ，指向性と非接触性が役立っている．

レーザドップラ速度計の測定原理となる，周波数変化の説明図を図 13.10 に示す．波数ベクトル k_{in} の光（周波数 f_{in}）が，速度ベクトル v の移動物体に入射した場合，散乱光（周波数 f_s）が波数ベクトル k_s の光になるとする．このとき，ドップラーシフト，つまりビート周波数の一般形は

$$\delta f = f_s - f_{\mathrm{in}} = \frac{1}{2\pi}(k_s - k_{\mathrm{in}}) \cdot v, \qquad |k_{\mathrm{in}}| = |k_s| = n\frac{2\pi}{\lambda_0} \quad (13.13\mathrm{a})$$

で，図 13.10 の配置に対する角度表示は

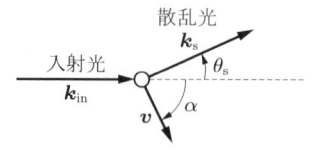

図 13.10　ドップラー効果によるレーザの周波数変化

$$\delta f = \frac{2n}{\lambda_0}|\boldsymbol{v}|\sin\frac{\theta_\mathrm{s}}{2}\sin\left(\alpha+\frac{\theta_\mathrm{s}}{2}\right) \tag{13.13b}$$

で得られる［演習問題 13.7 参照］．ただし，λ_0 は入射レーザの真空中での波長，n は周囲媒質の屈折率である．$|\boldsymbol{v}| \ll c$（c：真空中の光速）としているので $\delta f \ll f_\mathrm{in}$ である．

式 (13.13) における δf は，式 (13.12) における $(\omega_\mathrm{s}-\omega_\mathrm{r})/2\pi$ に対応する．よって，光ヘテロダイン検波を併用してドップラーシフトを計測すると，移動物体の速度や移動方向を知ることができる．

レーザドップラ速度計では，レーザ光の周波数が非常に高く，かつ狭スペクトルなので，低速から高速まで，広いダイナミックレンジの速度測定ができる．これは科学計測のみならず，高温・高速流体の速度測定，環境測定など，工業計測にも利用されている．

13.6　その他の応用

本節では，光情報機器，レーザ医療，農業・漁業への応用のみを取り上げる．

13.6.1　光情報機器

(a)　レーザプリンタ

レーザプリンタ（laser printer）は，光源にレーザを用いて，普通紙に対して高品質な高速印刷が可能な印刷装置である．現在は半導体レーザ光源が主流であり，半導体レーザの需要が大きい分野となっている．半導体レーザの使用により，プリンタの小型化，高精細化が進んでいる．これは，レーザがもつ，非接触性や集光性などを利用している．

レーザプリンタの構造の概略を図 13.11 に示す．光源から出たレーザビームは，結合レンズを介して回転多面鏡（ポリゴンミラー）に入射させられる．これから反射された光ビームは，感光ドラム上で小さなスポットに絞られて感光・印字後，回転多面鏡により光ビームが走査される．光源には，AlGaAs 半導体レーザ（$\lambda = 780\,\mathrm{nm}$）や AlGaInP 半導体レーザ（650 nm）が用いられている．

レーザプリンタでの印刷の原理は，次の手順通りである．
① 一次帯電：感光体は，暗所では絶縁体の性質をもつが，あらかじめプラスまたはマイナスに帯電させておく．
② 露光：感光体で露光された部分は，電荷を失い導体となって静電潜像となる．

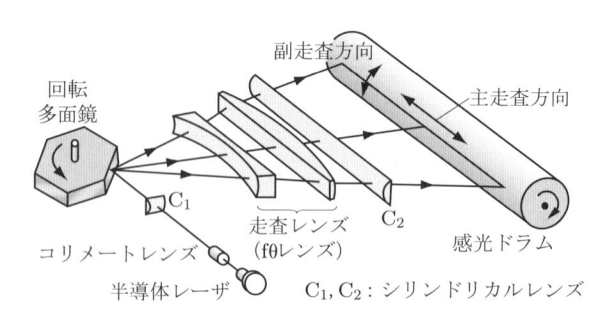

図 13.11　レーザプリンタの光学系概略

③ 現像：トナーを用いて現像する．
④ 転写：現像された像と印刷紙を接触させ，紙の裏側からトナーと逆の電荷をかけてトナーを印刷用紙に転写する．
⑤ 定着：トナーを加熱して印刷用紙に定着させ，印字する．

(b)　バーコードリーダ

　光源として使用されるレーザがもつ指向性は，物流の現場で，移動中または固定された商品のコードを非接触で判別するのにも適している．コンビニなどで購入する商品で日常的に目にする，間隔の異なる白黒パターンをバーコードといい，バーコードを読み取る装置を**バーコードリーダ**（bar code reader）という．
　回転多面鏡式バーコードリーダの光学系を図 13.12 に示す．光源から出たレーザビームは，穴あきミラーの開口から回転多面鏡（ポリゴンミラー）に入射する．回転多面鏡で反射した光ビームはバーコード近傍で結像した後，反射されて伝搬経路を逆にたどって穴あきミラーで反射後，受光素子に導かれる．受光素子の直前には干渉フィルタが設置され，使用波長以外の外乱光を除去して検出精度を上げている．光源として，

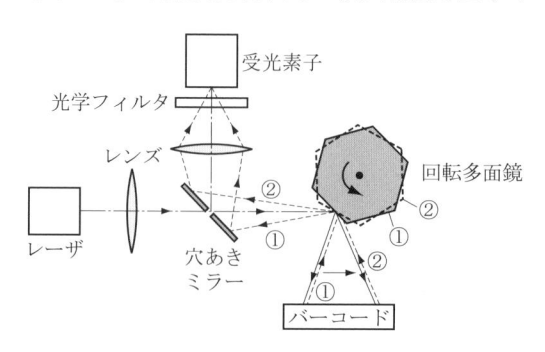

図 13.12　回転多面鏡式バーコードリーダの光学系の概略

近年は AlGaInP 半導体レーザ（$\lambda = 650\,\text{nm}$, $670\,\text{nm}$, 赤色）がよく使用されている．

13.6.2　レーザ医療

レーザ医療（laser medical treatment）は，レーザのもつクリーン性やエネルギーを利用して，医療に役立てる技術であり，エネルギー利用という観点では，レーザ加工と共通部分がある．レーザ医療固有の条件として次のものがある．
（ⅰ）使用素材の人体への安全性の確保．
（ⅱ）医師が手術などに使用する場合の操作性に優れていること．光ファイバがもつ可撓性は操作性の向上に大きく貢献している．
（ⅲ）滅菌，消毒環境に対する耐久性．
（ⅳ）患部の細胞に固有の吸収波長と吸収係数に応じたレーザの使用．

生体組織の 70～80% は水分が占めている．生体組織において波長 700～1200 nm は，水と血液ヘモグロビンの吸収が比較的少なく，高い透過特性をもつので，生体内を探る光の窓として知られている．そのため，AlGaAs などの半導体レーザ（$\lambda = 800\,\text{nm}$ 前後）や Nd:YAG レーザ（$1.064\,\mu\text{m}$）がよく使用される．一方，波長 $10\,\mu\text{m}$ 近傍では表層での吸収が強いので，この波長では CO_2 レーザ（$10.6\,\mu\text{m}$）が用いられる．Ho:YAG レーザ（$2.08\,\mu\text{m}$）は石英系光ファイバを導光路として使用されている．

眼科ではアルゴンイオンレーザ（$488\,\text{nm}$, $514\,\text{nm}$），He-Ne レーザ（$633\,\text{nm}$），半導体レーザ（$780\,\text{nm}$），歯科では CO_2 レーザ，Nd:YAG レーザ，Er:YAG レーザ（$2.94\,\mu\text{m}$）などが用いられている．

13.6.3　農業・漁業への応用

農作物は天候に左右されて，価格が変動する．農作物の安定供給を目指して，半導体レーザ（LD）や LED を利用した植物工場ができている．農作物の生長に適した波長のみを照射すると，電気代が節約できる．これに水耕栽培を併用することにより，土を使うことなく，まるで工業製品のように農作物を供給できる．リーフレタスなどの葉菜類はすでに市場に出荷されている．光合成には赤色や青色の照射が有効であることがわかっている．DVD や BD の普及に伴い，赤色・青色の LD や LED の性能向上，価格低下が実現すれば，植物工場のコストも低下する可能性がある．

イカ漁では集魚灯を用いるが，光への変換効率が悪く，無駄に熱エネルギーとして放射されるため，燃料代がかさむ．そこで，集魚灯として LED の利用が試みられている．

演習問題

13.1 光ファイバ通信で使用される波長は，どのような考え方に基づいて決められているか説明せよ．

13.2 光源の光出力が $2.0\,\mathrm{mW}$，光源と光ファイバの結合損が $3.0\,\mathrm{dB}$，光ファイバの伝送損失が接続部分を含めて平均 $0.5\,\mathrm{dB/km}$，光検出器の受光レベルが $0.5\,\mathrm{\mu W}$ であるとき，損失制限による中継器間隔を計算せよ．ただし，温度変動などによるシステム余裕を $7.0\,\mathrm{dB}$ とする．

13.3 光ディスクに関する次の問いに答えよ．
① CD で波長 $780\,\mathrm{nm}$ の半導体レーザ光（ガウスビームとする）を，開口数 $NA = 0.45$ の対物レンズで集光するとき，回折限界で得られるスポットサイズを求めよ．
② 同じレーザを焦点距離 $f = 6.0\,\mathrm{mm}$，口径 $5.0\,\mathrm{mm}$ の凸レンズで集光するとき，後側焦点面で得られるスポット半径を求めよ．ただし，この場合はインコヒーレント光の表式で求めよ．

13.4 CD と DVD の円盤サイズが同じであるにもかかわらず，CD の記録容量は $650\sim700\,\mathrm{M}$ バイト，DVD の記録容量は $4.7\,\mathrm{G}$ バイトである．このように記録容量が違っている理由を説明せよ．

13.5 光ディスクではピット（屈折率 n_s）の有無を，ランドからの戻り光強度を最大，ピットからの戻り光強度を最小として，これらの違いで判別している．ビーム光量がランドとピットに等しく分布するとして，戻り光強度がゼロとなるために必要なピットの最小厚 d を求めよ．ただし，光源波長を λ_0 とする．

13.6 光変調法を用いた距離測定に関する次の問いに答えよ．
① 変調周波数を f_1 として，大気中にある対象物までの距離 L を測定したときの位相差が φ_1 であった．変調周波数を f_1 より少し大きな f_2 としたとき，位相の飛びがなく位相差が φ_2 となった．距離 L をこれらのパラメータで表せ．ただし，大気の屈折率を n とせよ．
② $f_1 = 500.0\,\mathrm{MHz}$，$\varphi_1 = 0.35\,\mathrm{rad}$ および $f_2 = 500.1\,\mathrm{MHz}$，$\varphi_2 = 1.40\,\mathrm{rad}$ であり，$n \fallingdotseq 1.0$ とするとき，距離 L を求めよ．

13.7 図 13.10 に示すレーザドップラ速度計の構成で，ビート周波数 δf の角度表示が式 (13.13b) で表せることを導け．また，散乱光が入射光方向に戻るとき，$|\delta f|$ が最大となる角度 α を求めよ．

13.8 水中で移動するポリスチレン球に He-Ne レーザ（$\lambda_0 = 633\,\mathrm{nm}$）を照射したところ，$1.0\,\mathrm{MHz}$ のドップラーシフトが観測された．図 13.10 で $\theta_s = 30°$，$\alpha = 45°$ であるとき，ポリスチレン球の移動速度を求めよ．ただし，水の屈折率を 1.33 とする．

付録A 各種定数などの基本事項

□ 物理基礎定数

真空中の光速 　　　$c = \dfrac{1}{\sqrt{\varepsilon_0 \mu_0}} = 2.99792458 \times 10^8 \,\mathrm{m/s}$

真空の誘電率 　　　$\varepsilon_0 = \dfrac{10^7}{4\pi c^2} = 8.854188 \times 10^{-12} \,\mathrm{F/m}$

真空の透磁率 　　　$\mu_0 = 4\pi \times 10^{-7} = 1.256637 \times 10^{-6} \,\mathrm{H/m}$

電気素量 　　　　　$e = 1.602177 \times 10^{-19} \,\mathrm{C}$

電子の静止質量 　　$m_\mathrm{e} = 9.109383 \times 10^{-31} \,\mathrm{kg}$

プランク定数 　　　$h = 6.626070 \times 10^{-34} \,\mathrm{J\cdot s}$

ボルツマン定数 　　$k_\mathrm{B} = 1.380649 \times 10^{-23} \,\mathrm{J/K}$

□ 単位の換算

エネルギー 　　　$1\,\mathrm{eV} = 1.60218 \times 10^{-19}\,\mathrm{J} = 8.0655 \times 10^3 \,\mathrm{cm}^{-1}$

光損失 　　　　　$L_\alpha\,[\mathrm{dB/km}] = 4.343 \times 10^5 \alpha\,[\mathrm{cm}^{-1}]$

$\alpha\,[\mathrm{cm}^{-1}] = 2.303 \times 10^{-6} L_\alpha\,[\mathrm{dB/km}]$

□ SI 接頭語

名 称	記 号	大きさ	名 称	記 号	大きさ
エクサ exa	E	10^{18}	デシ deci	d	10^{-1}
ペタ peta	P	10^{15}	センチ centi	c	10^{-2}
テラ tera	T	10^{12}	ミリ milli	m	10^{-3}
ギガ giga	G	10^9	マイクロ micro	μ	10^{-6}
メガ mega	M	10^6	ナノ nano	n	10^{-9}
キロ kilo	k	10^3	ピコ pico	p	10^{-12}
ヘクト hecto	h	10^2	フェムト femto	f	10^{-15}
デカ deca	da	10^1	アト atto	a	10^{-18}

付録 B　ブラッグの回折条件式（5.9）の導出

ここでは，式 (5.9) を 2 次元の場合について検討する．平面波（波長 λ）が，周期構造（周期 Λ）に斜め入射しているとする（図 A.1）．図 5.4 に合わせて，光線の角度を格子面に対してとり，入射角を θ_{in}，回折角を θ_{dif} とする．入射光に対して入射格子面上で点 A, A′ をとる．点 A からの透過光が，1 周期目の格子面で反射する点を B，反射後に入射格子面と交わる点を C とする．点 A′ から隣接する入射光線に下ろした垂線の足を点 E とする．点 A と C から回折光線に下ろした垂線の足を，それぞれ点 D, F とする．

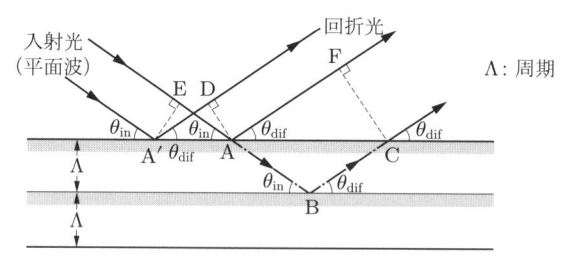

図 A.1　ブラッグ回折における入射・回折光の関係
図で破線は波面を表す．

入射光の波面 A′E 以前と，回折光の波面 AD 以降では同位相である．したがって，回折光が安定に存在するには，波面 A′E と波面 AD 間での位相変化が，2π の整数倍となればよい．つまり，$(\mathrm{AE} - \mathrm{A'D})k = (\mathrm{AA'}\cos\theta_{\mathrm{in}} - \mathrm{AA'}\cos\theta_{\mathrm{dif}})k = 2\pi m'$（$k = 2\pi/\lambda$ は波数，m'：整数）．この式が線分 AA′ の長さおよび波長 λ によらず成立するためには，

$$\cos\theta_{\mathrm{in}} = \cos\theta_{\mathrm{dif}} \tag{A.1}$$

を満たす必要がある．

一方，点 A で反射光 AF と透過光 AB に分かれた光波が，入射格子面より上側の層で安定した回折光となるには，波面 CF で同位相となる必要がある．これに対する条件を導くための準備として，

$$\mathrm{AB} = \frac{\Lambda}{\sin\theta_{\mathrm{in}}}, \quad \mathrm{BC} = \frac{\Lambda}{\sin\theta_{\mathrm{dif}}}, \quad \mathrm{AC} = \frac{\Lambda}{\tan\theta_{\mathrm{in}}} + \frac{\Lambda}{\tan\theta_{\mathrm{dif}}} \tag{A.2}$$

$$\mathrm{AF} = \mathrm{AC}\cos\theta_{\mathrm{dif}} = \Lambda\left(\frac{1}{\tan\theta_{\mathrm{in}}} + \frac{1}{\tan\theta_{\mathrm{dif}}}\right)\cos\theta_{\mathrm{dif}} \tag{A.3}$$

を求めておく．

ところで，回折光の波面 CF での同相条件は，反射に伴う位相変化が共通なので，

$$[(\mathrm{AB} + \mathrm{BC}) - \mathrm{AF}]\,k = 2\pi m \quad (m：整数) \tag{A.4}$$

で得られる．式 (A.4) に式 (A.2)，(A.3) を代入すると，

$$\Lambda\left[\left(\frac{1}{\sin\theta_{\mathrm{in}}} + \frac{1}{\sin\theta_{\mathrm{dif}}}\right) - \left(\frac{\cos\theta_{\mathrm{in}}}{\sin\theta_{\mathrm{in}}} + \frac{\cos\theta_{\mathrm{dif}}}{\sin\theta_{\mathrm{dif}}}\right)\cos\theta_{\mathrm{dif}}\right]\frac{2\pi}{\lambda}$$
$$= \Lambda\left[\frac{1}{\sin\theta_{\mathrm{in}}}\left(1 - \cos\theta_{\mathrm{in}}\cos\theta_{\mathrm{dif}}\right) + \frac{1}{\sin\theta_{\mathrm{dif}}}\left(1 - \cos^2\theta_{\mathrm{dif}}\right)\right]\frac{2\pi}{\lambda} = 2\pi m$$

第 2 行 1 項目に式 (A.1) を適用して整理すると，次式を得る．

$$\frac{2\pi}{\lambda}(\sin\theta_{\mathrm{in}} + \sin\theta_{\mathrm{dif}}) = m\frac{2\pi}{\Lambda} \tag{A.5}$$

いま，入射・回折光の波数ベクトルを，図 5.4 に合わせて，それぞれ $\boldsymbol{k}_{\mathrm{in}}$, $\boldsymbol{k}_{\mathrm{dif}}$ で表すと，両光波の波長が同じだから $|\boldsymbol{k}_{\mathrm{in}}| = |\boldsymbol{k}_{\mathrm{dif}}| = 2\pi/\lambda$．また，周期構造の回折格子ベクトルを $\boldsymbol{K}$ とし，その大きさを式 (5.8) で定義する．これらを式 (A.5) および式 (A.1) に代入して，

$$|\boldsymbol{k}_{\mathrm{dif}}|\sin\theta_{\mathrm{dif}} - |\boldsymbol{k}_{\mathrm{in}}|\sin\theta_{\mathrm{in}} = \pm m|\boldsymbol{K}| \quad (m：整数) \tag{A.6a}$$

$$|\boldsymbol{k}_{\mathrm{dif}}|\cos\theta_{\mathrm{dif}} = |\boldsymbol{k}_{\mathrm{in}}|\cos\theta_{\mathrm{in}} \tag{A.6b}$$

を得る．式 (A.6a) は格子面に垂直な方向の成分，式 (A.6b) は格子面方向の成分を表しているから，両式を合わせてベクトル表示すると，式 (5.9) が導ける．

演習問題略解

2章

2.1 ① 光路長は $\varphi_1 = \sum_{j=1}^{3} n_j d_j$, 位相変化は $(2\pi/\lambda_0)\varphi_1$.

② 式 (2.8) を用いて，光路長は $\varphi_2 = n_0 \int_0^a \left[1 - (1/2)(gx)^2\right] dx + n_2(b-a) = n_0 a[1 - (1/6)(ga)^2] + n_2(b-a)$, 位相変化は $k_0 \varphi_2$.

2.2 2.3 節を参照．

2.3 光線が空気中から屈折率 n の媒質に入射するとき，入射角を θ_i, 屈折角を θ_t とおき，光線がガラスの底面の一点 P に到達するものとする．P の直上へ引いた線とガラス上面の交点を O，入射光線の延長線との交点を Q とすると，$d = $ OP で，見かけ上の厚さが OQ．このとき，OQ $\tan\theta_i = d\tan\theta_t$ が成立する．一方，スネルの法則により，$1.0 \sin\theta_i = n\sin\theta_t$. 直上から見るので，$\theta_i$ と θ_t は微小であり，$\theta_i \fallingdotseq \sin\theta_i \fallingdotseq \tan\theta_i$. よって，これら 2 式より，OQ $\fallingdotseq d\theta_t/\theta_i \fallingdotseq d/n$, つまり屈折率ぶんだけ薄く見える．$n = 1.52, d = 2.0$ cm を代入して，見かけ上の厚さは $d/n = 2.0/1.52$ cm $= 1.32$ cm.

2.4 式 (2.14) の下に記述したスネルの法則に関する解釈によると，平行平板では途中の層に関係なく，最初と最後の層において，媒質中の波数の接線成分が，境界面で連続となればよい．屈折角を θ_t とおいて，$1.0 \sin 15° = 1.33 \sin\theta_t$ より，$\theta_t = 11.2°$.

2.5 水中から大気へ向かう光線の臨界角を θ_c とすると，式 (2.15) を用いて $\theta_c = \sin^{-1}(1/1.33) = 48.8°$. よって，円錐の頂角は $48.8 \times 2 = 97.5°$.

2.6 2.6 節や 10.3 節を参照．グース-ヘンヒェンシフトは，光導波路や光ファイバのように，反射回数が多数の場合に重要となる．

2.7 明るさを開口数で比較する．式 (2.17) を用いて，① $NA = 1.0 \sin 70° = 0.940$, ② $NA = 1.66 \sin 40° = 1.067$. ② の方が，$NA$ が大きいので明るい．

3章

3.1 式 (2.3) の u を式 (3.6) に代入すると，式 (3.6) の 左辺 $= -[k^2 - (\omega/v)^2]u$. 式 (2.7) より得られる $k = \omega/v$ を用いて，式 (3.6) の 左辺 $= 0$.

3.2 ① 相対位相差が $\delta_0 = 2\pi - \pi = \pi$ なので直線偏光となる．実際，$E_x = -2\cos(\omega t - nk_0 z)$, $E_y = 2\cos(\omega t - nk_0 z)$ より $E_y/E_x = -1$ である．

② $\delta_0 = 3\pi/2 - \pi = \pi/2$ なので円偏光．このとき，$E_x = -2\cos(\omega t - nk_0 z)$, $E_y = 2\sin(\omega t - nk_0 z)$ より $E_x^2 + E_y^2 = 4$ である．

演習問題略解 | 199

3.3 式 (3.16) を用いて，① では $\theta_B = \tan^{-1}(1.5/1.0) = 56.3°$，② では $\theta_B = \tan^{-1}(1.0/1.5) = 33.7°$．

3.4 ① 反射光に関するスネルの法則，式 (2.13) より $\theta_r = \pi - \theta_i$ が得られる．これと $\theta_i + \theta_t = \pi/2$ より $\theta_r - \theta_t = \pi/2$ が導かれる．② 3.3.2 項第 2 段落の説明を参照．

3.5 スネルの法則 (2.11) より，屈折角が $\theta_t = 19.5°$ で得られる．P 成分の場合，入射角 $\theta_i = 30°$ と θ_t を式 (3.13a), (3.14a) に代入して，振幅反射率 $r_P = 0.158$，振幅透過率 $t_P = 0.773$ を得る．式 (3.17) より $r'_P = -r_P$ を得る．また，$t'_P = 1.261$．これらを式 (3.18) の左辺に代入すると，$t_j t'_j + r_j^2 = 0.773 \cdot 1.261 + (0.158)^2 = 1$ が得られる．

3.6 スネルの法則 (2.11) に $\theta_i = 30°$, $n_1 = 1.0$, $n_2 = 4.09$ を代入して $\theta_t = 7.02°$．これらの値を式 (3.19), (3.20) に代入して，$R_P = 0.316$, $T_P = 0.684$, $R_S = 0.420$, $T_S = 0.580$ を得る．これらはエネルギー保存則 (3.21) の $R_j + T_j = 1$ (j = P, S) を満たしている．

3.7 式 (3.28) を用いて，電界は $E = \sqrt{2I/nc\varepsilon_0} = \{[2 \cdot 10^{-3} \cdot (10^3)^2]/(3.5 \cdot 3.0 \times 10^8 \cdot 8.85 \times 10^{-12})\}^{1/2}$ V/m $= (2.15 \times 10^5)^{1/2}$ V/m $= 4.64 \times 10^2$ V/m．磁界は式 (3.7) を用いて，$H = E/Z = nE/Z_0 = 3.5 \cdot 4.64 \times 10^2/367$ A/m $= 4.43$ A/m．

4章

4.1 これは 2 光束干渉法である．周期は，式 (4.6) を用いて $\Lambda = 441.6/(2 \sin 30°)$ nm $= 441.6$ nm．

4.2 両端の光強度反射率を $R_1 = R_2 = R$ とおく．全透過光強度が半値となるのは，式 (4.8) の分母第 2 項が 1 となるときであり，$[2R - 2R\cos(2nLk_0 \cos\theta_t)]/(1-R)^2 = [4R\sin^2(nLk_0 \cos\theta_t)]/(1-R)^2 = 1$，すなわち $\sin(nLk_0 \cos\theta_t) = (1-R)/2\sqrt{R}$ を満たすときに得られる．これは $k = nk_0 = n\omega/c = 2\pi n\nu/c$ を用いて周波数 ν で表すと $\sin(2\pi nL\nu \cos\theta_t/c) = (1-R)/2\sqrt{R}$ となる．ところで，隣接したピークの半値間での周波数差は FSR 分の $\Delta\nu_c$（式 (4.12) 参照）であり，これだけずれたとき $\sin(2\pi nL\Delta\nu_c \cos\theta_t/c) = \sin\pi$，つまり位相が π ずれる．これに対して周波数が半値全幅 $\delta\nu_c$ ずれるときの位相ずれは微小とみなせ，$\sin[2\pi nL(\delta\nu_c/2)\cos\theta_t/c] \fallingdotseq 2\pi nL(\delta\nu_c/2)\cos\theta_t/c = (1-R)/2\sqrt{R}$ で近似できる．これらより

$$F \equiv \frac{\Delta\nu_c}{\delta\nu_c} \fallingdotseq \frac{c/2nL\cos\theta_t}{(c/2\pi nL\cos\theta_t)[(1-R)/\sqrt{R}]} = \frac{\pi\sqrt{R}}{1-R}$$

が導かれる．

4.3 式 (4.11) で $L = d$ とおき，これより得られる $d = m\lambda_m/2n$ に $m = 1$, $\lambda_m = 550$ nm, $n = 3.5$ を代入して $d = 78.6$ nm．

4.4 式 (4.17), (4.19) を用いて $n = \sqrt{n_s} = 2.02$, $d = \lambda_0/4n = 0.16$ μm．

4.5 ① 式 (4.26) に $\delta\nu$ を代入して，コヒーレンス長は $l_{coh} = 3.0 \times 10^8/(4\pi \cdot 10^7)$ m $= 2.4$ m．② 式 (4.24) で $|\varphi_1 - \varphi_2| = 2(55.0 - 50.0)$ cm $= 0.10$ m．これらの値を式 (4.24),

4.6 ① 式 (4.26) より，コヒーレンス長は $l_{\text{coh}} = v/4\pi\delta\nu = 3.0 \times 10^8/(4\pi \cdot 2.0 \times 10^9)\,\text{m} = 1.19 \times 10^{-2}\,\text{m} = 1.19\,\text{cm}$.

② 光速の式 (2.6) より得られる $\nu = v/\lambda$ の両辺を微分して $\delta\nu = -(v/\lambda^2)\delta\lambda$. これを式 (4.26) に代入して，$l_{\text{coh}} = \lambda^2/4\pi|\delta\lambda|$.

③ $l_{\text{coh}} = (546 \times 10^{-9})^2/(4\pi \cdot 0.1 \times 10^{-9})\,\text{m} = 2.37 \times 10^{-4}\,\text{m} = 0.237\,\text{mm}$.

4.7 4.4 節における各光源のコヒーレンス長 l_{coh} と，式 (4.24), (4.23) から考える．

5章

5.1 $D^2/\lambda = 1.0^2/(500 \times 10^{-6})\,\text{mm} = 2000\,\text{mm} = 2.0\,\text{m}$. つまり $2.0\,\text{m} < L$.

5.2 5.3 節と 5.4 節の実例を参照．ブラッグの回折条件は周期構造での基本原理．

5.3 媒質中での波長は $\lambda = \lambda_0/n = 633/2.26\,\text{nm} = 280.1\,\text{nm}$. 式 (5.10) より，ブラッグ角は $\theta_B = \sin^{-1}[280.1 \times 10^{-9}/(2 \cdot 11 \times 10^{-6})] = \sin^{-1}(1.27 \times 10^{-2}) = 0.73°$.

5.4 式 (5.11b) に $\Lambda = 1.6\,\mu\text{m}$, $\lambda = 480\,\text{nm}$, $\theta_2 = -60°$ を代入して $\sin\theta_1 = 0.3m + 0.866$ (m：回折次数) を得る．求める入射角 θ_1 は，$m = -1$ に対して $\theta_1 = 34.5°$, $m = -2$ に対して $\theta_1 = 15.4°$.

5.5 回折格子面上で距離 Λ だけ離れた点で，入射側での位相変化は $\Lambda k \sin\theta_{\text{in}}$, 出射側での位相変化は $-\Lambda k \sin\theta_m$ である ($k = 2\pi/\lambda$). これらの位相差が 2π の整数倍になればよい．つまり $\Lambda(2\pi/\lambda)(\sin\theta_{\text{in}} + \sin\theta_m) = 2\pi m$. これを整理して，問いの結果が得られる．

5.6 0 次回折光と ± 1 次回折光での全幅および回折角は，それぞれ式 (5.16), (5.17) で与えられている．これらの表現で，$\lambda L/\Lambda$ が共通であり，半幅には因子 $1/N$ が余分に含まれている．したがって，$1/N \ll 1$, つまり，周期数 N を十分に大きくすることが必要となる．

5.7 式 (5.4), (5.6), (5.19) を参照．共通の特徴は，回折角の正接が λ/D に比例することで，これは回折現象に固有の性質 (D：開口幅，λ：波長). 相違点は比例係数．

6章

6.1 6.1 節を参照．

6.2 図 6.6 とそれに関する説明を参照．

6.3 式 (6.6) 第 2 式で表される縦モード間隔 $\Delta\nu$ が利得帯域幅より大きくなればよい．気体レーザでの媒質密度が低いので，屈折率が $n \fallingdotseq 1.0$ と近似できる．よって，$\Delta\nu = c/2L > 2 \times 10^9\,\text{Hz}$ より，共振器長は $L < 3.0 \times 10^8/(2 \cdot 2 \times 10^9)\,\text{m} = 7.5\,\text{cm}$ を満たせばよい．

6.4 $\dfrac{dN_1}{dt} = -qN_1 + \gamma_{21}N_2 + \gamma_{31}N_3 + \gamma_{41}N_4$, $\quad \dfrac{dN_2}{dt} = -\gamma_{21}N_2 + \gamma_{32}N_3 + \gamma_{42}N_4$,

$\dfrac{dN_3}{dt} = -\gamma_{31}N_3 - \gamma_{32}N_3 + \gamma_{43}N_4$, $\quad \dfrac{dN_4}{dt} = qN_1 - \gamma_{41}N_4 - \gamma_{42}N_4 - \gamma_{43}N_4$

6.5 6.6.2 項を参照．4 準位系では，励起のための原子供給準位とレーザ下準位を分離している点がポイント．

6.6 ① $E(t)$ の両辺に $\sin(\omega_\mathrm{m} t/2)$ を掛け，三角関数に関する和積の公式と加法定理を用いると，

$$\begin{aligned}
E(t)\sin(\omega_\mathrm{m} t/2) &= A\sum_{l=-N}^{N} \cos[(\omega + l\omega_\mathrm{m})t]\sin(\omega_\mathrm{m} t/2) \\
&= \dfrac{A}{2}\sum_{l=-N}^{N}\left(\sin\{[\omega + (l+1/2)\omega_\mathrm{m}]t\} - \sin\{[\omega + (l-1/2)\omega_\mathrm{m}]t\}\right) \\
&= \dfrac{A}{2}\left(\sin\{[\omega + (N+1/2)\omega_\mathrm{m}]t\} - \sin\{[\omega - (N+1/2)\omega_\mathrm{m}]t\}\right) \\
&= A\sin[(N+1/2)\omega_\mathrm{m} t]\cos(\omega t)
\end{aligned}$$

より容易に得られる．

② $E(t)$ のうち $A\cos(\omega t)$ 以外を包絡線として $E_\mathrm{en}(t) \equiv \dfrac{\sin(N+1/2)\omega_\mathrm{m} t}{\sin(\omega_\mathrm{m} t/2)}$ とおく．

$$\begin{aligned}
E_\mathrm{en}(t + 2\pi/\omega_\mathrm{m}) &= \dfrac{\sin[(N+1/2)\omega_\mathrm{m}(t + 2\pi/\omega_\mathrm{m})]}{\sin[(\omega_\mathrm{m}/2)(t + 2\pi/\omega_\mathrm{m})]} \\
&= \dfrac{\sin[(N+1/2)\omega_\mathrm{m} t + 2\pi N + \pi]}{\sin(\omega_\mathrm{m} t/2 + \pi)} = E_\mathrm{en}(t).
\end{aligned}$$

③ 光強度 $I = |E(t)|^2$ の極大値は $t = 0$ にあり，このとき $(\sin x)/x \to 1$ (as $x \to 0$) を利用すると，

$$E(0) = A\lim_{t\to 0}\dfrac{\omega_\mathrm{m} t/2}{\sin(\omega_\mathrm{m} t/2)}\dfrac{\sin(N+1/2)\omega_\mathrm{m} t}{(N+1/2)\omega_\mathrm{m} t}\dfrac{(N+1/2)}{1/2} = (2N+1)A$$

よりピーク強度が $[(2N+1)A]^2$ で求められる．パルス全幅は $(N+1/2)\omega_\mathrm{m} t = \pi$ を満たす t 値の 2 倍で得られる．

6.7 6.8 節での説明を参照．

6.8 (1) は 6.2 節，(2) は 6.3.2 項 (b)，(3) は 6.4.3 項を参照．

7章

7.1 ① 式 (2.6) より，光の周波数は $\nu = c/\lambda = c\tilde{\nu}$ で表せる．換算式は $\nu = 3.0\times 10^8 \cdot 100\tilde{\nu}\,[\mathrm{Hz}] = \tilde{\nu}\times 30\,[\mathrm{GHz}]$．

② 光のエネルギーは $E = h\nu = hc\tilde{\nu}$. 換算式は $E = hc\tilde{\nu} = (6.63 \times 10^{-34} \text{ J·s}) \cdot (3.0 \times 10^8 \text{ m/s}) \cdot 100\tilde{\nu} = \tilde{\nu} \times 1.99 \times 10^{-23}$ [J].

③ ① で得た結果の両辺を微分して $d\nu = cd\tilde{\nu}$. これを用いて，スペクトル幅の周波数表示は $d\nu = (3.0 \times 10^{10}) \cdot 100 \text{ Hz} = 3.0 \times 10^{12} \text{ Hz} = 3.0 \text{ THz}$.

7.2 ① ルビーレーザは 6.6.1 項で示した 3 準位レーザの条件 $\gamma_{32} \gg \gamma_{21}$ を満たしている．

② $k_B T = 1.38 \times 10^{-23} \times 300 \text{ J} = 4.14 \times 10^{-21}$ J，付録 A の単位換算を用いて $E_U = 0.26 \times 1.60 \times 10^{-19}$ J $= 4.16 \times 10^{-20}$ J，$E_L = 0$ をボルツマン分布の式 (6.2) に代入すると，$N_U/N_L \fallingdotseq \exp(-10.0) = 4.5 \times 10^{-5}$ となり，熱平衡状態ではほとんどの原子が基底状態にいることがわかる．

7.3 波長 1.064 μm での周波数は $\nu = c/\lambda = (3.0 \times 10^8 \text{ m/s})/(1.064 \times 10^{-6} \text{ m}) = 2.82 \times 10^{14} \text{ s}^{-1}$．この光子 1 個のエネルギーは $h\nu = (6.63 \times 10^{-34} \text{ J·s}) \times (2.82 \times 10^{14} \text{ s}^{-1}) = 1.87 \times 10^{-19}$ J．光子数は $10.0/(1.87 \times 10^{-19}) = 5.35 \times 10^{19}$ 個．

7.4 ① 気体レーザでの密度が低いので，気体の屈折率は $n \fallingdotseq 1.0$ と近似できる．式 (7.1) で $n_w = 1.5$ とおいて，$\theta_B = \tan^{-1}(1.5) = 56.3°$．

② 633 nm 線と 3.39 μm 線のレーザ上準位は同じである．3.39 μm 線を発振させないためには，この波長で透過しにくく，損失の大きなガラスを窓材に使用する方がよい．

7.5 ① 周波数を ν，波長を λ とするとき，式 (2.6) を用いて $\nu = c/\lambda = 3.0 \times 10^8/(633 \times 10^{-9})$ Hz $= 4.74 \times 10^{14}$ Hz $= 474$ THz．

② 式 (2.6) より得られる $\lambda = c/\nu$ の両辺を微分して，$d\lambda = -(c/\nu^2)d\nu$ を得る．これに $d\nu = 2 \text{ GHz}$, $\nu = 474 \text{ THz}$ を代入して，利得帯域幅の波長表示は $|d\lambda| = [3.0 \times 10^8/(4.74 \times 10^{14})^2] \cdot 2 \times 10^9$ m $= 2.67 \times 10^{-12}$ m $= 2.67 \times 10^{-3}$ nm で得る．

③ 式 (6.6) より，光共振器での縦モード間隔 $\Delta\nu$ は，レーザ媒質の屈折率を $n \fallingdotseq 1.0$ で近似して，$\Delta\nu = c/2nL = 3.0 \times 10^8/(2 \cdot 1.0 \cdot 0.3)$ Hz $= 5.0 \times 10^8$ Hz $= 0.5$ GHz．利得帯域幅 2 GHz 内にある縦モード数は 3〜4 本である．

7.6 7.4 節の後半を参照．LD 励起では，活性イオンの吸収スペクトルに合致した波長光のみを照射して，効率よく励起できることがポイント．

7.7 式 (6.20) を用いて，$G_{th} = -(1/2L)\ln(R_1 R_2) = -[1/(2 \cdot 10)]\ln(1.0 \cdot 0.95) \text{ cm}^{-1} = 2.56 \times 10^{-3} \text{ cm}^{-1}$．

7.8 (1) は 7.3.3 項，(2) は 7.3.4 項，(3) は 7.5.4 項，(4) は 7.6 節を参照．

8章

8.1 1 eV は電子（電気素量 $e = 1.6 \times 10^{-9}$ C）を 1 V の電位差で加速したエネルギーであるので，1 eV $= 1.6 \times 10^{-19}$ J となる．よって，バンドギャップエネルギーは E [eV] $= 1.6 \times E_g \times 10^{-19}$ [J]．一方，波長 $\lambda = \lambda_g$ [μm] は $\nu = c/\lambda_g = $

演習問題略解 203

$(3.0 \times 10^8 \,\mathrm{m/s})/(10^{-6}\lambda_\mathrm{g}\,[\mathrm{m}]) = (3 \times 10^{14}/\lambda_\mathrm{g})\,[\mathrm{s}^{-1}]$. このエネルギーは $E = h\nu = (6.63 \times 10^{-34}\,\mathrm{J \cdot s}) \times (3 \times 10^{14}/\lambda_\mathrm{g})[\mathrm{s}^{-1}] = (1.98 \times 10^{-19}/\lambda_\mathrm{g})\,[\mathrm{J}]$. これらのエネルギー値が等しいとおいて,$1.98 \times 10^{-19}/\lambda_\mathrm{g} = 1.6 \times E_\mathrm{g} \times 10^{-19}$ より,式 (8.9) が得られる.

8.2 ① 8.2.1 項と 8.3 節を参照.活性層へのキャリアと光の閉じ込めの違いが重要.
② 図 8.3 および 8.5 節の説明で,バンドギャップと格子定数に着目して考える.

8.3 ① 式 (3.22) を用いて $R = [(3.5-1)/(3.5+1)]^2 = 0.309$,つまり光強度反射率は 30.9%.
② 式 (6.9) を用いて共振器寿命は $\tau_\mathrm{c} = [3.5/(3.0 \times 10^8)]/\{50 \times 10^2 - [1/(2 \cdot 300 \times 10^{-6})]\ln(0.309)^2\}\,\mathrm{s} = 1.31 \times 10^{-12}\,\mathrm{s} = 1.31\,\mathrm{ps}$.
③ $\omega_\mathrm{c} = 2\pi\nu = 2\pi c/\lambda = 2\pi \cdot 3.0 \times 10^8/(0.85 \times 10^{-6})\,\mathrm{Hz} = 2.22 \times 10^{15}\,\mathrm{Hz} = 2.22\,\mathrm{PHz}$(ペタヘルツ).
④ 式 (6.10) を用いて $Q = \omega_\mathrm{c}\tau_\mathrm{c} = 2.22 \times 10^{15} \cdot 1.31 \times 10^{-12} = 2.91 \times 10^3$.

8.4 ① 式 (8.7) で定数を簡略化して $\eta \equiv \eta_\mathrm{d} h\nu/e$ とおき,光出力を $P = \eta(I - I_\mathrm{th})$ と書く.$5 = \eta(30 - I_\mathrm{th})$,$8 = \eta(40 - I_\mathrm{th})$ を解いて,しきい値電流 $I_\mathrm{th} = 40/3 = 13.3\,\mathrm{mA}$,$\eta = 0.3$.
② $I = 60\,\mathrm{mA}$ を代入して $P = 0.3(60 - 40/3)\,\mathrm{mW} = 14\,\mathrm{mW}$.
③ $\nu = c/\lambda = 3.0 \times 10^8/(1.55 \times 10^{-6})\,\mathrm{Hz} = 1.94 \times 10^{14}\,\mathrm{Hz}$,微分量子効率は $\eta_\mathrm{d} = \eta e/h\nu = (0.3 \cdot 1.60 \times 10^{-19})/(6.63 \times 10^{-34} \cdot 1.94 \times 10^{14}) = 0.373$ より 37.3%.

8.5 ① V パラメータの定義は式 (10.22) であり,単一モード条件は $V < \pi/2$ を満たせばよい.$V = 3.5\pi d\sqrt{2 \cdot 0.03}/0.85 < \pi/2$ より,$d < 0.496\,\mathrm{\mu m}$.
② ビーム広がり角は,式 (3.36) を用いて,$\theta_x = 0.85/3.0\pi = 0.090\,\mathrm{rad} = 5.2°$,$\theta_y = 0.85/0.4\pi = 0.68\,\mathrm{rad} = 39°$.

8.6 図 8.4,8.7 節,8.8.2 項の説明で,誘導放出・自然放出の有無,光共振器の有無に着目して考える.

8.7 8.1 節で述べた特徴(i)〜(iv)が各種応用にとって都合がよい.

9章

9.1 式 (2.6) より波長 $1.55\,\mathrm{\mu m}$ は周波数 $\nu = c/\lambda = 3.0 \times 10^8/(1.55 \times 10^{-6})\,\mathrm{Hz} = 1.94 \times 10^{14}\,\mathrm{Hz}$.式 (9.1) を利用して $I_\mathrm{pc} = [10^{-6}/(6.63 \times 10^{-34} \cdot 1.94 \times 10^{14})] \cdot 0.8 \cdot 1.60 \times 10^{-19}\,\mathrm{A} = 0.995 \times 10^{-6}\,\mathrm{A} \fallingdotseq 1.0\,\mathrm{\mu A}$.

9.2 9.3.2 項 (b) を参照.キャリアが電子だけか,電子と正孔の 2 種類かの違いに着目.

9.3 9.4.1 項参照.ショット雑音は光の粒子性に由来して発生するものであり,光検出を対象とする限りは避けられない.

9.4 最低受信レベルの $-55\,\mathrm{dBm}$ は式 (3.26) より $P = 10^{-55/10}\,\mathrm{mW} = 3.16 \times 10^{-6}\,\mathrm{mW} = 3.16 \times 10^{-6}\,\mathrm{mJ/s}$.$100\,\mathrm{Mbps}$ は $1/(100 \times 10^6) = 1.0 \times 10^{-8}\,\mathrm{s}$ ごとに 1 パルスなので,1

パルスの光エネルギーは $3.16 \times 10^{-9} \cdot 1.0 \times 10^{-8}$ J $= 3.16 \times 10^{-17}$ J. 波長 $1.55\,\mu\text{m}$ は式 (2.6) より，周波数 $\nu = c/\lambda = 3.0 \times 10^{8}/(1.55 \times 10^{-6})$ Hz $= 1.94 \times 10^{14}$ Hz $= 194$ THz. この波長での光子 1 個のエネルギーは $h\nu = 6.63 \times 10^{-34} \cdot 1.94 \times 10^{14}$ J $= 1.29 \times 10^{-19}$ J. 受信に必要な光子数は $3.16 \times 10^{-17}/(1.29 \times 10^{-19}) = 245$ 個.

9.5 ① S/N は電力比で求める．光電流 I_{pc} は式 (9.1) と同様に考えて $I_{\text{pc}} = P_{\text{in}}\eta e/h\nu$ で，雑音電流の 2 乗平均値は式 (9.4) より $\langle I_{\text{ns}}^2 \rangle = 2eI_{\text{d}}B$ で得られる．よって，S/N $= I_{\text{pc}}^2 R/\langle I_{\text{ns}}^2 \rangle R = (P_{\text{in}}\eta e/h\nu)^2/2eI_{\text{d}}B$ （R：負荷抵抗）．

② 前問の結果で S/N=1 とおいて得られる P_{in} を，単位周波数帯域当たりの値とするため $\sqrt{B}$ で割ると，NEP $= (h\nu/\eta)\sqrt{2I_{\text{d}}/e}$ [W/Hz$^{1/2}$]．式 (2.6) より $\nu = c/\lambda = 3.0 \times 10^{8}/(1.5 \times 10^{-6})$ Hz $= 2.0 \times 10^{14}$ Hz．NEP $= (6.63 \times 10^{-34} \cdot 2.0 \times 10^{14}/0.8)\sqrt{2 \cdot 10^{-11}/(1.6 \times 10^{-19})}$ W/Hz$^{1/2}$ $= 1.85 \times 10^{-15}$ W/Hz$^{1/2}$.

③ 受光面積は $A = \pi(50 \times 10^{-4})^2$ cm^2, $D^* = \sqrt{\pi} \cdot 50 \times 10^{-4}/(1.85 \times 10^{-15})$ cm·Hz$^{1/2}$/W $= 4.79 \times 10^{12}$ cm·Hz$^{1/2}$/W.

9.6 1 mm 当たりの画素数は $500/25.4$ であり，1 画素の 1 辺の長さは $10^3/(500/25.4)\,\mu\text{m} = 50.8\,\mu\text{m}$ である．

10 章

10.1 ① 式 (10.1) より $n_2 = n_1\sqrt{1-2\Delta} = 1.5\sqrt{1-2 \cdot 0.01} = 1.485$.
② 式 (10.11) より開口数は $NA = n_1\sqrt{2\Delta} = 1.5\sqrt{2 \cdot 0.01} = 0.212$.
③ 式 (10.22) より，$V = (\pi \cdot 3.0 \cdot 1.5/1.55)\sqrt{2 \cdot 0.01} = 1.29$.

10.2 ① 式 (10.2) より $\theta_{\text{c}} = \sin^{-1}\sqrt{2 \cdot 0.01} = 8.13°$.
② 式 (10.9) を用いて，$\theta_m = 2.0°$ のときクラッドへの電界しみ込み量は $x_{\text{g}} = 1.0\big/\left(2\pi \cdot 1.45\sqrt{\sin^2 8.13° - \sin^2 2.0°}\right)\,\mu\text{m} = 0.80\,\mu\text{m}$. $\theta_m = 6.0°$ のとき，同様にして $x_{\text{g}} = 1.15\,\mu\text{m}$. これらの x_{g} の値はいずれも波長と同程度である．

10.3 10.3.1 項および 10.3.3 項を参照．

10.4 10.5.2 項を参照．

10.5 ① 10.4.4 項を参照．② カットオフより長波長側でのみ使用できる．

10.6 V パラメータは，式 (10.22) からわかるように，導波路パラメータと動作波長のみで表せる．現実に使用される光導波路は弱導波近似（$\Delta \ll 1$）を満たすことが多く，このとき，光導波路での各種伝搬特性が V パラメータのみで記述できることが多い．

10.7 (1) は 10.4.2 項，(2) は 10.3.1 項の最後，(3) は 10.3.4 項を参照．

11 章

11.1 ① 式 (10.2) より，臨界角 $\theta_{\text{c}} = \sin^{-1}\sqrt{2\Delta} = \sin^{-1}\sqrt{2 \cdot 0.01} = 8.13°$.
② 式 (10.11) より，開口数 $NA = n_1\sqrt{2\Delta} = 0.205$.

演習問題略解 | 205

 ③ 式 (11.4) より $V = (2\pi \cdot 25 \cdot 1.45/1.55)\sqrt{2 \cdot 0.01} = 20.8$.
 ④ 式 (11.7) より伝搬モード数は $N_S = (20.8)^2/2 = 216$.

11.2 式 (11.1) で示された電磁界はコア，クラッド内でのみ成立するもので，光ファイバ全体ではコア・クラッド境界で境界条件（3.1.4 項参照）を満たすものが解となる．

11.3 図 10.3 や 11.3.1 項を参照．導波（放射）モードの伝搬定数 β は $n_2 k_0 \leqq \beta \leqq n_1 k_0$（$|\beta| \leqq n_2 k_0$）を満たす（$n_1$：コア屈折率，$n_2$：クラッド屈折率，$k_0$：真空中波数）．

11.4 三角関数に関する和積の公式を用いて，$u_1 + u_2 = 2\cos[(\omega_1 + \omega_2)t/2 - (\beta_1 + \beta_2)z/2]\cos[(\omega_1 - \omega_2)t/2 - (\beta_1 - \beta_2)z/2]$ を得る．2 周波が近接しているとき，第 2 項目の cos 関数が包絡線となる．群速度は包絡線の伝搬速度であり，$v_g = (\omega_1 - \omega_2)/(\beta_1 - \beta_2)$ で表せる．この差分を微分に置換すると式 (11.9) が得られる．

11.5 式 (11.11) を用いて，ステップ形の群遅延時間差は $[1.45/(3.0 \times 10^8)] \cdot 0.01 \cdot 50 \times 10^3\,\text{s} = 2.42 \times 10^{-6}\,\text{s} = 2.42\,\mu\text{s}$. 同様にして 2 乗分布形の群遅延時間差は $[1.45/(2 \cdot 3.0 \times 10^8)] \cdot (0.01)^2 \cdot 50 \times 10^3\,\text{s} = 1.21 \times 10^{-8}\,\text{s} = 12.1\,\text{ns}$.

11.6 距離 L[km] 伝搬後の色分散による広がりは $5 \cdot 5L = 25L$ [ps] なので，パルス幅は $\delta w = [(10)^2 + (25L)^2]^{1/2}$ [ps]．符号伝送速度 1 Gbps $= 10^9$ bps は $\delta w = 10^{-9}\,\text{s} = 10^3$ ps に対応するから，これを満たす距離は $L = 40.0$ km. 500 Mbps $= 5 \times 10^8$ bps は $\delta w = 2 \times 10^3$ ps に対応し，これを満たす距離は $L = 80.0$ km.

11.7 ① 式 (11.15) を用いて，実効コア断面積は $A_\text{eff} = \pi w_s^2 = \pi(5.0 \times 10^{-6})^2\,\text{m}^2 = 7.85 \times 10^{-11}\,\text{m}^2 = 78.5\,\mu\text{m}^2$.
 ② 光強度は $1.0/(7.85 \times 10^{-11})\,\text{W/m}^2 = 1.27 \times 10^{10}\,\text{W/m}^2 = 12.7\,\text{GW/m}^2$.
 ③ 式 (11.17a) より，非線形定数は $\gamma_\text{NL} = [2.16 \times 10^{-20} \cdot 2\pi/(1.55 \times 10^{-6})]/(7.85 \times 10^{-11})\,\text{W}^{-1}\,\text{m}^{-1} = 1.12 \times 10^{-3}\,\text{W}^{-1}\,\text{m}^{-1} = 1.12\,\text{W}^{-1}\,\text{km}^{-1}$.

11.8 開口数が比較的大きいこと（11.3.2 項）と，11.4 節を参照．

12 章

12.1 入射光線に対する入射面での屈折角を θ_2 とおくと，くさび形の斜辺に対する入射角は $\phi = \pi/2 - \theta_2 - \alpha$ となる．$1.0\sin\theta_1 = n\sin\theta_2$ で角度を微小とすると $\theta_1 \fallingdotseq n\theta_2$ なので，$\phi \fallingdotseq \pi/2 - \theta_1/n - \alpha$，つまり $\alpha = \pi/2 - \theta_1/n - \phi$．例題 12.1 ですでに求めた臨界角 θ_c を利用すると，$37.08° < \phi < 42.30°$ に設定すればよい．よって，$[\pi/2 + (3\pi/180)/1.486 - 42.30\pi/180] < \alpha < [\pi/2 - (3\pi/180)/1.6584 - 37.08\pi/180]$ より $49.7° < \alpha < 51.1°$.

12.2 このレーザはブラッグ波長 λ_B で発振する．これらの値を式 (12.3) に代入して，$\lambda_B = 2n_\text{av}\Lambda/m = 2 \cdot 3.5 \cdot 365/3\,\text{nm} = 852\,\text{nm}$.

12.3 12.2 節を参照．分解能は，各フィルタにおける波長選択性の原理になる基本式を波長で微分して求める．たとえば，12.2.3 項の平面回折格子ならば，出射角度 θ_2 を対象と

して，式 (5.11b) を微分して $d\theta_2/d\lambda = (m/\Lambda)(1/\sqrt{1-(m\lambda/\Lambda - \sin\theta_1)^2})$ を得る．

12.4 ① 式 (12.6) を用いて，周期 $\Lambda = 6.57\times 10^3/(600\times 10^6)\,\text{m} = 1.10\times 10^{-5}\,\text{m} = 11.0\,\mu\text{m}$．
② 媒質内での光の波長は $\lambda = 633/2.20 = 288\,\text{nm}$．式 (12.8) を用いて，ブラッグ角は $\theta_\text{B} = \sin^{-1}[1\cdot 288\times 10^{-9}/(2\times 1.10\times 10^{-5})] = \sin^{-1}(1.31\times 10^{-2}) = 0.75°$．

12.5 式 (12.9) で回折角が微小として $\cos\theta_\text{in} \fallingdotseq 1$ と近似する．性能指数 M 等を式 (12.9) に代入すると，回折効率 $\eta = \sin^2\left\{[\pi\cdot 10^{-3}/(\sqrt{2}\cdot 633\times 10^{-9})]\sqrt{3.45\times 10^{-14}\cdot 1.0/(10^{-3})^2}\right\}$
$= 0.368$，つまり $\eta = 36.8\%$ を得る．

12.6 式 (12.7) に式 (12.6) を代入すると，$\sin\theta_\text{dif} = m\lambda(f_\text{ac}/v_\text{ac}) - \sin\theta_\text{in}$ を得る．ここで，$m, \lambda, v_\text{ac}, \theta_\text{in}$ を固定して両辺の微分をとると，$\cos\theta_\text{dif}(d\theta_\text{dif}/df_\text{ac}) = m\lambda/v_\text{ac}$．回折角は微小ゆえ，$\cos\theta_\text{dif} \fallingdotseq 1$ と近似すると，偏向角の変化量は $\delta\theta_\text{d} = (d\theta_\text{dif}/df_\text{ac})\delta f = (m\lambda/v_\text{ac})\delta f$ で書ける．

12.7 (1) は 12.1 節，(2) は 12.3.1 項 (b)，(3) は 12.5.2 項を参照．

13章

13.1 13.2.1 項，13.2.3 項 (a) を参照．最初，システムに必要な部品が揃った $0.85\,\mu\text{m}$ 帯で実用化された．その後，石英系光ファイバが $1.0\,\mu\text{m}$ より長波長側で低損失になることがわかったので，零分散波長の $1.3\,\mu\text{m}$ が，さらに極低損失波長域の $1.55\,\mu\text{m}$ が用いられた．

13.2 式 (3.26) を用いて $2.0\,\text{mW} = 3.01\,\text{dBm}$，$0.5\,\mu\text{W} = -33.01\,\text{dBm}$．よって中継器間隔は $[3.01 - (-33.01) - 3.0 - 7.0]/0.5\,\text{km} = 52.0\,\text{km}$．

13.3 ① 式 (13.2) より $w_0 = \lambda/\pi NA = 780\times 10^{-9}/(\pi\cdot 0.45)\,\text{m} = 5.52\times 10^{-7}\,\text{m} = 0.55\,\mu\text{m}$．
② 式 (5.7) より $r_\text{s} = 1.22\lambda f/D = (1.22\cdot 780\times 10^{-9}\cdot 6.0\times 10^{-3})/(5.0\times 10^{-3})\,\text{m} = 1.14\times 10^{-6}\,\text{m} = 1.1\,\mu\text{m}$．

13.4 DVD と CD の記録容量の比は $4.7/0.7 = 6.7$ である．短波長光源を利用する DVD の方が光ビームを細く絞れるため，トラック間隔が小さくできる．そのため表 13.2 からわかるように，CD と DVD のトラック間隔はそれぞれ $1.6\,\mu\text{m}$，$0.74\,\mu\text{m}$ である．この間隔の違いを面積に換算すると $(1.6/0.74)^2 = 4.7$ となり，この値が概ね記録容量の比となっている．そのほか，加工精度の向上，データ形式の改善などがある．

13.5 ランドとピットからの戻り光の干渉により光強度がゼロとなるには，往復による光路長差が半波長ぶん，つまり，厚さが空気中換算で $1/4$ 波長ぶんとなればよい．空気中換算の光路長が $n_\text{s}d = \lambda_0/4$ より $d = \lambda_0/4n_\text{s}$．

13.6 ① 式 (13.10) より，$q = 2nf_1L/c - \varphi_1/2\pi = 2nf_2L/c - \varphi_2/2\pi$．これを解いて，

$L = (c/4\pi n)(\varphi_2 - \varphi_1)/(f_2 - f_1)$ を得る.

② 各値を今の結果に代入して,$L = [3.0 \times 10^8/(4\pi \cdot 1.0)](1.40 - 0.35)/(500.1 \times 10^6 - 500.0 \times 10^6)$ m $= 2.51 \times 10^2$ m $= 251$ m.

13.7 式 (13.13a) で $\boldsymbol{k}_\mathrm{s} \cdot \boldsymbol{v} = n(2\pi/\lambda_0)|\boldsymbol{v}|\cos(\theta_\mathrm{s} + \alpha) = n(2\pi/\lambda_0)|\boldsymbol{v}|(\cos\theta_\mathrm{s}\cos\alpha - \sin\theta_\mathrm{s}\sin\alpha)$, $\boldsymbol{k}_\mathrm{in} \cdot \boldsymbol{v} = n(2\pi/\lambda_0)|\boldsymbol{v}|\cos(\pi - \alpha) = -n(2\pi/\lambda_0)|\boldsymbol{v}|\cos\alpha$. これらを式 (13.13a) に代入すると,三角関数に関する部分は,$\cos\theta_\mathrm{s}\cos\alpha + \cos\alpha - \sin\theta_\mathrm{s}\sin\alpha = 2\cos\alpha\sin^2(\theta_\mathrm{s}/2) - 2\sin(\theta_\mathrm{s}/2)\cos(\theta_\mathrm{s}/2)\sin\alpha = 2\sin(\theta_\mathrm{s}/2)[\sin(\theta_\mathrm{s}/2)\cos\alpha - \cos(\theta_\mathrm{s}/2)\sin\alpha] = 2\sin(\theta_\mathrm{s}/2)\sin(\alpha + \theta_\mathrm{s}/2)$. よって,式 (13.13b) が得られる.$\theta_\mathrm{s} = \pi$ のとき $\sin(\theta_\mathrm{s}/2) = 1$ となる.このとき,$\sin(\alpha + \theta_\mathrm{s}/2) = \sin(\alpha + \pi/2) = \cos\alpha$ であり,$|\delta f|$ が最大となる角度は $\alpha = 0$ または π.

13.8 式 (13.13b) より,速さは $|\boldsymbol{v}| = \delta f(\lambda_0/2n)/[\sin(\theta_\mathrm{s}/2)\sin(\alpha + \theta_\mathrm{s}/2)] = 10^6[633 \times 10^{-9}/(2 \cdot 1.33)]/(\sin 15° \sin 60°)$ m/s $= 1.06$ m/s.

参考書および参考文献

　以下では，光エレクトロニクス，光学，および関連分野の参考書と，本書を執筆する際に参考にした文献を掲載する．

□ 光エレクトロニクス関係
- A1) ヤリーヴ，イェー（多田邦雄，神谷武志監訳）：光エレクトロニクス 基礎編（原書6版），丸善 (2010)
  ヤリーヴ（多田邦雄，神谷武志監訳）：光エレクトロニクス 展開編（原書5版），丸善 (2000)
- A2) 小山次郎，西原浩：光波電子工学，コロナ社 (1978)
- A3) 後藤顕也：オプトエレクトロニクス入門，オーム社 (1981)
- A4) 大越孝敬：光エレクトロニクス，コロナ社 (1982)
- A5) 桜庭一郎：オプトエレクトロニクス入門，森北出版 (1983)
- A6) 末田正：光エレクトロニクス，昭晃堂 (1985)
- A7) 末松安晴：光デバイス，コロナ社 (1986)
- A8) 福光於菟三：光エレクトロニクス入門，昭晃堂 (1987)
- A9) 野田健一，大越孝敬監修：応用光エレクトロニクスハンドブック，昭晃堂 (1989)
- A10) 左貝潤一，杉村陽：光エレクトロニクス，朝倉書店 (1993)
- A11) 西原浩，裏升吾：新版 光エレクトロニクス入門，コロナ社 (2013)

□ 光学関係
- B1) ボルン，ウルフ（草川徹，横田英嗣訳）：光学の原理，東海大学出版会 (1974)
- B2) ロッシ（福田国弥，中井祥夫，加藤利三訳）：光学，吉岡書店 (1967)
- B3) 久保田弘：波動光学，岩波書店 (1971)
- B4) 辻内順平：光学概論 I, II，朝倉書店 (1979)
- B5) 村田和美：光学，サイエンス社 (1979)
- B6) 石黒浩三：光学，裳華房 (1982)
- B7) 左貝潤一：光学の基礎，コロナ社 (1997)

□ レーザ関係
- C1) 矢島達夫，霜田光一，稲場文男，難波進編：新版レーザーハンドブック，朝倉書店 (1989)
- C2) 霜田光一，矢島達夫編著：量子エレクトロニクス（上），裳華房 (1972)
- C3) 山中千代衛監修：レーザ工学，コロナ社 (1981)
- C4) 霜田光一：レーザー物理入門，岩波書店 (1983)
- C5) 田幸敏治，大井みさほ：レーザー入門，共立出版 (1985)
- C6) 前田三男：量子エレクトロニクス，昭晃堂 (1987)
- C7) 稲場文男監修：レーザ工学入門，電子情報通信学会 (1997)

C8) 黒澤宏：レーザー基礎の基礎, オプトロニクス社 (2003)

□ 光導波路・光ファイバ関係
D1) 川上彰二郎：光導波路, 朝倉書店 (1980)
D2) 大越孝敬, 岡本勝就, 保立和夫：光ファイバ, オーム社 (1983)
D3) 西原浩, 春名正光, 栖原敏明：光集積回路, オーム社 (1985)
D4) 宮城光信：光伝送の基礎, 昭晃堂 (1991)
D5) 岡本勝就：光導波路の基礎, コロナ社 (1992)
D6) POF コンソーシアム編：プラスチック光ファイバー, 共立出版 (1997)
D7) 國分泰雄：光波工学, 共立出版 (1999)
D8) 左貝潤一：導波光学, 共立出版 (2004)

□ 光産業への応用関係
E1) 野田健一編著：新版光ファイバ伝送, 電子情報通信学会 (1982)
E2) 末松安晴, 伊賀健一：光ファイバ通信入門（改訂 3 版）, オーム社 (1989)
E3) 石尾秀樹：光通信, 丸善 (2003)
E4) (社)レーザー学会編：レーザー応用に関する 47 章, オプトロニクス社 (1998)
E5) 左貝潤一：光学機器の基礎, 森北出版 (2013)

□ 7 章
植田憲一：高出力ファイバーレーザーと固体レーザー, O plus E, **28**, no. 12 (2006) pp. 1245–1249.

□ 9 章
米本和也：CCD/CMOS イメージ・センサの基礎と応用, CQ 出版社 (2003)

□ 付録
国立天文台編：理科年表, 丸善 (2013)

索　引

英数先頭

0 次回折光　　51, 53, 58
0 次回折波　　51
±1 次回折光　　51, 59
1 次の電気光学効果　　162
1/4 波長板　　154
2 光束干渉法　　36
2 光波干渉　　34
2 次電子　　113
2 乗分布形光ファイバ　　139
3 準位系　　76
3 準位レーザ　　76, 90
4 準位系　　78
4 準位レーザ　　78, 85, 91, 94
4 分割受光素子　　178
AlGaAs レーザ　　99
APD　　116
AR コート　　40
BD　　107, 176
BPP　　183
CCD　　120
CD　　107, 176
CMOS　　121
CO_2 レーザ　　87
　　　　TEA ——　　87
D^*　　119
DFB　　157
DVD　　107, 176
EDFA　　108, 174
EH モード　　143
Er:YAG レーザ　　92, 193
FSR　　39
FTTH　　173
HE_{11} モード　　143
HE モード　　143
He-Ne レーザ　　85
Ho:YAG レーザ　　92, 193
LAN　　173
LD　　96
LD 励起固体レーザ　　89, 94
LED　　107
±m 次回折光　　51
±m 次回折波　　51
MOS 構造　　119

NA　　144, 179
Nd:ガラスレーザ　　92
Nd:YAG レーザ　　90
NEP　　119
P 成分　　16, 23, 24, 84
PD　　115
pin フォトダイオード　　114
PMMA　　145
pn 接合　　96, 113
PON　　173
Q スイッチ法　　79
Q 値　　69
ROF　　175
ROM　　176
S 成分　　16, 23
sinc 関数　　51, 58
SOA　　109
$TE_{0\mu}$ モード　　143
TE モード　　130
TEM_{pq} モード　　68
$TM_{0\mu}$ モード　　143
TM モード　　130
V パラメータ　　133, 142
WDM　　175

あ 行

アバランシュフォトダイオード　　116
アルゴンイオンレーザ　　86
暗電流　　113, 115, 117
案内溝　　180
異常分散　　8
位相条件　　42
位相板　　154
位相変化　　12, 26, 34, 61, 127
位相変調　　162
異方性媒質　　153
イメージセンサ　　119
色分散　　148
インコヒーレント光　　6, 53
　　　完全な ——　　46
ウォラストンプリズム　　154
エアリーの円盤　　53
エキシマ　　88

エキシマレーザ　　88
エタロン　　36
エネルギー保存則　　26
エバネッセント成分　　15, 127
エバネッセント波　　15
エルビウム添加光ファイバ増幅器　　108, 174
遠視野像　　31, 49
音響光学効果　　158
音響光学フィルタ　　158
音響光学偏向器　　161

か 行

開　口　　48
　　　円形 ——　　52
開口角　　16
開口数　　16, 130, 144, 179
回　折　　31, 48
回折角　　52, 53, 59
回折限界　　52, 53, 179
回折格子　　55
回折格子の式　　56
回折格子ベクトル　　54
回折効率　　158
回折次数　　54, 56, 158
回折性能指数　　159
回折広がり　　52
回転多面鏡　　161, 191, 192
外部鏡型共振器　　86
外部光電効果　　111
外部変調　　162
開放形導波路　　129, 137
ガウス関数　　29
ガウスビーム　　29
可干渉距離　　45
可干渉時間　　45
可干渉性　　4, 6, 33, 43, 81, 169
化合物半導体　　105
可視光　　5
可視度　　44
過剰雑音　　117, 118
過剰雑音指数　　118
画　素　　119
可測量　　4, 33

索引　211

活性層　99
カットオフ　135, 142
カットオフ周波数　135, 142
ガラスレーザ　92
ガルバノミラー　160
干渉　33
干渉項　34
干渉縞　33, 35
間接遷移型半導体　98, 114
緩和　64
規格化周波数　133, 142
規格化伝搬定数　134
気体レーザ　83
希土類添加光ファイバ増幅器
　108, 171
擬フェルミ準位　98
基本モード　135, 143
逆進性　11, 25
吸収　64
球面波　11
境界条件　20, 131, 141
共振角周波数　68
共振器寿命　69
共振条件　38
強度変調　162
鏡面反射　14, 56, 159
局部発振光　189
近視野像　49
禁制帯　97
禁制帯幅　97, 114
空間周波数　58
空乏層　113, 116, 119
グース - ヘンヒェンシフト　15,
　127, 129
屈折の法則　14
屈折率　7, 19
　　　絶対 ——　7
　　　相対 ——　7
クラーク数　140
クラッド　123, 139
グラントムソンプリズム　154
クリプトンイオンレーザ　87
グループ　180
グレーデッド形光ファイバ　139
群速度　146
群遅延　147
群遅延差　148, 170
検光子　154
コア　123, 139

コア半径　141
高エネルギー密度　169
光学距離　12
光学的異方性　153
光子　5, 64
格子整合　105
格子定数　56
構成方程式　18
光線　11
構造色　57
光弾性効果　157
光電管　112
光電効果　111
光電子増倍管　112
光伝導効果　111
光波　5, 8
光量子　5
光路長　12, 186
固体撮像素子　119
固体レーザ　88
コヒーレンス　4, 6, 33, 43, 65,
　107
　　空間的 ——　6, 81
　　時間的 ——　6, 45
コヒーレンス時間　45, 46
コヒーレンス長　45, 46, 81
コヒーレント光　6
　　完全な ——　45
　　部分的 ——　46
固有値方程式　127, 131, 133,
　142
固有偏光　153
コンパクトディスク　176

さ 行

再結合　97, 100
再生中継　172
材料分散　149
雑音等価パワ　119
撮像管　119
撮像素子　119
紫外光　5
しきい値条件　72
しきい値電流密度　104
しきい値利得係数　72, 101
磁気光学効果　165
色素レーザ　93
指向性　6, 52, 59, 81, 101, 160,
　169

子午光線　144
仕事関数　113
自然幅　46, 65
自然複屈折　164
自然放出　64, 103
実効屈折率　129
実効コア断面積　150
実効断面積　150
弱導波近似　134
遮断　135, 142
遮断周波数　135, 142
周期構造　48, 54, 61, 156
集光性　6, 169
自由スペクトル領域　39
周波数引き込み　73
周波数変調　162
準単色光　5, 46
焦点深度　178
植物工場　193
ショット雑音　118
ジョンソン雑音　118
真空中の光速　8, 19
振幅条件　41, 42
振幅増幅率　67
振幅透過率　23
振幅反射率　23
振幅変調　162
ステップ形光ファイバ　139,
　142, 148
ストークスの関係式　25
スネルの法則　14
スペクトル幅　46, 80
スポットサイズ　29, 30, 151,
　179, 184
スラブ導波路　124
　　　三層 ——　125, 126, 130
正弦波格子　57
正孔　97
正常分散　8
石英系光ファイバ　140, 145,
　169
赤外光　5
セルラー方式　174
零分散波長　149
遷移確率　65, 77
旋光性　165
センサ　186
全反射　15, 125, 127
鮮明度　44

走査　160
測距　186
阻止帯　157
損失　145

た　行

第 2 高調波　83
第 3 高調波　83
多光波干渉　36
多層薄膜　43
多層膜干渉フィルタ　155
縦モード　68
縦モード間隔　68, 102
ダブルヘテロ接合　99
多モード発振　74, 80, 102
多モード光導波路　135
多モード光ファイバ　143
単一縦モード発振　74
単一モード光導波路　135, 138
単一モード光ファイバ　143, 148, 173
炭酸ガスレーザ　87
単色光　5
単色性　5, 80, 168
チタンサファイアレーザ　93
窒素レーザ　87
中間周波数　189
中継器　171
直接遷移型半導体　98, 105
直接変調　104, 162, 171
チョッパ　162
定在波　36
デバイ‐シアース回折　159
電荷結合素子　120
電気光学効果　162
電気光学変調器　162
　　　導波路形──　165
電磁波　18, 19
伝送帯域　170
伝搬光パワ　136
伝搬定数　126, 141
伝搬モード　128, 142
電流増倍率　113, 117, 118
等位相面　10
導波モード　128, 142
導波路分散　149
等方性媒質　21
特性アドミタンス　20
特性インピーダンス　20

特性方程式　142
閉じ込め係数　101, 137, 149
ドップラーシフト　190
トラッキング　177
トラック　176

な　行

内部鏡型共振器　86
ニアフィールド回折　49
二重ヘテロ接合　99
入射面　14
熱雑音　118

は　行

ハイブリッドモード　143
バーコードリーダ　192
波数　9
波長　9
波長可変フィルタ　159
波長可変レーザ　93
波長選択性　38, 48, 56, 62, 155
波長（分割）多重通信　175
発光ダイオード　107
　　　白色──　107
発振周波数　73
発振条件　67
波動方程式　19
バビネ‐ソレイユ補償板　154
波面　10, 11
波面の曲率半径　30
バルク　163
波連　43
反共振反射条件　62
半径方向モード次数　143
反射の法則　14
反射防止膜　40
反転分布　66, 75, 76, 98
反転分布条件　77, 79, 98
半導体光増幅器　109
半導体レーザ　29, 96
バンドギャップ　97
半波長電圧　164
半波長板　154
光アイソレータ　108, 166
光アクセス系　173
光共振器　67, 99
光強度　28
光強度透過率　26
光強度反射率　26, 101

光強度変調　164
光記録　176
光計測　185
光合波器　175
光サーキュレータ　166
光ジャイロ　186
光出力　75, 103, 169
光増幅器　108
光ソリトン　147
光ディスク　176
　　　書き換え型──　181
　　　相変化型──　180
　　　追記型──　180
光電流　112, 114
光電力　28
光導波路　123
　　　Y 分岐──　124
　　　埋め込み型──　123
　　　テーパ──　123
　　　薄膜──　123
　　　非対称──　135
光パルス伝搬法　187
光パワ　27
光パワ密度　184
光非線形効果　151
光非相反素子　165
光ピックアップ　177
光ファイバ　139, 186
　　　2 乗分布形──　139, 148
　　　グレーデッド形──　139
　　　ステップ形──　139, 142, 148
光ファイバ通信　169
光フィルタ　155
光分波器　175
光ヘテロダイン検波　189
光変調　162
光変調法　188
光無線　175
比屈折率差　125, 142
比検出能力　119
非接触加工　183
非接触測定　186
非線形屈折率　151
非線形屈折率係数　151
非線形定数　151
ビート周波数　189, 190
微分量子効率　103
非偏光　21

索　引

ビームウェスト　30
ビームパラメータ積　183
ビーム広がり角　31
ファイバブラッググレーティング
　　93, 157
ファイバレーザ　92
　　イッテルビウム――　93, 185
ファブリ-ペロー干渉計　36, 155
ファブリ-ペロー共振器　68
ファラデー回転　165
ファラデー効果　165
フィネス　39
フェルマーの原理　12
フォトニック結晶ファイバ　62
フォトニックネットワーク　176
複屈折　153
複素干渉度　44
フラウンホーファー回折　49
プラスチックファイバ　140, 145, 169, 174
ブラッグ回折　54, 159
ブラッグ角　55, 159
ブラッグの回折条件　54
ブラッグ波長　156
ブラッグ反射　156
プリズム　155
ブルースタ角　24, 84, 86
ブルーレイディスク　176
フレネル回折　49
フレネルの公式　23
分　散　8, 146, 155
　　構造――　149
　　波長――　148
分散シフト光ファイバ　149, 173, 175

分　波　155
分布帰還形半導体レーザ　157
分布ブラッグ反射形半導体レーザ
　　62
平面回折格子　55, 156
平面波　10
へき開面　99
ヘテロ接合　99
ヘテロダイン検波　189
ヘリウムネオンレーザ　85
ベルデ定数　165
偏　光　21
　　円――　22
　　楕円――　22
　　直線――　22
偏　向　160
偏光角　24
偏向角　161
偏光子　154
偏光素子　153
変　調　162
偏波分散　150
ボーアの振動数条件　64
ホイヘンスの原理　10
ポインティングベクトル　28
方位角モード次数　141
方向性結合器　124, 129
放射モード　129, 142
飽和利得係数　101
ポッケルス効果　162
ホモ接合　97
ポリゴンミラー　161, 191, 192
ホール　97
ボルツマン分布　66
ポンピング　66, 76, 78

ま　行

マイケルソン干渉計　43
マクスウェル方程式　18
明瞭度　44
メーザ　1
眼の空間分解能　176
面発光レーザ　107
モード　128
モード屈折率　129
モード次数　128, 132
モード同期　80
　　強制――　80
　　受動――　80
モード分散　147

や　行

ヤグレーザ　90
誘導放出　65, 103
横方向規格化伝搬定数　132, 141
横方向伝搬定数　127
横モード　68, 101

ら　行

ラマン-ナス回折　159
ランド　176, 181
量子効率　112, 115
臨界角　15
ルビーレーザ　90
励　起　66, 84, 88
レーザ　1, 45, 65
レーザ医療　193
レーザ加工　93, 182
レーザダイオード　96
レーザドップラ速度計　190
レーザプリンタ　191
レーザレーダ　187
レート方程式　75, 76, 102

著 者 略 歴
左貝 潤一（さかい・じゅんいち）
　1973 年　大阪大学大学院工学研究科修士課程修了（応用物理学専攻）
　現在　　立命館大学名誉教授

編集担当　丸山隆一（森北出版）
編集責任　富井　晃（森北出版）
組　　版　ウルス
印　　刷　創栄図書印刷
製　　本　同

光エレクトロニクス入門　　　　　　　　　　　　Ⓒ 左貝潤一　2014
2014 年 2 月 28 日　第 1 版第 1 刷発行　　　【本書の無断転載を禁ず】
2023 年 2 月 10 日　第 1 版第 2 刷発行

著　 者　左貝潤一
発 行 者　森北博巳
発 行 所　森北出版株式会社
　　　　　東京都千代田区富士見 1-4-11（〒102-0071）
　　　　　電話 03-3265-8341 ／ FAX 03-3264-8709
　　　　　http://www.morikita.co.jp/
　　　　　日本書籍出版協会・自然科学書協会　会員
　　　　　JCOPY ＜(社)出版者著作権管理機構　委託出版物＞

落丁・乱丁本はお取替えいたします．
Printed in Japan／ISBN978-4-627-77471-1

MEMO